大数据与人工智能

主　编　杨忠宝　佘向飞
副主编　王莉莉　王　妍
参　编　诸　明

北京大学出版社
PEKING UNIVERSITY PRESS

内 容 简 介

本书以通俗易懂的方式，介绍了大数据和人工智能的发展历程、应用，Python 的基本语法、数据类型、基本流程控制结构、扩展类库等内容。

全书共分 17 章，主要讲解了大数据的定义、产生、发展、作用等基础知识；云计算和 Hadoop 体系结构；大数据的采集、预处理、存储、分析与挖掘、可视化等大数据处理流程；大数据在国内外的应用；人工智能概念、分类、学派、发展、研究内容等基础知识；主流的机器学习算法；几种深度学习算法；人工智能应用领域；Python 发展、特点、应用领域、开发环境安装配置及类库的导入等知识；Python 基本语法知识；列表、字典、元组和集合等主要复合数据类型；顺序、选择和循环等三种基本流程控制结构；文件读/写操作和数据库访问；Python 中常用的几种扩展类库等内容。

本书既适合作为高校各个专业的人工智能的基础教材，又可作为自学大数据、人工智能人员以及人工智能爱好者的参考读物。

图书在版编目(CIP)数据

大数据与人工智能/杨忠宝，佘向飞主编. —北京：北京大学出版社，2022.3
ISBN 978-7-301-32890-3

Ⅰ.①大… Ⅱ.①杨… ②佘… Ⅲ.①数据处理—高等学校—教材②人工智能—高等学校—教材 Ⅳ.①TP274②TP18

中国版本图书馆 CIP 数据核字（2022）第 032502 号

书 名	大数据与人工智能
	DASHUJU YU RENGONG ZHINENG
著作责任者	杨忠宝 佘向飞 主编
策 划 编 辑	郑 双
责 任 编 辑	杜 鹃 郑 双
标 准 书 号	ISBN 978-7-301-32890-3
出 版 发 行	北京大学出版社
地 址	北京市海淀区成府路 205 号 100871
网 址	http://www.pup.cn 新浪微博：@北京大学出版社
电 子 信 箱	pup_6@163.com
电 话	邮购部 010-62752015 发行部 010-62750672 编辑部 010-62750667
印 刷 者	河北文福旺印刷有限公司
经 销 者	新华书店
	787 毫米×1092 毫米 16 开本 25.25 印张 606 千字
	2022 年 3 月第 1 版 2022 年 3 月第 1 次印刷
定 价	69.00 元

/前 言/

　　大数据和人工智能是当今计算机学科的两个重要分支。近年来，有关大数据和人工智能的研究从未间断。大数据和人工智能是有密切联系的。首先，大数据技术的发展依靠人工智能，它使用了许多人工智能的理论和方法。其次，人工智能的发展也必须依托大数据技术的支撑。大数据和人工智能技术向社会各领域迅速渗透，逐步改变了人类传统的生产方式和生活模式。

　　大数据和人工智能的发展已经引起了全球关注，企业对相关人才的需求增大，如数据科学家、数据挖掘工程师、大数据分析师、机器学习分析师等。

　　如今，大数据与人工智能影响着各个行业，创造了巨大的商业价值。通过结合大数据和云计算，人工智能将更好地服务于人们的生活，推动时代进步。在这一发展过程中，行业巨头们已经开始利用数据规模和人工智能技术优势进行布局。或许若干年后，大数据和人工智能可以像工业革命和互联网革命一样引发一场变革。因此，处于大数据和人工智能时代的我们，应该把握大数据时代的脉络，掌握人工智能的发展规律，将大数据和人工智能技术融入自己的专业领域，让自己成为高水平的专业人才。

　　随着社会的日益数字化，大数据、云计算、人工智能已经进入快速发展期。编者在平时科研与教学中发现，许多学生对大数据和人工智能领域的知识非常感兴趣。市面上虽然有许多优秀的相关类型的书籍，但书籍中大部分篇幅都涉及数学公式推导，而许多学生尤其是非数学系的本科生数学基础相对薄弱，无法学到想学的知识。因此，编者萌生了写一本真正适合初学者的大数据与人工智能图书的想法，在书中尽可能少地使用数学知识，更加专注于大数据分析与挖掘等人工智能算法原理与编程的实现。希望本书能引领更多对大数据与人工智能感兴趣的读者顺利迈入大数据与人工智能的大门。

　　本书共17章，分为3部分。第一部分是大数据篇，这部分共7章，第1章主要介绍大数据的定义、产生、来源、特征、作用等基础知识；第2章介绍云计算和 Hadoop 体系架构；第3～6章主要介绍大数据采集、数据预处理、大数据存储、大数据分析与挖掘、大数据可视化等大数据处理流程；第7章介绍大数据在国内外的应用。第二部分是人工智能篇，这部分共4章，第8章介绍人工智能的概念、分类、学派、发展、研究内容等基础知识；第9章重点介绍几种主流的机器学习算法；第10章简单介绍几种深度学习算法；第 11 章介绍人工智能应用领域。第三部分是实践篇，主要介绍 Python 语言知识，这部分共 6 章，第 12 章介绍 Python 的发展、特点、应用领域、开发环境安装配置及类库的导入等知识；第 13 章介绍 Python 的基本语法知识；第 14 章介绍列表、字典、元组和集合等主要复合数据类型；第 15 章介绍顺序、选择和循环三种基本流程控制结构；第 16 章介绍文件读/写操作和数据库访问；第 17 章介绍 Python 中常用的几种扩展类库。

本书实例的代码都经过了运行和测试，书中不仅提供了程序源代码，而且提供了 Python 的字符界面和 Jupyter 平台运行结果界面，方便读者参考。

本书的编者都是在大数据和人工智能领域具有丰富教学及实践开发经验的教师。编写人员包括杨忠宝、佘向飞、王莉莉、王妍和诸明，全书由杨忠宝统稿。

大数据和人工智能发展迅速，目前已发展成为多个学科。希望本书能够带领读者入门，为读者进一步在这个领域深造打下良好的基础。本书编写时间比较仓促，书中个别谬误之处在所难免，还望读者批评指正。

杨忠宝

2022 年 1 月

/目 录/

第一部分 大数据篇

　　本篇内容主要介绍大数据相关的知识，包括大数据的定义、产生、来源、特征、作用、机遇与挑战；大数据的架构，包括云计算、大数据架构与关键技术、Hadoop 体系架构；大数据的处理流程，包括大数据采集、预处理、存储、分析与挖掘、可视化等；最后介绍大数据的应用。

　　本篇重点内容是大数据的处理流程，处理流程中的大数据采集、预处理、存储和可视化将在本篇中详细讲述，但处理流程中的分析与挖掘，本篇中只做简单介绍，数据分析与挖掘的主要算法、示例等，将在第二部分人工智能篇机器学习一章中详细介绍。

第1章 绪论

　　大数据的浪潮汹涌而至，对国家治理、企业决策和个人生活都带来了深远的影响，并已成为云计算、物联网之后信息技术产业领域又一重大创新变革。随着社交网络的逐渐成熟，移动带宽迅速提升，云计算、物联网应用更加丰富，更多的传感设备、移动终端接入网络，由此而产生的数据及增长速度比历史上的任何时期都要多、都要快。信息爆炸已经积累到了一个开始引发变革的程度，它不仅使世界充斥着比以往更多的信息，而且其增长速度也在加快。信息爆炸的学科如天文学和基因学，创造了"大数据"这个概念。如今，大数据几乎应用到了所有人类社会发展的领域中。

课程知识点	1. 大数据的定义、产生及来源 2. 大数据的特征 3. 大数据的作用
课程重点	1. 大数据的特征 2. 结构化数据、半结构化数据、非结构化数据
课程难点	1. 半结构化数据 2. 非结构化数据

1.1　大数据的定义

　　目前，大数据并没有形成一个公认的定义，下列定义比较被大众接受。

　　城乡规划学学科给出的大数据（Big Data）定义：一种极为巨大复杂的数据形式，具有海量的数据规模、快速的数据流转、多样的数据类型等特征，传统的数据处理或管理方法无法应用在这类数据上。

编辑与出版学学科给出的大数据定义：具有体量巨大、来源多样、生成极快且多变等特征，并且难以用传统数据体系结构有效处理的包含大量数据集的数据。

图书馆·情报与文献学学科给出的大数据定义：具有数量巨大、变化速度快、类型多样和价值密度低等主要特征的数据。它是一种具有重要战略意义的信息资源。大数据是随着数据生产方式的变化发展而出现的，无法使用传统流程或工具进行分析处理。大数据的重要应用领域之一是发现规律和预测未来。

计算机科学技术学科给出的大数据定义：具有数量巨大（无统一标准，一般认为在 T 级或 P 级以上，即 10^{12} 或 10^{15} 以上）、类型多样（既包括数值型数据，又包括文字、图形、图像、音频、视频等非数值型数据）、处理时效短、数据源可靠性保证度低等综合属性的数据集合。

医学影像技术学学科给出的大数据定义：在合理时间内无法用传统数据库软件工具或传统流程对其内容进行抓取、管理、处理，并分析为能有效支持决策制定的复杂数据集合。

1.2　大数据的产生

随着计算机和信息技术的迅猛发展和普及应用，行业应用系统的规模迅速扩大，行业应用所产生的数据呈爆炸性增长，已远远超出了传统的计算技术和信息系统的处理能力，因此，寻求有效的大数据处理技术、方法和手段已经成为现实世界的迫切需求。

（1）存储硬件能力提升，存储数据能力增强。

在云计算出现之前，数据存储的成本是非常高的。例如，公司要建设网站，需要购置和部署服务器，安排技术人员维护服务器，保证数据存储的安全性和数据传输的畅通性，还需定期清理数据，腾出空间以便存储新的数据，机房整体的人力和管理成本都很高。

云计算出现后，数据存储服务衍生出了新的商业模式，数据中心的出现降低了公司的计算和存储成本。例如，公司现在要建设网站，不需要购买服务器，也不需要雇用技术人员维护服务器，可以通过租用云服务器的方式解决问题。

存储成本的下降，也改变了大家对数据的看法，更加愿意把 1 年、2 年甚至更久远的历史数据保存下来，有了历史数据的沉淀，才可以通过对比，发现数据之间的关联和价值。正是由于存储成本的下降，才能为大数据搭建最好的基础设施。

（2）物联网和互联网发展，生产数据能力增强。

生产数据包括机器产生的数据和人创造的数据。

① 机器产生的数据：随着移动通信技术和智能终端设备的飞速发展，全球数据通信总量逐年激增。一方面，由于数据的产生方式发生了从手工生产到自动化生产的改变，人类为了实现对信息的全量化收集，大量使用传感器，在这些传感器感知和传输下，每天

都在产生数据，加快了信息的爆发式增长。另一方面，不断生产的行车记录仪、基站数据、智能家居、智能穿戴等移动设备，也收集了大量的用户数据，随着移动智能设备的普及，移动端的数据已经逐步成为最主要的数据来源。

② 人创造的数据：每个网民都是数据的生产者。发微博、写微信记录各自的活动和行为，网上购物留下的支付行为、空间位置、兴趣爱好、信用历史等都是人创造的数据。比如，用户在肯德基买早餐，每次在手机上下单，都给肯德基的大数据做了一次贡献。在网上购物、订外卖、手机支付已成为很多人日常生活的一部分，我们每天吃饭、睡觉、工作，甚至娱乐所产生的"数据"都会通过某种手段被保留和集中起来。

（3）云计算发展，处理数据能力增强。

云计算一般由数量惊人的计算机（主要是服务器）群构成，谷歌云计算拥有的服务器超过 100 万台。云计算系统是一个极其庞大的资源池子，用户可以随时、随地、按需灵活地购买，就像购买煤气和自来水一样便利。

云计算可以让普通人体验 10 万亿次/秒的运算能力。而如此强大的运算能力，可以模拟核爆炸、预测气候变化和市场发展趋势等。云计算和超级计算机的运算速度越来越快。

海量数据从原始数据源到产生价值，其间会经过存储、清洗、挖掘、分析、可视化等多个环节，如果运算速度不够快，很多事情是无法实现的或即使实现也失去了时效。所以，在大数据的发展过程中，运算速度是非常关键的因素。

分布式系统基础架构 Hadoop 的出现，为大数据带来了新的曙光。Hadoop 分布式文件系统（Hadoop Distributed File System，HDFS）为海量的数据提供了存储空间。MapReduce、Spark 则为海量的数据提供了并行计算，从而大大提高了计算效率。关于 Hadoop 架构将在后面章节详述。

1.3　大数据的来源

根据数据主体的不同，大数据主要来源于国家级数据库、企业数据、机器设备数据和个人数据。

（1）国家级数据库，包含公开的数据库和保密的数据库两个方面。

① 公开的数据库：包括国内生产总值（Gross Domestic Product，GDP）、消费者价格指数（Consumer Price Index，CPI）、固定资产投资等宏观经济数据；历年统计年鉴或人口普查的数据；地理信息数据、金融数据、房地产数据、医疗统计数据，等等。

② 保密的数据库：包括军事、航空航天、卫星监测、刑事档案等不可公开的大量数据。

（2）企业数据：包括百度、阿里巴巴、腾讯、新浪微博、亚马逊、Facebook、苹果等公司的用户消费行为数据及社交行为数据；旅游公司的酒店、交通、门票等订单数据；

医院的检测数据及死亡病因数据；农业的养殖培育数据等。成千上万的数字、文本、音频、视频等数据为企业的业务和运营提供了决策依据，通过数据进行加工产生的价值为企业提供了可观的利润。

（3）机器设备数据：包括各种传感器、行车记录仪、摄像头、基站、计算机、Pad、智能家居、智能穿戴设备等产生的数据。

（4）个人数据：包括个人拍摄的照片、录音、聊天记录、邮件、电话记录、文档等隐私数据。

1.4　大数据的特征

在大数据时代，任何微小的数据都可能产生不可思议的价值。随着大数据渗透到我们的日常生活中，围绕大数据的研讨正在转向大数据在实际使用中的真正价值。学者普遍认为大数据具有"4V"特征。

1. 价值（Value）密度低

大数据具有巨大的潜在价值，但同其呈几何指数爆发式增长相比，某一对象或模块数据的价值密度较低，这无疑给我们开发海量的数据增加了难度和成本。

大数据之"大"，其实并不在于其表面的"大容量"，而在于其潜在的"大价值"。如果不能把拥有的数据转化为价值，那么拥有再多的数据也是毫无意义的。

2. 数据量（Volume）大

数据量大指采集、存储和计算的量都非常大。大数据的起始计量单位至少是 PB（1 000TB）、EB（约 100 万 TB）或 ZB（约 10 亿 TB）。

3. 速度（Velocity）快

随着现代传感测量、互联网、计算机技术的发展，数据生成、储存、分析、处理的速度远远超出人们的想象力，这是大数据区别于传统数据（小数据）的显著特征。

数据产生速度快，一台大型粒子对撞机里共有 1.5 亿个传感器，每秒发生粒子对撞 6 亿次，仅仅记录其中的十万分之一，一年即可积累 25PB 的数据。

数据处理速度快，大数据通过云计算，1PB 的数据储存仅需 20 分钟。

4. 种类（Variety）多

大数据与传统数据相比，数据来源广、维度多、类型杂，各种机器仪表在自动产生数据的同时，人们自身的生活行为也在不断地创造数据；不仅有企业组织内部的业务数据，还有海量相关的外部数据。大数据种类可以分为以下三种。

（1）结构化数据的数据格式固定，如表 1-1 所示，表现为二维表形式存储的数据，如 RDBMS（Relational Database Management System，关系型数据库管理系统）。结构化数据的典型代表为 Oracle、SQL Server、Access、MySQL 等。SQL 作为数据查询、分析等操作工具，简单实用。

表 1-1　二维表格

姓名	学号	性别	年龄
张三	202101	男	20
李四	202102	女	21

（2）半结构化数据，属于同一类实体可以有不同的属性，即使它们被组合在一起，这些属性的顺序并不重要。常见的半结构数据有 XML（eXtensible Markup Language，可扩展标记语言）和 JSON（JavaScript Object Notation，JS 对象标记）。网页中的数据就属于半结构化数据。

XML 示例如下：

```
<person>
    <name>张三</name>
    <no>202101</no>
    <sex>男</sex>
    <age>20</age>
</person>
```

又例如：

```
<person>
    <name>李四</name>
    <no>202102</no>
    <sex>女</sex>
    <age>21</age>
</person>
```

（3）非结构化数据是指没有固定结构的数据，包含全部格式的办公文档、文本、图片、各类报表、图像、音频、视频信息等。一般将非结构化数据直接整体进行存储，一般存储为二进制的数据格式。半结构化数据和非结构化数据约占整个大数据的 85%，结构化数据约占整个大数据的 15%。下面主要介绍几种常见的数据格式。

① 文本数据。文本数据是最普通也是最常见的数据类型。例如，每天用社交软件产生的信息是采用文本的形式进行记录和保存的。计算机处理得最完善和最成熟的就是文本数据。文本数据可以以二维表的形式存储于传统数据库中，也可以以文件的形式存在，这就是非结构化数据，属于大数据的处理范畴。

② 音频数据。音频数据中比较具有代表性的是 MP3 格式的数据。许多用户在线听音乐读取的就是网络上的音频数据，音频数据相对于视频数据而言，占用的存储空间较小，但没有视频画面的内容，只有声音的数据。歌曲、用户的通话录音、微信的语音信息等都是音频数据。

③ 图片数据。图片数据比较常见，百度首页专门有图片搜索栏目，主要内容包括摄影写真、高清动漫、高清壁纸、风景图片、卡通头像等。图片数据主要用于记录静态信息，给人以直观的感觉。随着搜索技术的发展，图片搜索取得了非常大的进展，可以根据图片搜索类似的图片数据。

④ 视频数据。日常生活中的视频数据非常普遍，如微信的视频聊天数据，QQ 的视频聊天数据，各种视频网站上的电影、电视剧等视频数据。这些数据的特点是数据占用的存储空间大，在网络传输中占据大量的带宽资源。

目前，描述视频的数据处理技术非常成熟，但对于如何检测某个视频中是否出现指定的信息或图像等技术还在试验阶段。一方面，视频文件比较大，即使对其进行检测也需要对其中的每一帧图像进行图像处理，由于视频由许多帧构成，因此数据处理的工作量巨大。另一方面，图像处理的精度有待进一步提高，如视频处理有时需要识别运动的物体，这种需求给视频的处理技术带来了更为严峻的挑战。

1.5　大数据的作用

互联网与我们的生活息息相关，互联网中产生的数据散落在网络中看似没有什么作用，但是这些数据经过系统的处理、整合后却非常有价值。大数据到底可以做什么？

1. 大数据让政府治理更精准和透明

（1）大数据可以避免"主观主义""经验主义"，做到精准预测、舆情监测、智慧治理、风险预警，从而使得政府治理迈向"数据驱动"的精准治理方式。

（2）用户去目的地前，用百度地图或高德地图等搜索地点和规划路线。百度地图或高德地图通过分析大量的数据，预测相关目的地的人流量，提前 1～2 个小时对即将到来的风险进行预警，可以避免如演唱会导致的交通堵塞等意外事件的发生。

（3）谷歌流感趋势预测：2009 年，甲型 H1N1 流感暴发几周前，"谷歌流感趋势"成功预测了流感在美国境内的传播情况，其分析结果甚至具体到特定的地区和州，且非常及时。而使用传统的方法，美国疾病控制与预防中心只有在流感暴发一两周之后才可以做到这些。

谷歌工程师认为，搜索流感信息的人数与实际患病人数之间存在密切关联。设计人员输入流感关键词，如温度、肌肉疼痛、胸闷等，系统就会展开跟踪分析，创建地区流感图表，预测出世界上不同国家和地区的流感传播情况。

（4）大数据审计：大数据作为"第三只眼"，使政府治理更加透明化。调查数据可以反映市民抱怨度、市民对政府的满意度等。

2．大数据让经济治理更有效

（1）经济治理领域是大数据创新应用的重点领域，大数据是提高经济治理质量的有效手段。

① 推导宏观大趋势：判断经济形势可以通过把海量的微观主体的行为进行汇总分析，从而推导出宏观大趋势的好坏。

② 降低银行坏账率：银行通过贷款对象的大数据特征推测出对方违约的可能性，从而减少可能的损失。

③ 打击假冒伪劣：打击假冒伪劣、建设"信用中国"也不再需要消耗大量的人力、物力和财力，通过大数据的信息汇总将使危害市场秩序的行为无处遁形。

④ 提高生产效率：大数据与人工智能技术相结合，可以推动企业做出最优决策，帮助企业提高生产效率。

（2）支付宝的"芝麻信用"。"芝麻信用"授权开通后，每个支付宝用户都可以看到自己的芝麻分。芝麻分越高代表信用程度越好，违约可能性越低。

芝麻分 600 以上的用户可以获得租车、住酒店无押金，签证、贷款无须财产证明等诸多好处。

3．大数据让公共服务更智慧

（1）在公共服务领域，基于大数据的智能服务系统将会极大地提升人们的生活体验。人们享受的一切公共服务将在数字空间中以新的模式重新构建，比如智慧城市、智慧交通、智慧教育、智慧家居、智慧社区、智慧医疗、智慧旅游、智慧物流等。

（2）高德导航：高德公司基于位置服务大数据的能力，与乌镇、古北水镇两家旅游公司合作，上线了全国首个"智慧景区"服务，解决游客在景区容易遇到的迷路、拥堵、排队等问题。

① 地图渲染：高德在地图上增加了游览车、游船的线路地址和重要景点的渲染图。

② 分类筛选：商店、卫生间、餐厅等景区重要地点信息一目了然。

③ 导游语音：当游客走到某个对应景点附近时，导游语音会自动播放。

④ 智慧景区：引入热力图，游客可以看到该处游客人数的多少，合理安排游览时间。

大数据还可以提高生产力、优化商业模式等，本书不再一一展开介绍，有兴趣的同学可以参考相关书籍。

第**2**章
大数据架构

本章导读

　　大数据架构是用于获取和处理大数据的总体系统结构，可以理解为一整套大数据解决方案。大数据和云计算密不可分，由于大数据处理和应用需求急剧增长，业界不断推出新的或改进的计算模式和系统工具平台。云计算具有一体化的信息平台和运营平台，云计算的这种模式对大数据处理产生了重大影响。

　　Hadoop 是由阿帕奇（Apache）软件基金会研发的一种开源、高可靠、伸缩性强的分布式计算系统，主要用于处理海量的大数据。它是采用 Java 语言开发的，是对 Google（谷歌）的 MapReduce 核心技术的开源实现。其核心包括分布式文件系统和分布式处理系统 MapReduce，这一结构的实现十分有利于面向大数据的系统架构，所以 Hadoop 已经成为大数据技术领域的事实标准。

课程知识点	1. 云计算两大核心功能：分布式存储和分布式计算 2. 云计算三种服务方式：IaaS、PaaS 和 SaaS 3. 大数据架构 4. Hadoop 体系架构 5. MapReduce 计算的原理与过程
课程重点	1. 云计算三种服务方式：IaaS、PaaS 和 SaaS 2. Hadoop 体系架构 3. MapReduce 计算的原理与过程
课程难点	MapReduce 计算的原理与过程

2.1　云计算

　　云计算是一种通过网络将可伸缩、弹性的共享物理和虚拟资源池以按需自服务的方式供应和管理的模式。资源池包括服务器、操作系统、网络、软件、应用和存储设备等。

通俗地说，云计算是基于网络的，客户端只需要有显示器、鼠标、键盘即可，主机（主要含中央处理器和内存）放到一个集中的地方，这就是远程数据中心的服务器，形象比喻为云端；然后客户端通过显示器、鼠标、键盘与其通过网络进行数据交换。这样更有利于节省资源。

云计算将计算任务分布在大量计算机构成的资源池上，使各种应用系统能够根据需要获取计算力、存储空间和各种软件服务。

用户按需租用云计算资源，就像日常生活中用水和用电一样，按需付费，无须关心水电是从哪里来的。

云计算为大数据提供了海量存储和快速处理平台，为大数据分析提供了技术基础和支撑。大数据为云计算提供了用武之地，没有大数据，云计算再先进也体现不出来它的价值。二者的关系如图 2.1 所示。

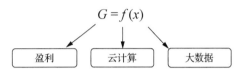

图 2.1　云计算与大数据的关系

2.1.1　云计算两大核心功能

云计算两大核心功能就是分布式存储和分布式计算，如图 2.2 所示。

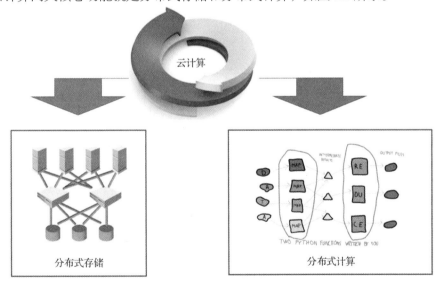

图 2.2　云计算两大核心功能

1. 分布式存储

分布式存储（Distributed Storage）是一种数据存储技术，通过网络使用企业中每台服务器上的磁盘空间，并将这些分散的存储资源构成一个虚拟的存储设备，数据分散地存储在企业各个角落的机器中。

分布式存储系统可以在多个独立的设备上分布储存数据。传统的网络存储系统采用集中式存储服务器来存储所有数据。存储服务器已成为制约系统性能的瓶颈，可靠性和安全性也难以保证，已不能满足大规模存储应用的需要。分布式存储系统采用可扩展的系统结构，利用多个存储服务器共享存储负载，利用位置服务器定位存储信息，不仅提高了系统的可靠性、可用性和访问效率，而且易于扩展。

2. 分布式计算

分布式计算（Distributed Computing）也称分布式处理，主要研究分布式系统如何进行并行计算。分布式系统是通过计算机网络相互连接与通信后形成的系统，把需要进行大量计算的数据分区，由多台计算机分别计算，再上传运算结果，最后把结果统一合并得出数据结论。

例如，用 3 台机器搭了一个 Hadoop 集群，运行一个分析作业。这个分析作业的任务是可以分而治之的，Hadoop 会把这个作业分配到 3 台机器上，3 台机器实现并行计算，这便是分布式计算。分布式计算的效率将会大大提高。

2.1.2 云计算的典型特征

云计算的典型特征为虚拟化和多租户，如图 2.3 所示。

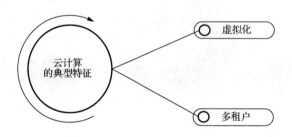

图 2.3 云计算的典型特征

1. 虚拟化

虚拟化是指将一台计算机虚拟为多台逻辑计算机。在一台计算机上同时运行多个逻辑计算机，每个逻辑计算机都可运行不同的操作系统，也可同时执行多个信息处理任务，并且应用程序都可以在相互独立的空间内运行而互不影响，从而显著提高计算机的工作效率。

2. 多租户

简单地说，多租户是指一个单独的实例可以为多个用户服务，而不是被某个用户所独享，如图 2.4 所示。多租户技术就是将共用的数据中心的系统架构租给多个客户，并且可以保障客户的数据隔离。

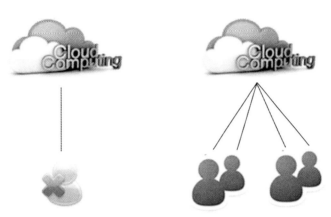

（a）云计算不是为单个用户服务　　　　（b）云计算同时为多个用户服务

图 2.4　多租户而非单租户

多租户技术可以实现多个租户之间共享系统实例，同时可以实现租户的系统实例的个性化定制。通过使用多租户技术可以保证系统共性的部分被共享，个性的部分被单独隔离。通过在多个租户之间的资源复用，可以有效地节省开发应用的成本。

多租户云计算就像乘坐公共汽车去旅行，与其他人共用公共汽车可以降低整体旅程的成本，并且公共汽车的路线是预先确定的。单租户更像是乘坐出租车去旅行，它只由一个客户使用，并且可以根据客户的需要设置和更改出租车的路线。这可能比乘坐公共汽车旅行花费更多的费用，但提高了路线的灵活性。

2.1.3　云计算的三种模式

云计算包括公有云、混合云和私有云三种模式，如图 2.5 所示。

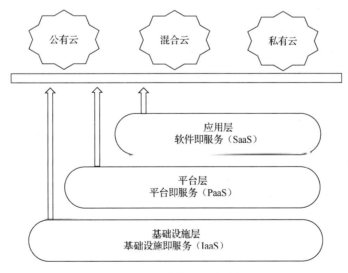

图 2.5　云计算的三种模式

企业不需要自建底层基础设施，无须自己安装硬件、软件和维护，可以租用云端资源，如百度云。百度云给企业提供所有的设施建设和维护服务，企业可以把数据全部存储在百度云里。

（1）公有云：大企业搭建的、为所有的公众提供服务。例如，百度云专门面向全球用户开放。

（2）混合云：企业搭建好云后，一部分供企业内部使用，另一部分租给其他企业使用。

（3）私有云：企业自己搭建的一个云，供企业内部使用的。例如，移动、电信。

2.1.4　云计算的服务方式

云计算主要有 IaaS、PaaS 和 SaaS 三种服务方式，如图 2.6 所示。

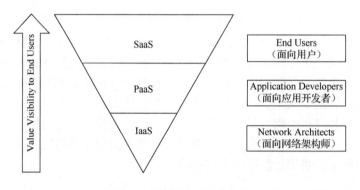

图 2.6　云计算三种服务方式

（1）IaaS（Infrastructure as a Service，基础设施即服务）：将基础设施（计算设施和存储设施）作为服务出租。IaaS 是把数据中心、基础设施等硬件资源通过 Web 分配给用户的商业模式。例如，亚马逊的弹性计算云（Elastic Compute Cloud，EC2）。

（2）PaaS（Platform as a Service，平台即服务）：为用户提供应用程序开发环境（中间件和数据库）平台。用户可以在该平台上开发自己的云产品（软件），并直接把开发好的云产品部署在该平台上，还可以把自己开发的云产品租（或卖）给别人。例如，Google App Engine、Sina App Engine。

（3）SaaS（Software as a Service，软件即服务）：把安装好的软件作为服务租给用户。典型案例如金蝶财务软件，原来都是单位自己购买机器、安装操作系统、安装杀毒软件、安装财务软件。现在只需租用云软件服务 SaaS，在任何地点均可访问云端财务软件。

2.1.5　云计算数据中心

数据中心是支撑云计算服务的基础设施，无论云计算怎样变化，都需要依托数据中心。

各种数据和应用位于数据中心的各服务器中。云计算的两大核心功能（分布式存储和分布式计算）最终都需要数据中心的各服务器的存储器和中央处理器（Central Processing Unit，CPU）来完成。

数据中心包含的服务器，可以是机架式服务器，也可以是刀片式服务器。一个标准数据中心至少有 5000 台刀片式服务器。超大规模数据中心服务器达到几十万台，甚至上百万台。

世界各地、各大公司都热衷于建设自己的云计算数据中心，建好后就可以像高速公路那样收费了。掌握了数据中心就等于掌握了大数据时代的发展基础。

截至 2021 年第二季度末，全球运营的超大规模数据中心总数增加到 659 个，比 2016 年同期增加一倍多。

在超大规模运营商中，亚马逊、微软、谷歌、Facebook、苹果、阿里巴巴、字节跳动、腾讯和京东占比较大。

建设一个数据中心费用需要 30 亿~50 亿元，甚至上百亿元。数据中心用电费用每天约 30 万元，每年用电费用约 1 亿元。云计算数据中心一般修建在地质结构稳定、气温凉爽的地方，不开空调，每年用电费用可节省约 5500 万元。中国大数据中心位于贵州贵安新区，那里的气候比较凉爽，相对省电。

数据中心总耗电量中，空调、照明等耗电占 55%，互联网技术（Internet Technology，IT）设备耗电占 45%。IT 设备中服务器的耗电量最大，其中，风扇、存储、内存等耗电占 70%，CPU 耗电占 30%。实际上，CPU 空置时间占 90% 左右，用于计算的时间占 10% 左右。

2.1.6　云计算典型应用

近年来，我国政府高度重视云计算产业发展，其产业规模增长迅速，应用领域也在不断扩展，从政府应用到民生应用，从金融、交通、医疗、教育领域到创新制造等全行业延伸拓展。

云计算在 IT 产业各个方面都有其用武之地，以下是云计算几个比较典型的应用场景。

1. 政务云

政务云应用于部署容灾备份、城市管理、智能交通等，通过集约化建设、管理和运行，可以实现信息资源整合和政务资源共享，推动政务管理创新，加快向服务型政府转型。

2. 教育云

教育云可以有效地整合幼儿教育、中小学教育、高等教育以及继续教育等优质教育资源，逐步实现教育信息共享、教育资源共享及教育资源深度挖掘等目标。

3. 企业云

企业云让企业以较低的成本建立财务、供应链、客户关系等管理应用系统，大大降低企业信息化门槛，迅速提升企业信息化水平，增强企业市场竞争力。

4. 医疗云

医疗云推动医院与医院、医院与社区、医院与急救中心、医院与家庭之间的服务共享，并形成一套全新的医疗健康服务系统，从而有效地提高医疗保健的质量。

5. 游戏云

游戏云是将游戏部署至云端数据中心服务器上的技术。目前主要有两种应用模式，一种是基于 Web 游戏模式，比如使用 JavaScript、Flash 和 Silverlight 等技术，并将这些游戏部署到云端服务器中，这种方式比较适合休闲游戏；另一种是为大容量和高画质的专业游戏设计的，整个游戏都将在云端运行，但会将最新生成的画面传至客户端，比较适合专业玩家。

2.2 大数据架构及关键技术

大数据本身是一种现象而不是一种技术。大数据技术是一系列使用非传统的工具来对大量的结构化、半结构化和非结构化数据进行处理，从而获得分析和预测结果的数据处理技术。

大数据价值的完整体现需要多种技术的协同。大数据关键技术涵盖数据存储、处理、应用等方面，根据大数据的处理流程，可将其分为大数据采集、大数据预处理、大数据存储及管理、大数据处理、大数据分析及挖掘、大数据展示（可视化）等。

2.2.1 大数据架构

大数据架构旨在进行大数据的批处理、大数据实时处理、大数据分析挖掘和机器学习、大数据可视化等工作。

精心设计的大数据架构可以为企业节省资金，并帮助企业预测未来的趋势，以便为企业制定良好的业务决策。

如图 2.7 所示，整个大数据架构从低到高，描绘的是整个大数据的处理流程。

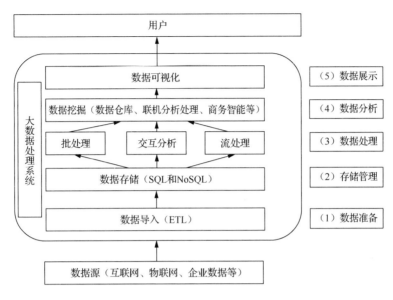

图 2.7　大数据的处理流程

大数据的处理流程主要包括数据收集、数据预处理、数据存储、数据处理与分析、数据展示（可视化）、数据应用等环节。

1. 数据采集

在数据采集过程中，数据源会影响大数据质量的真实性、完整性、一致性、准确性和安全性。对于 Web 数据，多采用网络爬虫方式进行采集，这需要对爬虫软件进行时间设置以保障收集到的数据的时效性和质量。

2. 数据预处理

在大数据采集过程中通常有一个或多个数据源，这些数据源包括同构或异构的数据库、文件系统、服务接口等，易受到噪声数据、数据值缺失、数据冲突等影响，因此需先对收集到的大数据集合进行预处理，以保证大数据分析与预测结果的准确性、价值性与可用性。

大数据的预处理环节主要包括数据清理（数据清洗）、数据集成、数据转换与数据归约等内容。大数据预处理可以大大提高大数据的总体质量，是大数据处理流程中质量保证的一个重要环节。

数据清理技术包括对数据的不一致检测、噪声数据的识别、数据过滤与修正等方面。其有利于提高大数据的一致性、准确性、真实性和可用性等。

数据集成则是将多个数据源的数据进行集成，从而形成集中、统一的数据库，这一过程有利于提高大数据的完整性、一致性、安全性和可用性等。

数据转换处理包括基于规则或元数据的转换、基于模型与学习的转换等技术，可通过转换实现数据统一，这一过程有利于提高大数据的一致性和可用性。

数据归约是在不损害分析结果准确性的前提下降低数据集规模，使之简化，包括维归约、数据归约、数据抽样等技术，这一过程有利于提高大数据的价值密度，即提高大数据存储的价值性。

总之，数据预处理环节有利于提高大数据的一致性、准确性、真实性、可用性、完整性、安全性和价值性等，而大数据预处理中的相关技术是影响大数据过程质量的关键因素。

数据采集和数据预处理对应图 2.7 中的"（1）数据准备"这个阶段。

3. 数据存储

整个大数据处理流程的其他环节，包括前面的数据收集、数据预处理，还有后面的数据处理、数据分析挖掘、数据可视化和数据应用，每个环节都涉及大数据的存储。

目前，大数据存储主流使用的是 NoSQL 数据库，其包括键值数据库、列族数据库、文档数据库和图形数据库四个种类。

4. 数据处理

大数据的分布式处理技术与存储形式、业务数据类型等相关，针对大数据处理的主要计算模型有 MapReduce 分布式计算框架、分布式内存计算系统、分布式流计算系统等。

MapReduce 是一个批处理的分布式计算框架，可对海量数据进行并行分析与处理，它适合对各种结构化、非结构化数据的处理。分布式内存计算系统可有效减少数据读/写和移动的开销，提高大数据的处理性能。分布式流计算系统对数据流进行实时处理，以保障大数据的时效性和价值性。

总之，无论哪种大数据分布式处理与计算系统，都有利于提高大数据的价值性、可用性、时效性和准确性。大数据的类型和存储形式决定了其所采用的数据处理系统，而数据处理系统的性能与优劣直接影响大数据的价值性、可用性、时效性和准确性。因此在进行大数据处理时，要根据大数据类型选择合适的存储形式和数据处理系统，以实现大数据质量的最优化。

5. 数据分析与挖掘

大数据分析技术主要包括已有数据的分布式统计分析技术和未知数据的分布式挖掘、深度学习技术。分布式统计分析可由数据处理技术完成，分布式挖掘和深度学习技术则在大数据分析阶段完成，包括分类、聚类、关联分析、深度学习等，可挖掘大数据

大数据架构 ◀┈┈┈┈┈┈┈┈┈┈┈┈┈┈┈┈┈┈┈┈┈┈┈┈┈ 19

集合中的数据关联性，形成对事物的描述模式或属性规则，可通过构建机器学习模型和海量训练数据提升数据分析与预测的准确性。

数据分析与挖掘是大数据处理与应用的关键环节，它决定了大数据集合的价值性和可用性，以及分析预测结果的准确性。在数据分析环节，应根据大数据应用情境与决策需求，选择合适的数据分析技术，提高大数据分析结果的可用性、价值性和准确性。

6. 数据可视化与应用环节

（1）数据可视化是指将大数据分析与预测结果以计算机图形或图像的直观方式显示给用户的过程，并与用户进行交互式处理。数据可视化技术有利于发现大量业务数据中隐含的规律性信息，以支持管理决策。数据可视化环节可大大提高大数据分析结果的直观性，便于用户理解与使用，故数据可视化是影响大数据可用性和易于理解性的关键因素。

（2）大数据应用是指将经过分析处理后挖掘得到的大数据结果应用于管理决策、战略规划等过程，它是对大数据分析结果的检验与验证。大数据应用过程直接体现了大数据分析处理结果的价值性和可用性。大数据应用对大数据的分析处理具有引导作用。

在大数据收集、处理等一系列操作之前，通过对应用情境的充分调研、对管理决策需求信息的深入分析，可明确大数据处理与分析的目标，从而为大数据收集、存储、处理、分析等过程提供明确的方向，并保障大数据分析结果的可用性、价值性。

本书大数据篇后面的章节会详细讲述大数据处理流程。

2.2.2　关键技术

大数据架构关键技术包括大数据存储技术、并行计算能力、数据分析技术、数据可视化技术、数据挖掘算法。后续章节将陆续讲解这些内容，此处不再展开。

2.3　Hadoop 体系架构

本节主要介绍 Hadoop 的来源、特点、架构、核心组件、MapReduce 模型简介、MapReduce 体系结构、MapReduce 实例等内容。

1. Hadoop概述

Hadoop 是一个由 Apache 软件基金会所开发的分布式系统基础架构。Hadoop 体系架构如图 2.8 所示，用户可以在不了解分布式底层细节的情况下开发的分布式程序，充分利用集群的作用进行高速运算和存储。Hadoop 实现了一个分布式文件系统（Hadoop Distributed File System，HDFS）。HDFS 具有高容错性的特点，并且设计用来部署在低廉的硬件上；而且它提供高吞吐量来访问应用程序的数据，适合那些有着超大数据集的应用程序。HDFS 放宽了可移植操作系统接口的要求，可以以流的形式访问文件系统中的数据。Hadoop 框架最核心的设计就是 HDFS 和 MapReduce。HDFS 为海量的数据提供了存储，而 MapReduce 为海量的数据提供了计算。

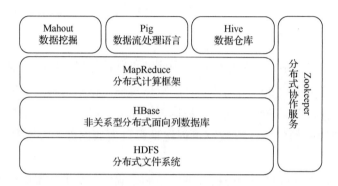

图 2.8　Hadoop 体系架构

2．Hadoop的特点

（1）高可靠性：Hadoop 具有按位存储和处理数据的能力。它自动维护一份数据的多个复制，并自动将失败的计算任务进行重新部署。

（2）高扩展性：Hadoop 是在可用的计算机集群间分配数据并完成计算任务的，可以方便地扩展到其他节点中。另外，Hadoop 可以可靠地存储和处理 PB 级别的数据，并且方便进行扩展。

（3）高效性：Hadoop 能够在节点之间动态地移动数据，并保证各个节点的动态平衡，具有较快的处理速度。

（4）高容错性：Hadoop 能够自动保存数据的多个副本，单点失效后，自动将失败的任务重新分配。

（5）经济性：Hadoop 是开源的，项目的软件成本因此会大大降低。另外，Hadoop 将数据分布到由 PC（Personal Computer，个人计算机）组成的集群中进行处理，这些集群可以由很多个节点组成。

3．Hadoop架构

Hadoop 1.0 由一个分布式文件系统和一个离线计算框架 MapReduce 组成。

Hadoop 2.0 则由一个支持名字节点横向扩展的 HDFS，一个资源管理系统（YARN）和一个运行在 YARN 上的离线计算框架 MapReduce 组成。Hadoop 2.0 具有更好的扩展性，并支持多种计算框架。

Hadoop 的项目结构不断发展，已经形成一个丰富的 Hadoop 生态系统。Hadoop 2.0 的架构如图 2.9 所示。

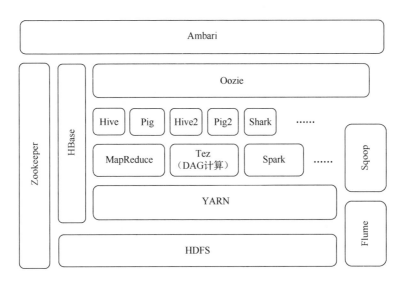

图 2.9　Hadoop 2.0 的架构

图 2.9 所示的 Hadoop 2.0 架构中各组件就是构成 Hadoop 生态圈的主要组件，它们的功能见表 2-1。

表 2-1　Hadoop 生态圈主要组件的功能

组件	功能
HDFS	分布式文件系统，使用成百上千台服务器做分布式存储
MapReduce	分布式并行编程模型，批处理进行计算
YARN	资源（内存、CPU、带宽等）管理和调度器
Tez	运行在 YARN 之上的下一代 Hadoop 查询处理框架，对 MapReduce 进行优化
Hive	Hadoop 上的数据仓库，存储各种维度的历史数据，用于企业决策分析。可以将 SQL 语句转换为 MapReduce 任务进行运行
HBase	Hadoop 上的非关系型分布式面向列的数据库，可以存储几十亿行，百万列数据
Pig	一个基于 Hadoop 的大数据数据流分析平台，提供类似 SQL 的查询语言 Pig，流计算处理，为用户提供多种接口
Sqoop	用于在 Hadoop 与传统数据库之间进行数据传递
Oozie	Hadoop 上的工作流调度系统，调度不同应用程序配合完成一项工作

续表

组件	功能
Zookeeper	通过分布式锁提供分布式协调一致性服务
Flume	一个高可用的、高可靠的、分布式的海量日志采集、聚合和传输的系统
Ambari	Hadoop 快速部署工具，支持 Apache Hadoop 集群的供应、管理和监控
Spark	类似于 Hadoop MapReduce 的通用并行框架，基于内存，迭代效率高

4. Hadoop核心组件

（1）HDFS。HDFS 适合运行在通用硬件上，是一个高度容错性的系统，适合部署在性价比高的机器上，能提供高吞吐量的数据访问，非常适合大规模数据集上的应用。

HDFS 主要由 3 个组件构成，分别是名字节点（NameNode）、第二名字节点（Secondary NameNode）和数据节点（DataNode）。HDFS 是以主从（Master/Slave）模式运行的，即名字节点、第二名字节点运行在 Master 节点，数据节点运行在 Slave 节点。

① 名字节点。当一个客户端请求一个文件或者存储一个文件时，它需要先知道具体到哪个数据节点上存取，获得数据节点的信息后，客户端直接和这个数据节点进行交互，这些信息的维护者是名字节点。名字节点管理着文件系统命名空间，维护着文件系统树及树中的所有文件和目录。名字节点负责维护所有这些文件或目录的打开、关闭、移动、重命名等操作。对于实际文件数据的保存与操作，都由数据节点负责。当一个客户端请求数据时，它仅从名字节点中获取文件的元信息，而具体的数据传输不需要经过名字节点，由客户端直接与相应的数据节点进行交互。

名字节点保存元信息的种类如下。

- 文件名、目录名及它们之间的层级关系。
- 文件目录的所有者及其权限。
- 每个文件块的名及文件由哪些块组成。

需要注意的是，名字节点元信息并不包含每个块的位置信息，块的位置信息在名字节点启动时从各个数据节点获取并保存在内存中，可以减少读取数据时的查询时间，增加读取效率。名字节点也会实时通过心跳机制与数据节点进行交互，实时检查文件系统是否运行正常。名字节点元信息会保存各个块的名称及文件由哪些块组成。

② 数据节点。数据节点负责存储数据块，也负责为系统客户端提供数据块的读/写服务，同时会根据名字节点的指示进行创建、删除和复制等操作。此外，它通过心跳机制定期向名字节点发送所存储文件的块列表信息。当对 HDFS 进行读/写时，名字节点会告知客户端每个数据驻留在哪个数据节点，客户端直接与数据节点进行通信，数据节点还会与其他数据节点通信，复制这些块以实现冗余。

③ 第二名字节点。早期的 Hadoop 版本中，存在一个辅助节点，称为第二名字节点。

在 Hadoop 集群中只有一个名字节点，如果名字节点发生故障，整个 Hadoop 集群会崩溃。第二名字节点不是名字节点的热备份，即做不到在线实时备份。当名字节点出现故障的时候，第二名字节点不能马上替换名字节点并提供服务，但它可以做到如下工作。

① 辅助名字节点，分担其工作量。

② 定期合并 Fsimage（元数据信息快照）和 Editlog（元数据操作日志），并推送给名字节点。

③ 在紧急情况下，可辅助恢复名字节点。

在名字节点中存放元信息的文件是保障元数据信息文件。在系统运行期间，所有对元信息的操作都保存在内存中并被持久化到元数据操作日志（Editlog）。Editlog 文件存在的目的是提高系统的操作效率，名字节点在更新内存中的元信息之前会先将操作写入 Editlog 文件。在名字节点重启的过程中，Editlog 会和 Fsimage 合并到一起，但是合并的过程会影响 Hadoop 重启的速度，第二名字节点就是为了解决这个问题而产生的。第二名字节点的作用就是定期地合并 Editlog 和 Fsimage 文件。

在 Hadoop 后期版本中，第二名字节点被检查点节点（Checkpoint Node）所取代，它们的工作原理完全一致，发生这样改变的原因是 Hadoop 引入除执行检查点功能之外的新节点——备份节点（Backup Node）。

图 2.10 为 Hadoop 基本运行环境中的 HDFS 组件读取数据的过程。

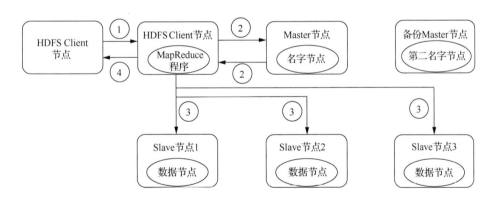

图 2.10　Hadoop 基本运行环境中的 HDFS 组件读取数据的过程

具体过程如下。

① 客户端 Client 发起读请求。

② 客户端与名字节点交互得到文件块及位置信息列表。

③ 客户端直接和数据节点交互读取数据。

④ 读取完成，关闭连接。

图 2.11 为 Hadoop 基本运行环境中的 HDFS 组件写入数据的过程。

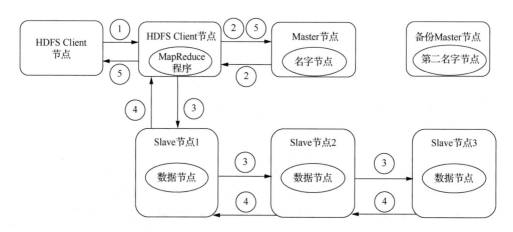

图 2.11　Hadoop 基本运行环境中的 HDFS 组件写入数据的过程

具体过程如下。

① 客户端 Client 在向名字节点请求之前先将文件数据写入本地文件系统的一个临时文件。

② 待临时文件达到块大小时开始向名字节点请求数据节点信息。名字节点在文件系统中创建文件并返回给客户端一个数据块和其对应数据节点的地址列表，列表中也包含副本存放的地址。

③ 第一个数据节点以数据包的形式从客户端接收数据，数据节点把数据分组写入本地磁盘的同时，向第二个数据节点（即副本节点）传送数据；第二个数据节点将接收到的数据分组写入本地磁盘时，向第三个数据节点发送数据分组；第三个数据节点开始向本地磁盘写入数据分组。如果管道中的任何一个数据节点失败，传送管道会被关闭。数据将会继续写到剩余的数据节点中。同时，名字节点会被告知待备份状态，名字节点会继续备份数据到新的可用节点。

④ 数据分组以流水线的形式被写入和备份到所有数据节点。传送管道中的每个数据节点在收到数据后都会向前面那个数据节点发送一个确认信息（ACK），最终，第一个数据节点会向客户端 Client 发送一个 ACK。当客户端收到数据块的确认之后，数据块被认为已经持久化到所有节点。

⑤ 客户端向名字节点发送一个确认。文件关闭，名字节点提交这次创建的文件，在 HDFS 中可见。

（2）MapReduce。MapReduce 是一种编程模型，是面向大数据并行处理的计算模型、框架和平台。其适合批处理计算。

（3）Spark。Spark 的工作原理与 MapReduce 的一样，但它可以高效地完成迭代计算，基于内存完成，实时性好。

（4）MapReduce 与 Spark 的对比。MapReduce 与 Spark 的对比如图 2.12 和图 2.13 所示。

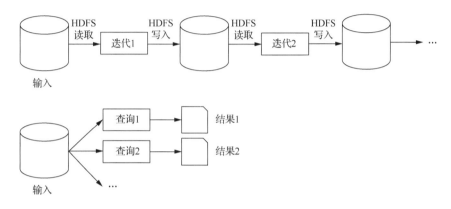

图 2.12　MapReduce 执行流程

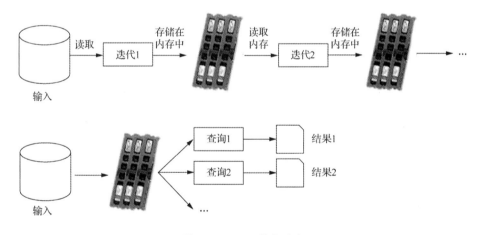

图 2.13　Spark 执行流程

使用 MapReduce 进行迭代计算非常耗资源，因为 MapReduce 会频繁访问磁盘，造成计算效率大幅度下降。而 Spark 将数据载入内存后，之后的迭代计算都可以直接使用内存中的中间结果做运算，避免了从磁盘中频繁读取数据，大幅度提高了计算效率。

MapReduce 与 Spark 执行逻辑回归算法的时间对比如图 2.14 所示。MapReduce 需要 110s，Spark 仅需 0.9s，可见 Spark 内存迭代效率之高。

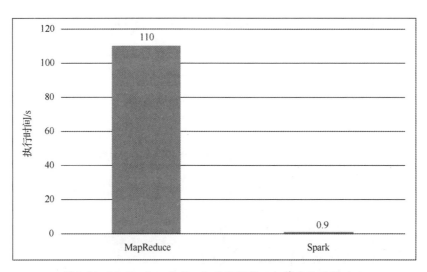

图 2.14　MapReduce 与 Spark 执行逻辑回归算法的时间对比

5. MapReduce模型简介

MapReduce 将复杂的、运行于大规模集群上的并行计算过程高度地抽象为了两个函数——Map()和 Reduce()。借助 MapReduce 模型，编程较容易，不需要掌握分布式并行编程细节，也可以很容易地把自己的程序运行在分布式系统上，完成海量数据的计算。

MapReduce 采用"分而治之"策略，一个存储在分布式文件系统中的大规模数据集，会被切分成许多独立的分片（split），这些分片可以被多个 Map 任务并行处理。

MapReduce 设计的一个理念就是"计算向数据靠拢"，而不是"数据向计算靠拢"，因为移动数据需要大量的网络传输开销。

MapReduce 框架采用了 Master/Slave 架构，包括一个 Master 和若干个 Slave。Master 上运行 JobTracker，Slave 上运行 TaskTracker。

6. Map()函数和Reduce()函数

Map()函数和 Reduce()函数的工作原理说明参见表 2-2。

表 2-2　Map()函数和 Reduce()函数的工作原理说明

函数	输入	输出	说明
Map()	$<k_1,v_1>$ 如： $<$行号,"a b c"$>$	List($<k_2,v_2>$) 如： $<$"a",1$>$ $<$"b",1$>$ $<$"c",1$>$	将小数据集进一步解析成一批$<$key,value$>$键值对，输入 Map 函数中进行处理； 每一个输入的$<k_1,v_1>$都会输出一批$<k_2,v_2>$。 $<k_2,v_2>$是计算的中间结果
Reduce()	$<k_2,$List(v_2)$>$ 如：$<$"a",$<1,1,1>>$	$<k_3,v_3>$ $<$"a",3$>$	输入的中间结果$<k_2,$List(v_2)$>$中的 List(v_2)表示一批属于同一个 k_2 的 value

7. MapReduce的体系结构

MapReduce 的体系结构参见图 2.15，它由 Client、JobTracker、TaskTracker 以及 Task 四个部分组成，另外还有一个 Task Scheduler（任务调度器）。

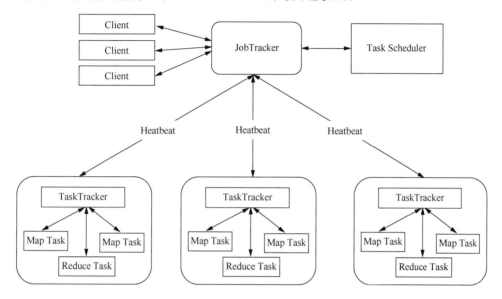

图 2.15　MapReduce 的体系结构

（1）Client。用户编写的 MapReduce 程序通过 Client 提交到 JobTracker 端，用户可通过 Client 提供的一些接口查看作业运行状态。

（2）JobTracker。JobTracker 负责资源监控和作业调度，监控所有 TaskTracker 与 Job 的健康状况，一旦发现失败，就将相应的任务转移到其他节点。

JobTracker 会跟踪任务的执行进度、资源使用量等信息，并将这些信息告诉任务调度器（Task Scheduler），而任务调度器会在资源出现空闲时，选择合适的任务去使用这些资源。

（3）TaskTracker。TaskTracker 会周期性地通过"心跳"（Heatbeat）机制将本节点上的资源使用情况和任务运行进度汇报给 JobTracker，同时接收 JobTracker 发送过来的命令并执行相应的操作（如启动新任务、杀死任务等）。

TaskTracker 使用"slot"（分片）等量划分本节点上的资源量（CPU、内存等）。一个 Task 获取到一个 slot 后才有机会运行，而 Hadoop 任务调度器的作用就是将各个 TaskTracker 上的空闲 slot 分配给 Task 使用。slot 分为 Map slot 和 Reduce slot 两种，分别供 Map Task 和 Reduce Task 使用。

（4）Task。Task 分为 Map Task（Map 任务）和 Reduce Task（Reduce 任务）两种，均由 TaskTracker 启动。

8. MapReduce的工作流程

MapReduce 的工作流程如图 2.16 所示。不同的 Map 任务之间不会进行通信，不同的 Reduce 任务之间也不会发生任何信息交换。用户不能显式地从一台机器向另一台机器发送消息。所有的数据交换都是通过 MapReduce 框架自身去实现的。

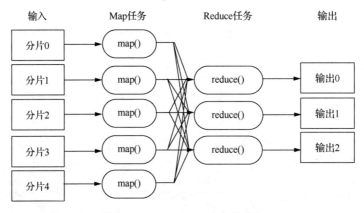

图 2.16　MapReduce 的工作流程

9. MapReduce实例

下面以 WordCount（词频统计）为例说明 MapReduce 的工作原理。

（1）Map 任务：从英文句子中切割出一个个单词，形成键值对<键,值>（<key,value>），这里的键就是单词本身，值为1，说明该单词在句子中出现 1 次。图 2.17 中 Map 输出中的第一项键值对<Hello, 1>，说明关键字"Hello"在句子"Hello World Bye World"中出现 1 次。

图 2.17 中的 3 个 Map 任务分别由 Hadoop 集群中的 3 个 Map Task 完成。

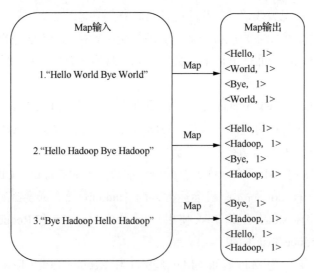

图 2.17　Map 过程示意图

（2）Reduce 任务。实际上，在 Map 任务之后，Reduce 任务之前还有一个 Shuffle 任务。Shuffle 任务可由 Merger（归并）和 Combiner（合并）两种函数之一来完成，默认使用 Merger() 函数。

图 2.18 所示为 Shuffle 任务中使用 Merger() 函数的 Reduce 过程示意图。

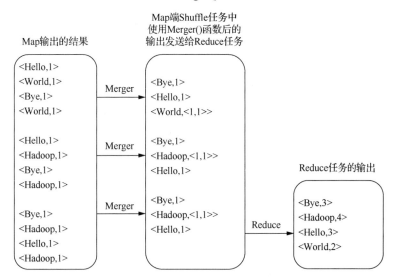

图 2.18　Shuffle 任务中使用 Merger() 函数的 Reduce 过程示意图

Merger() 函数对每个 Map 任务的输出先排序再归并。例如，在 WordCount 实例中，若一个 Map 任务输出了两个 <World,1>，则经过 Merger() 函数归并之后变为 <World,<1,1>>。

图 2.19 所示为 Shuffle 任务中使用 Combiner() 函数的 Reduce 过程示意图。

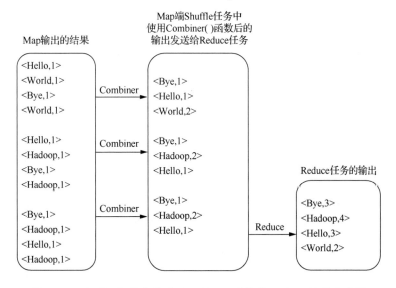

图 2.19　Shuffle 任务中使用 Combiner() 函数的 Reduce 过程示意图

Combiner()函数对每个 Map 任务的输出先排序再合并。例如，在 WordCount 实例中，若一个 Map 任务输出了两个<World,1>，则经过 Combiner()函数合并之后变为<World,2>。其中的值 2 就是两个 1 相加的结果。

Combiner()函数是 MapReduce 的一种优化手段。每一个 Map 任务都可能会产生大量的本地输出，Combiner()函数的作用就是对 Map 端的输出先做一次合并，以减少 Map 和 Reduce 节点之间的数据传输量，从而减少网络带宽和 Reduce 的负载。只有操作满足结合律时才可设置 Combiner()函数。

归并（Merger）和合并（Combiner）的区别：两个键值对<"a",1>和<"a",1>，如果归并，会得到键值对<"a",<1,1>>；如果合并，会得到键值对<"a",2>。

【例 2-1】　使用 Python 编程完成 WordCount（词频统计）。

（1）用 Python 编程对 article.txt 文件中所有句子中的单词进行词频统计，即统计每个单词出现的次数。article.txt 文件中所有要被统计的单词如图 2.20 所示。

图 2.20　article.txt 文件中所有要被统计的单词

（2）程序代码如下。

```
def mapper():                    #定义 mapper 函数，完成 Map 任务
    txt=open("article.txt","r").read()   #打开文本文件
    txt=txt.lower()              #把所有字母都变成小写字母
    for ch in '~!@#$%^&*()_+"{}[]|?.<>?':  #删除句子中非法字符
        txt=txt.replace(ch,"")
    words=txt.split()            #切片，默认分隔符为空格、换行(\n)、制表符(\t)
    result = []                  #定义用于保存键值对的列表 result
    total=0                      #定义变量 total，记录单词总数，初始化值为 0
    for x in words:              #将所有键值对追加到列表 result 中
        result.append((x,1))
```

```
        total=total+1
    return result ,total     #返回所有键值对所在的列表及单词总数

def reducer(words,total):    #定义 reducer 函数，完成 Reduce 任务
    counts={}            #定义字典 counts 存放 Reduce 任务结果，即词频统计结果
    for a in range(total):
        str=words[a][0]
        if str not in counts:
            counts[str]=1     #如果该键不存在，则创建该键值对，值为 1
        else:                 #如果该键已经存在，则值加 1
            counts[str]+=1

        items=list(counts.items())#将字典转换为列表 items,列表中每个元素均为键值对
        items.sort(key=lambda x:x[0],reverse=True)
                            #对 items 列表按关键字进行逆序排序
    return items

mp,total=mapper()          #调用 mapper 函数，执行 Map 任务
items=reducer(mp,total) #调用 reducer 函数，执行 Reduce 任务
w=[]
c=[]
print("{0:<8}{1:>5}".format("单词","单词个数"))
for i in range (4):  #循环 4 次，取出列表 items 中的键（单词）和值（单词个数），
                    #分别存入列表 w 和 c 中
    word,count=items[i]
    w.append(word)
    c.append(count)
    print("{0:<10}{1:>5}".format(word,count))
                #格式化输出列表 w 和 c 中键（单词）和值（单词个数）
```

（3）运行结果如下。

单词	单词个数
world	2
hello	3
hadoop	4
bye	3

第 3 章
大数据采集及预处理

📖 **本章导读**

由于数据纷繁复杂、变化多样，因此研究和分析大数据，要先汇集数据，形成海量数据，然后对海量数据进行分析和利用，使用大数据技术和方法提炼有用的数据，从而形成真正意义上的大数据采集而创造的价值。

日常，可以自己采集和汇集数据，也可以通过其他方式和手段获得数据，如通过业务系统来积累大量的业务数据和用户的行为数据。

数据采集和预处理是获取有效数据的重要途径，也是大数据应用的重要支撑，同时也是数据处理流程的第一个环节，也是最重要的环节之一。本章先介绍数据采集的概念，然后从大数据采集、大数据预处理和 ETL 工具等几个方面讲解大数据采集和预处理的相关知识。

课程知识点	1. 大数据采集设备 2. 大数据采集方法 3. 网络爬虫 4. 数据预处理 5. 常用 ETL 工具
课程重点	1. 使用 urllib 或 Requests 扩展库进行网络爬虫 2. 使用 Scrapy 框架进行网络爬虫
课程难点	使用 Scrapy 框架爬取图片

3.1 大数据采集

通过前面的讲解可知，一套完整的大数据处理流程包括数据采集、数据存储、数据处理（分析与挖掘）、数据可视化。其中，数据采集是大数据处理流程中的第一步，是必不可少的。随着大数据越来越被重视，数据采集的挑战也变得尤为突出。主要体现在：

数据源多种多样、数据量大、变化快、如何保证数据采集的可靠性和性能、如何避免重复数据、如何保证数据的质量等。

1. 大数据采集的概念

大数据采集又称数据获取，通过射频识别技术（Radio Frequency Identification，RFID）、传感器、摄像头、社交网络、移动互联网、物联网等方式获得各种类型的结构化、半结构化及非结构化的海量数据。

2. 大数据的来源

大数据的来源多种多样，如气候信息、公开的信息（杂志、报纸、图片等）、网购交易记录、病历、军事及民用监控信息、视频和图像档案及大型电子商务网站等。这些数据主要来源于以下几方面。

（1）人类通过各种社交网络、互联网、参与各种社会活动等产生的数据。

（2）人类使用计算机产生的各类文件、数据库、日志等数据。

（3）人类使用各种做科学实验用的设备及传感器、监控器、报警器等产生的或监控到的数据。

3. 大数据采集设备

大数据采集设备可以分为科研数据采集设备和网络数据采集设备两大类型。

（1）科研数据采集设备结构复杂，价格昂贵。几种典型的科研数据采集设备如图 3.1 所示。

（a）FAST　　　　　　（b）强子对撞机　　　　　（c）电子显微镜

图 3.1　科研数据采集设备

① 500 米口径球面射电望远镜（FAST）：被誉为"中国天眼"的 500 米口径球面射电望远镜位于贵州，利用贵州喀斯特地区的洼坑作为望远镜台址，其拥有 30 个标准足球场大的接收面积，参与探索其他星球的文明，时刻在传回微波信号。它的计算性能需求 200 万亿次/s，存储容量需求 10PB。

② 大型强子对撞机：高能物理学大型强子对撞机位于瑞士日内瓦附近瑞士与法国的交界侏罗山地下 100m 深，长 27km 的隧道内。它是世界上最大、能量最高的粒子加速器，

目标是从大量数据中去发现小概率的希格斯粒子。它的传输速率为 1GB/s，每年产生的数据量达 15PB，且会越来越多。

③ 电子显微镜：生物学电子显微镜可以显示人类肉眼看不到的东西，如细胞——科学家可以研究分子层面上的微观结构。1mm³ 大脑的图像数据就超过 1TB。

（2）网络数据采集设备。

物联网和互联网高速发展，遍布网络的各种节点（传感器、交换机、路由器等）、智能终端设备（手机、Pad、计算机、智能家居等）产生的数据通过网络源源不断地汇集到数据中心的服务器。网络数据多样、组成成分复杂。

4. 大数据的采集方法

大数据的采集方法主要包括科研大数据的采集方法、深度报文检测（Deep Packet Inspection，DPI）采集方法、系统日志下数据采集方法和网络大数据采集方法。

3.2 网络爬虫

1. 网络爬虫的基本流程

（1）发起请求：通过 HTTP（Hyper Text Transfer Protocol，超文本传输协议）库向目标站点发起请求，等待目标站点服务器响应。

获取响应：若服务器正常接收并处理请求，会返回一个 Response（响应），该 Response 即为获取的页面内容，Response 可以是 HTML（Hyper Text Markup Language，超文本标记语言）、JSON（JavaScript Object Notation，JavaScript 对象表示法）字符串、二进制数据等数据类型。

（2）解析内容：利用正则表达式、网页解析库对 HTML 进行解析；将 JSON 数据转为 JSON 对象进行解析；保存为我们需要的二进制数据（图片、视频等）。

（3）保存数据：可将爬取并解析后的内容保存为文本，或存至数据库等。

2. 网络爬虫所需技术

网络爬虫所需的类库、框架、动态页面爬取及爬虫防屏蔽策略，如图 3.2 所示。

（1）常用第三方库。

对于爬虫初学者，建议在了解爬虫原理后，不使用任何爬虫框架的情况下，使用这些常用的第三方库实现一个简单的爬虫，这样会加深对爬虫的理解。

urllib、urllib2 和 requests 都是 Python 的 HTTP 库，requests 模块比 urllib2 模块更简单。

BeautifulSoup 和 lxml 都是 Python 页面解析的库。BeautifulSoup 是基于文档对象模型（Document Object Model，DOM），会载入整个文档，解析整个 DOM 树，因此时间

花费和内存开销都会很大。而 lxml 只会进行局部遍历，使用 XPath 能够很快定位标签。BeautifulSoup 是用 Python 编写的，lxml 是用 C 语言实现的，这也决定了 lxml 比 BeautifulSoup 运行速度要快。

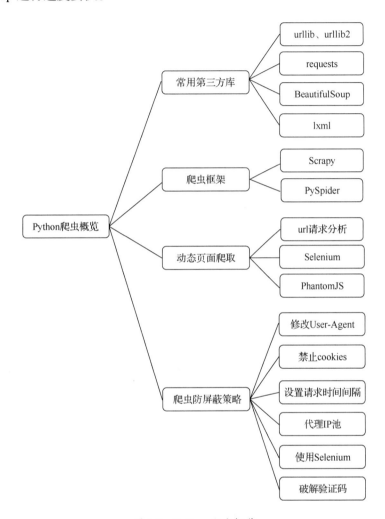

图 3.2　Python 爬虫概览

（2）爬虫框架。

框架是对许多基础技术细节的高级抽象表示，如果不了解爬虫的底层实现原理就直接用框架进行爬虫往往不太容易上手。建议能熟练使用上述第三方库进行网络爬虫后，再学习使用框架进行网络爬虫。

Python 常用的爬虫框架是 Scrapy 和 PySpider。Scrapy 技术成熟，但不容易调试，可读性略差；它适合用来进行二次开发，根据项目需求进行自定义拓展。PySpider 使用更加简单，代码易于调试，可以快速上手。

（3）动态页面爬取。

① url 请求分析包括以下内容。

● 认真分析页面结构，查看 JavaScrip 响应的动作。

● 借助浏览器分析 JavaScrip 单击动作所发出的请求 url。

● 将此异步请求的 url 作为 Scrapy 的 start_url 或者 yield requests 再次进行抓取。

② 使用 Selenium。Selenium 是一个自动化测试工具，利用它可以驱动浏览器执行特定的动作，如单击、下拉等操作，同时还可以获取浏览器当前呈现页面的源代码，做到可见即可爬。对于一些 JavaScript 动态渲染的页面来说，此种抓取方式非常有效。

Selenium 不带浏览器，不支持浏览器的功能，它需要与第三方浏览器结合在一起才能使用。

③ PhantomJS。使用 Selenium 调用浏览器进行抓取页面时，由于要执行打开浏览器并渲染页面的操作，因此进行大规模数据抓取时效率较低，无法满足需求。这时我们可以选择使用 PhantomJS。

PhantomJS 是一个无界面浏览器，它会把网站加载到内存中并执行页面上的 JavaScript，因为不会展示图形界面，所以运行效率高。

把 Selenium 和 PhantomJS 结合在一起，就可以运行一个非常强大的网络爬虫，这个爬虫可以处理 JavaScript、cookies、headers，以及任何其他需要做的事情。

（4）爬虫防屏蔽策略。

① 修改 User-Agent。User-Agent 是一种最常见的伪装浏览器的方法。User-Agent 是指包含浏览器信息、操作系统信息等的一个字符串，也称一种特殊的网络协议。服务器通过它判断当前访问对象是浏览器、邮件客户端还是网络爬虫。

② 禁止 cookies。cookies 是储存在用户终端的一些被加密的数据，有些网站通过 cookies 来识别用户的身份，如果某个访问总是高频率地发送请求，很可能会被网站注意到，被怀疑为爬虫，这时网站就可以通过 cookies 找到这个访问的用户而拒绝其访问。

通过禁止 cookies，客户端就会主动阻止服务器写入，从而防止可能使用 cookies 识别爬虫的网站拒绝访问。

在 Scrapy 爬虫中可以设置 COOKIES_ENABLES=FALSE，意思是不启用 cookies Middleware（cookies 中间件），不向 Web Server（Web 服务器）发送 cookies。

③ 设置请求时间间隔。大规模集中访问对服务器的影响较大，爬虫可以短时间增大服务器负载。这里需要注意的是，设定下载等待时间的范围，等待时间过长，则不能满足短时间大规模抓取的要求，等待时间过短则很有可能被拒绝访问。

设置合理的请求时间间隔，既保证爬虫的抓取效率，又不会对对方服务器造成较大的影响。

④ 代理 IP 池。Web Server 应对爬虫的策略之一就是直接将 IP 或者整个 IP 段都封闭禁止访问，当 IP 被禁封后，转换到其他 IP 继续访问即可。方法是使用代理 IP 或使用 IP 池。

⑤ 使用 Selenium。使用 Selenium 模拟人工单击访问网站，是一种很有效的防止被拒绝访问的方式。但是 Selenium 效率较低，不适合大规模数据抓取。

⑥ 破解验证码。验证码是现在最常见的防止爬虫的手段。可以自己写算法破解验证码，也可以使用第三方打码平台的接口，轻松实现验证码的破解。

3. 网络爬虫示例

（1）简单爬虫程序——爬取网页标题。

【例 3-1】　使用 Python 编程爬取网页标题，即把图 3.3 页面的标题"长春工程学院"几个字爬取下来。

图 3.3　爬取页面中文字

程序代码如下。

```
from urllib import request       #用urllib库完成网络爬虫
from bs4 import BeautifulSoup     #BeautifulSoup库完成内容解析
url="http://www.ccit.edu.cn"     #设置要爬取数据的网页的网址（网址可任意）
html=request.urlopen(url)        #使用request的urlopen方法打开上面的网页
t=BeautifulSoup(html.read())     #用BeautifulSoup库从HTML页面中解析提取数据
print (t.title.string)           #输出页面标题文字
```

运行结果如下。

长春工程学院

Jupyter 平台爬取网页标题的代码和运行结果如图 3.4 所示。

图 3.4　Jupyter 平台爬取网页标题的代码和运行结果

（2）爬取页面数据。

【例 3-2】　爬取网页中的页面数据。爬取图 3.3 所示的网页下方的文字"壹月"到"拾贰月"。

在图 3.3 的页面, 按 F12 键, 显示开发人员工具视图（会显示出网页的 HTML 代码）。单击页面窗格左上角的箭头按钮 ⌕, 箭头变蓝色后, 单击页面上方的文字"壹月"; 再单击箭头按钮 ⌕, 箭头变蓝色后, 单击上方页面中的文字"贰月"。页面如图 3.5（a）所示。

在代码视图中找"壹月"和"贰月"前方相同标签中相同的"属性名=属性值"对, 可以看出二者前面都有标签"a", 且标签"a"中都有"属性名=属性值"对: href="javascript:;", 其中, href 是属性名, javascript:;是属性值。由此, 可以猜测出后面的月份名字的前面也应该有相同的标签与相同的"属性名=属性值"对。找到共同的"属性名=属性值"对后, 就可以使用 Python 编程, 完成"壹月"到"拾贰月"文字的爬取。

另外, 在图 3.3 界面的空白处右击, 在弹出的快捷菜单中执行"查看网页源代码"命令（或直接按组合键 Ctrl+U）, 在弹出的源代码页面中找到"壹月"到"拾贰月"HTML代码所在的位置, 如图 3.5（b）所示, 从 HTML 代码可以看出上述规律。

（a）按 F12 键之后的开发人员工具视图

```
689  <div class="page">
690    <div class="nenuimg-nav">
691      <div class="nenuimg-year"><span class="nenuimg-bg"></span></div>
692      <a id="nenuimg-year" title="" href="" target="_blank">2019</a>
693    </div>
694    <div class="nenuimg-month"><span class="nenuimg-bg"></span></div>
695      <ul class=" list-paddingleft-2">
696        <li><a href="javascript:;"><span>壹月</span></a> </li>
697        <li><a href="javascript:;"><span>贰月</span></a> </li>
698        <li><a href="javascript:;"><span>叁月</span></a> </li>
699        <li><a href="javascript:;"><span>肆月</span></a> </li>
700        <li><a href="javascript:;"><span>伍月</span></a> </li>
701        <li><a href="javascript:;"><span>陆月</span></a> </li>
702        <li><a href="javascript:;"><span>柒月</span></a> </li>
703        <li><a href="javascript:;"><span>捌月</span></a> </li>
704        <li><a href="javascript:;"><span>玖月</span></a> </li>
705        <li><a href="javascript:;"><span>拾月</span></a> </li>
706        <li><a href="javascript:;"><span>拾壹月</span></a> </li>
707        <li><a href="javascript:;"><span>拾贰月</span></a> </li>
708      </ul>
709      <div class="clear"></div>
710    </div>
711  </div>
712  </div>
713  </div>
714  </div>
```

（b）"壹月"到"拾贰月"的 HTML 代码

图 3.5　工具视图和 HTML 代码

使用 request 库爬取网页数据的 Python 程序代码如下。

```
from bs4 import BeautifulSoup
from urllib import request
url = "http://www.ccit.edu.cn/"              # 网页地址
res = request.urlopen(url)                   # 打开链接
soup = BeautifulSoup(res,"html.parser")      # 解析提取数据
month = soup.findAll(attrs={"href":"javascript:;"})
                      # 查找具有属性名和属性值对：href="javascript:;" 的所有标签
for m in month:      # 循环输出上述所有标签文字
    print(m.string,end=" ")
```

运行结果如下。

None None壹月 贰月 叁月 肆月 伍月 陆月 柒月 捌月 玖月 拾月 拾壹月 拾贰月

Jupyter 平台下的爬虫代码及运行结果如图 3.6 所示。

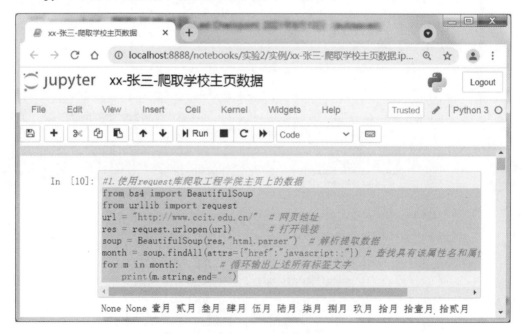

图 3.6　Jupyter 平台下的爬虫代码及运行结果

运行结果前面有两个脏数据（不想要的没用的数据）"None"，可以通过以下方法清洗掉。

按 F12 键，再次显示开发人员工具视图，如图 3.7 所示。先找到文字"壹月"前面的标签，再找到"壹月"前面离它最近的"属性名=属性值"对：class=" list-paddingleft-2"，按该"属性名=属性值"对找到它所在的标签，然后在该标签内查找具有"属性名=属性值"对：href= "javascript:;" 的所有标签。这样就清洗掉那两个脏数据"None"了。

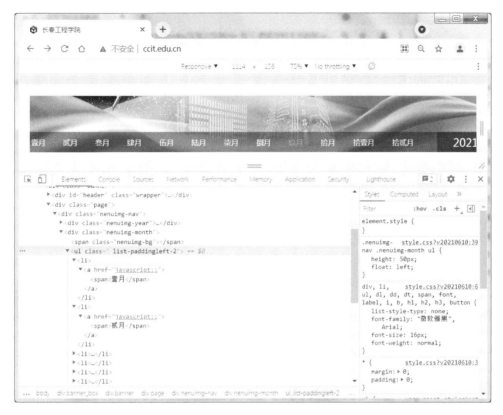

图 3.7　开发人员工具视图 1

清洗脏数据"None"的程序代码如下。

```
from bs4 import BeautifulSoup
from urllib import request
url = "http://www.ccit.edu.cn/"   # 网页地址
res = request.urlopen(url)         # 打开链接
soup = BeautifulSoup(res,"html.parser")  # 解析提取数据
soup2 = soup.find(attrs={"class":"list-paddingleft-2"})
    # 按属性名和属性值对: class=" list-paddingleft-2"找到它所在的标签
month = soup2.findAll(attrs={"href":"javascript:;"})
    # 在上述标签内查找具有属性名和属性值对: href= "javascript:;" 的所有标签
for m in month:
    print(m.string,end=" ")
```

运行结果如下。

壹月 贰月 叁月 肆月 伍月 陆月 柒月 捌月 玖月 拾月 拾壹月 拾贰月

Jupyter 平台下清洗掉两个 None 的程序代码及运行结果如图 3.8 所示。

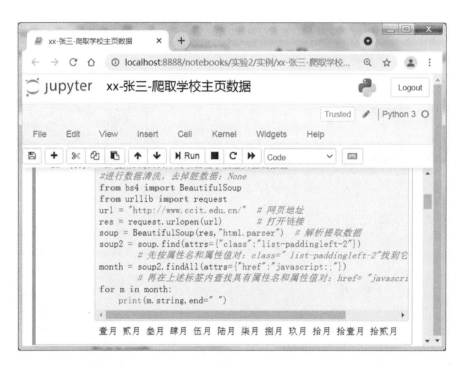

图3.8　Jupyter平台下清洗掉两个None的程序代码及运行结果

属性名和属性值对：class=" list-paddingleft-2"前面的所有父标签都可以用来清洗脏数据，比如：class="page"。所以图3.8中第6行代码：

```
soup2 = soup.find(attrs={"class":"list-paddingleft-2"})
```

也可以换成：

```
soup2 = soup.find(attrs={"class":"page"})
```

它们的运行结果是一样的。

以上爬虫程序都是基于所爬取数据的网站没有设置反爬虫机制，即没有屏蔽爬虫技术。否则，就需要使用反反爬技术进行网页数据的爬取。如果网站设置了反反反爬虫机制，那就得用反反反反爬技术进行网页数据的爬取。依此类推，双方均提升了爬取与反爬能力。

【例3-3】　使用requests库，通过最简单的反反爬虫技术进行爬虫。

如果上面使用urllib库爬取失败，返回HTTP Error 418，说明网站使用了反爬虫技术，此时可以使用更新、更先进的requests库进行爬虫，这就是最简单的反反爬虫技术。

程序代码如下。

```
import requests
from bs4 import BeautifulSoup
```

```
url = "http://www.ccit.edu.cn/"        #网页地址
res=requests.get(url=url)              #发起请求,打开网页
res.encoding='utf-8'                    #requests 库的自身编码为: ISO-8859-1
res=res.text                            #获取页面数据
soup = BeautifulSoup(res,"html.parser")
soup2 = soup.find(attrs={"class":"page"})
month = soup2.findAll(attrs={"href":"javascript:;"})
for m in month:
    print(m.string,end=" ")
```

运行结果同例 3-2。

（3）将爬取下来的页面数据存盘。

【例 3-4】 爬取豆瓣小说页面（https://www.douban.com/tag/小说/?focus=book）中小说的书名、作者、译者、出版社、出版日期和价格等公开信息数据，如图 3.9 所示。

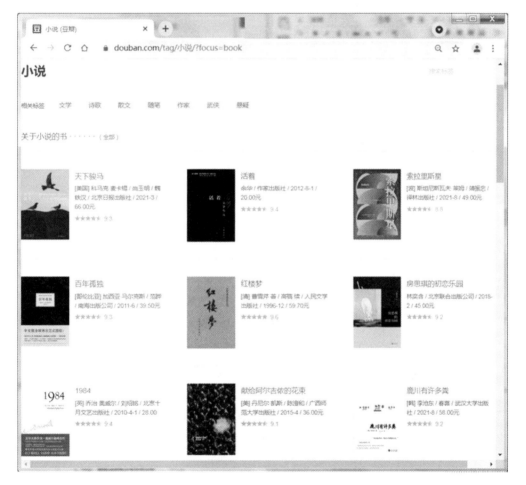

图 3.9　爬取数据的页面

① 爬取图 3.9 页面中 9 部小说的小说名字。按 F12 键，显示图 3.10 所示的开发人员工具视图。

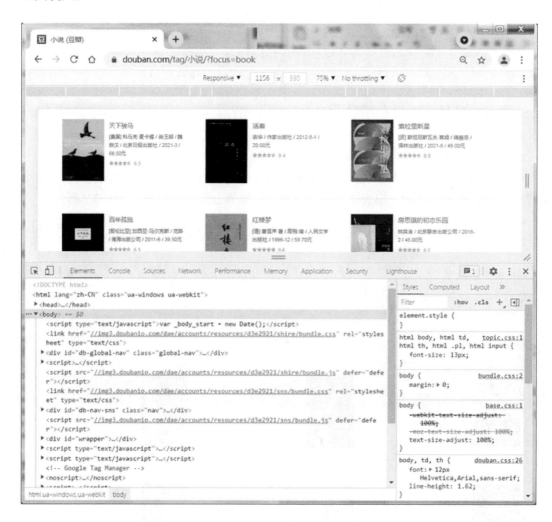

图 3.10　开发人员工具视图 2

② 单击图 3.10 中间窗格左上角的箭头按钮，再单击第一本小说的名字"天下骏马"；单击箭头按钮，然后单击第二本小说的名字"活着"。在图 3.11 所示的开发人员工具视图中找规律。

从图 3.11 下半部分 HTML 代码中找到的规律：小说名字前面相同标签都有相同的"属性名=属性值"对：class="title"；小说名字前边的"属性名=属性值"对：id="book"。

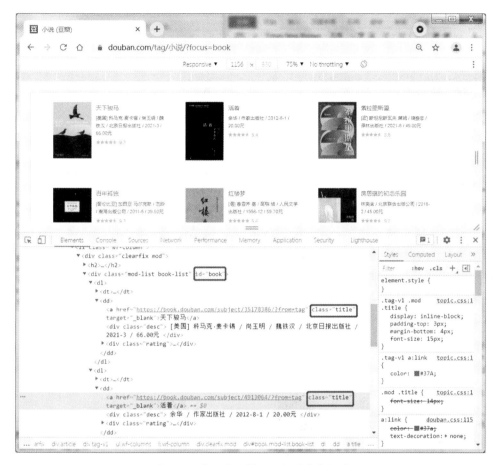

图 3.11 在开发人员工具视图中找规律

爬取 9 本小说名字的 Python 程序代码如下。

```
import requests
from bs4 import BeautifulSoup
headers={'User-Agent': 'Mozilla/5.0 (Windows NT 6.1; Win64; x64)
AppleWebKit/537.36 (KHTML, like Gecko) Chrome/79.0.3945.88 Safari/537.36'}
                                    #指定请求头 headers，进行 UA 伪装
url = "https://www.douban.com/tag/小说/?focus=book"
r = request.s.get(url,headers=headers)   #打开网页，获取 HTML 页面代码文本
html = r.text
soup = BeautifulSoup(html,"html.parser")      #解析提取数据
book_div = soup.find(attrs={"id":"book"})
                        #按属性名和属性值对：id="book" 找到它所在的标签
book_a = book_div.findAll(attrs={"class":"title"})
            #在上述标签内查找具有属性名和属性值对：class= "title" 的所有标签
for book1 in book_a:          #循环显示 9 本小说的名字
   print (book1.string)
```

运行结果如下。

> 天下骏马
> 活着
> 索拉里斯星
> 百年孤独
> 红楼梦
> 房思琪的初恋乐园
> 1984
> 献给阿尔吉侬的花束
> 鹿川有许多粪

③ 爬取上述页面 9 部小说的简介：作者、译者、出版社、出版日期和价格等。

单击图 3.11 中间窗格左上角的箭头按钮 ，再单击第一本小说的名字"天下骏马"下方的简介：[美国] 科马克·麦卡锡 / 尚玉明 / 魏铁汉 / 北京日报出版社 / 2021-3 / 66.00 元；单击箭头按钮 ，然后单击第二本小说的名字"活着"下方的简介：余华 / 作家出版社 / 2012-8-1 / 20.00 元，如图 3.12 所示。

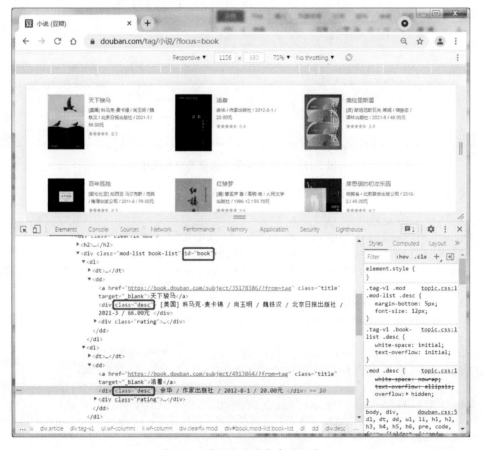

图 3.12　寻找小说简介中的规律

从图 3.12 下半部分 HTML 代码中找到的规律：小说简介前面都有相同的标签
"div"，"div" 标签中都有相同的 "属性名=属性值" 对：class="desc"；小说简介信息都
包含在前面一个标签 "div" 内，该 "div" 标签中有 "属性名=属性值" 对：id="book"。
因此，爬取 9 本小说简介的 Python 程序代码如下。

```
（将上面爬取小说名字代码的后 3 行换成下列 3 行代码）
book_a = book_div.findAll(attrs={"class":"desc"})
#在上述标签内查找具有属性名和属性值对：class= "desc" 的所有标签
for book1 in book_a:                    #循环显示 9 本小说的简介
    print (book1.string.strip('\n'))    #删除每个字符串前面的换行符和 6 个空格
```

运行结果如下。

```
[美国] 科马克·麦卡锡 / 尚玉明 / 魏铁汉 / 北京日报出版社 / 2021-3 / 66.00元
余华 / 作家出版社 / 2012-8-1 / 20.00元
[波] 斯坦尼斯瓦夫·莱姆 / 靖振忠 / 译林出版社 / 2021-8 / 49.00元
[哥伦比亚] 加西亚·马尔克斯 / 范晔 / 南海出版公司 / 2011-6 / 39.50元
[清] 曹雪芹 著 / 高鹗 续 / 人民文学出版社 / 1996-12 / 59.70元
林奕含 / 北京联合出版公司 / 2018-2 / 45.00元
[英] 乔治·奥威尔 / 刘绍铭 / 北京十月文艺出版社 / 2010-4-1 / 28.00
[美] 丹尼尔·凯斯 / 陈澄和 / 广西师范大学出版社 / 2015-4 / 36.00元
[韩] 李沧东 / 春喜 / 武汉大学出版社 / 2021-8 / 58.00元
```

④ 将爬取下来的 9 本小说的名字、作者、译者、出版社、出版日期和价格等数据存
盘。Python 程序代码如下。

```
import requests
from bs4 import BeautifulSoup
from openpyxl import Workbook
headers={'User-Agent': 'Mozilla/5.0 (Windows NT 6.1; Win64; x64)
AppleWebKit/537.36 (KHTML, like Gecko) Chrome/79.0.3945.88 Safari/537.36'}
#指定请求头 headers，进行 UA 伪装
url = "https://www.douban.com/tag/小说/?focus=book"
                                                    #网页地址
r = requests.get(url,headers=headers)               #打开网页地址
html = r.text
soup = BeautifulSoup(html,"html.parser")            #解析提取数据
book_div = soup.find(attrs={"id":"book"})
book_a = book_div.findAll(attrs={"class":"title"})  #爬取书名
book_b = book_div.findAll(attrs={"class":"desc"})   #爬取简介
a,b,bb,cc,dd=[],[],[],[],[]
for book1 in book_a:                #将爬取下来的书名存入 a 列表中
    a.append(book1.string)
for book1 in book_b:                #将爬取下来的简介存入 b 列表中
```

```
        b.append(book1.string)
    for i in range(len(b)):  #将每个简介按'/'切片，并再存入b列表，b变成了嵌套的列表
        b[i]=b[i].strip('\n    ').split('/')
        for j in range(len(b[i])):        #将切片出来每个字符串的前后空格删除
            b[i][j]=b[i][j].strip(' ')
    for i in range(len(b)):
        bb.extend(b[i])                #将嵌套列表b[i]中每个元素存入bb列表中
        cc.append({'书名':a[i]})    #将书名存入cc列表中，其中的每个元素都是一个字典
        if(len(bb)==6):  #将书名和简介（作者、译者1、译者2、出版社、出版日期、价格）
                            #分别存入dd列表中，其中每个元素都是一个字典
            dd.append({'书名':cc[0]["书名"],'作者':bb[0],'译者1':bb[1],'译者
2':bb[2],'出版社':bb[3],'出版日期':bb[4],'价格':bb[5]})
        elif(len(bb)==5):
            dd.append({'书名':cc[0]["书名"],'作者':bb[0],'译者1':bb[1],'译者
2':'','出版社':bb[2],'出版日期':bb[3],'价格':bb[4]})
        else:
            dd.append({'书名':cc[0]["书名"],'作者':bb[0],'译者1':'','译者
2':'','出版社':bb[1],'出版日期':bb[2],'价格':bb[3]})
        bb.clear()
        cc.clear()
    def save_excel(fin_result,tag_name,file_name):
                        #定义函数 sava_excel，功能是将数据保存到.csv文件中
        print("正在导出数据...")
        wb = Workbook()
        ws = wb.active
        ws.append(tag_name)
        for row in fin_result:
            ws.append(row)
        wb.save('{}.csv'.format(file_name))
    def get_info(page,tag):
                #取出 dd 列表中每个字典元素的键值对中的值，存入嵌套的列表 ret 中
        ret = []
        for item in page:
            row = []
            for page_tag in tag:
                row.append(item[page_tag])
            ret.append(row)
        return ret
    tag_name = ['书名','作者','译者1','译者2','出版社','出版日期','价格']
    fin_result = get_info(dd,tag_name)
                #调用函数 get_info，将嵌套列表 ret 的值返回，并赋值给 fin_result
```

```
file_name = input("爬取完成,输入要保存数据的文件名: ")
                #要求用户输入主文件名，扩展名.csv 不用输入
save_excel(fin_result,tag_name,file_name)
                #调用函数 save_excel 将 fin_result 值存入文件中
print("数据爬取并保存成功! ")
```

运行结果如下。

```
爬取完成,输入要保存数据的文件名: douban
```

代码运行后，要求用户先输入要存储所爬取下来数据的文件名（扩展名默认为.csv，不需要输入）并按 Enter 键。

显示如下信息。

```
爬取完成,输入要保存数据的文件名: douban
正在导出数据...
数据爬取并保存成功!
```

至此，爬取下来的小说名字和简介（作者、译者、出版社、出版日期、价格）就保存到文件 douban.csv 中了。用 Excel 打开文件 douban.csv，内容如图 3.13 所示。

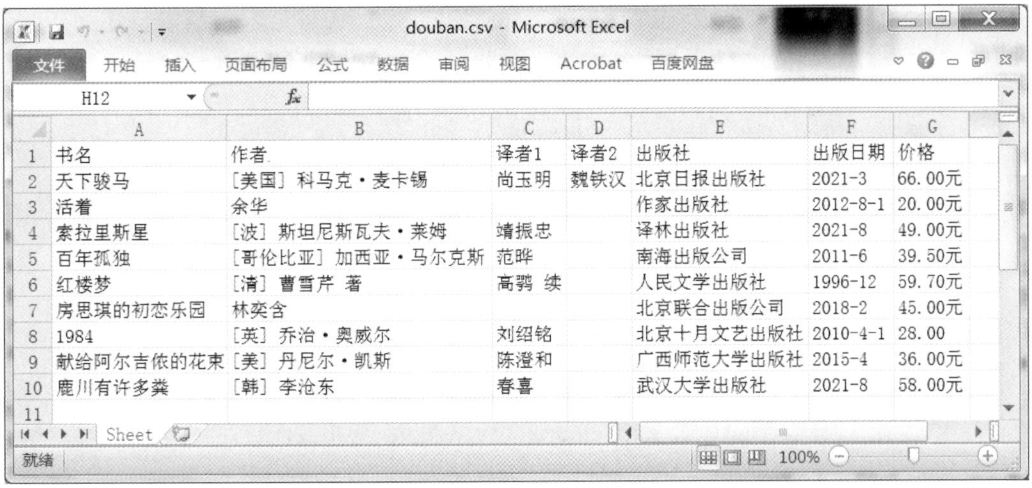

	A	B	C	D	E	F	G
1	书名	作者	译者1	译者2	出版社	出版日期	价格
2	天下骏马	[美国] 科马克·麦卡锡	尚玉明	魏铁汉	北京日报出版社	2021-3	66.00元
3	活着	余华			作家出版社	2012-8-1	20.00元
4	索拉里斯星	[波] 斯坦尼斯瓦夫·莱姆	靖振忠		译林出版社	2021-8	49.00元
5	百年孤独	[哥伦比亚] 加西亚·马尔克斯	范晔		南海出版公司	2011-6	39.50元
6	红楼梦	[清] 曹雪芹 著	高鹗 续		人民文学出版社	1996-12	59.70元
7	房思琪的初恋乐园	林奕含			北京联合出版公司	2018-2	45.00元
8	1984	[英] 乔治·奥威尔	刘绍铭		北京十月文艺出版社	2010-4-1	28.00
9	献给阿尔吉侬的花束	[美] 丹尼尔·凯斯	陈澄和		广西师范大学出版社	2015-4	36.00元
10	鹿川有许多粪	[韩] 李沧东	春喜		武汉大学出版社	2021-8	58.00元
11							

图 3.13 爬取下来并存盘的数据

说明：豆瓣网中的图书是按照阅读量进行排序的，所以当读者进行爬取的时候，书名会有所变化。

（4）使用 Scrapy 爬虫框架进行爬虫。

当你学会了前面讲述的使用 urllib 或者 requests 开发 Python 的爬虫代码，并逐个去解决了请求头封装、访问并发、队列去重、数据清洗等问题之后，再来学习 Scrapy 框架，就会觉得代码简洁、优美，能节省大量的时间，Scrapy 框架为一些常见的问题提供了

成熟的解决方案。下面通过几个实例介绍如何使用 Scrapy 框架爬取页面文字、页面图片等。

【例 3-5】　使用 Scrapy 框架编写 Python 爬虫程序，完成例 3-2 的功能，即爬取长春工程学院主页上的文字：壹月到拾贰月，参见图 3.4。根据图 3.5（a）或图 3.5（b），找到爬虫规律："壹月到拾贰月"中的每个词都包含在标签对""和""中，而且该标签对均包含在一对"a"标签内，并且"a"标签里均有"属性名=属性值"对：href="javascript:;"。分析得到的这些规律，用 Scrapy 框架编程完成爬虫的程序代码如下。

```
import scrapy
from scrapy.selector import Selector
from scrapy.crawler import CrawlerProcess
class MySpider1(scrapy.Spider):  #定义类 MySpider1
    name = "MySpider_CCIT1"        #爬虫的名字，每个爬虫必须有不同的名字
    start_urls = ['https://www.ccit.edu.cn',]
                #要爬取的起始页面，必须是列表，可以包含多个逗号分隔的 url
    def parse(self, response):   #对要爬取的页面，会自动调用这个方法
        selector = Selector(response=response)   #用选择器返回页面的 HTML 代码
        month = selector.xpath('//a[@href="javascript:;"]/span/ \
        text()').extract()     #在返回的 HTML 代码中按标签查找有规律的文字
        for m in month:        #循环输出列表中各元素
            print(m ,end=" ")
process = CrawlerProcess()      #创建爬虫进程
process.crawl(MySpider1)
            #用上面定义的 MySpider1 类作为实参调用爬虫进程的 crawl()方法
process.start()      #启动爬虫进程，开始爬虫
```

运行结果（运行前需用 pip 命令安装代码中用到的框架和类库）如下。

壹月 贰月 叁月 肆月 伍月 陆月 柒月 捌月 玖月 拾月 拾壹月 拾贰月

【例 3-6】　使用 Scrapy 框架编写 Python 爬虫程序，爬取长春工程学院主页页面中的图片。

① 了解一下页面 HTML 代码中静态图片的位置，在浏览器网址中输入长春工程学院主页地址，按 F12 键显示开发人员工具视图，如图 3.14 所示。用鼠标单击中间窗格左上角的箭头按钮 ⍃，然后单击页面上方的一张图片，如单击左上角的 Logo，重复动作，再次单击右边"校训"的图片。查看下方的 HTML 代码视图，可以找到图片文件位置的共同点：都在 img 标签的 src 属性里。

图 3.14　开发人员工具视图 3

② 通过下面一段代码显示页面中所有图片的路径（含文件名）。代码中的
"xpath('//img/@src')" 就是查找所有标签 img 的属性 src 的值，这些值就是该页面中所有
图片的路径，路径的最后是该图片文件的文件名。

```
#显示页面中所有图片的路径（路径最后带图片文件的名字），并删除空串
import scrapy
from scrapy.crawler import CrawlerProcess
class MySpider2(scrapy.Spider):
    name = 'MySpider_CCIT2'      #爬虫的名字，每个爬虫必须有不同的名字
    start_urls=['https://www.ccit.edu.cn',]
                    #要爬取的起始页面，必须是列表，可以包含多个逗号分隔的url
```

```
    def parse(self, response):        #对要爬取的页面，会自动调用这个方法
        self.downloadImages(response)
    def downloadImages(self, response):
        hxs = scrapy.Selector(response)    #用选择器返回页面的 HTML 代码
        images = hxs.xpath('//img/@src').extract()
            #在返回的 HTML 代码中查找标签 img 的属性 src 的值，即图片路径，
            #路径最后带图片文件的名字，存入 images 列表
        images.extend(["images/20211221095709.jpg","images/xhss.jpg"])
            #将两个动态渲染的图片加入 images 列表
        print("所有图片路径（含文件名）:\n", images)
        images = list(filter(None, images))    #删除列表中的空串（第 3 个元素）
        print("删除第 3 个元素（空串）后:\n", images)
process = CrawlerProcess()
process.crawl(MySpider2)
process.start()
```

③ 使用 pip 命令在 cmd 命令行提示符下安装 Scrapy 框架及其他需要的框架或类库。再运行程序代码，运行结果如下。

所有图片路径（含文件名）:

```
['images/logo.png', 'images/xiaoxun.png', '', 'images/xqztw.png',
'/__local/C/69/67/9DCA2A2C82320882C629F90B30B_AE4EF78E_48EAF.jpg',
'/__local/B/4D/0B/F6D7E42F4115AF44ECDD7F6B17A_351CACE6_177EF.jpg',
'/__local/4/A3/31/05A52DDA9852DE36CB5EEBDE78D_6757F890_8EDA.png',
'/__local/0/48/51/8CB861A605B61809E6714EDC188_EFB6381B_38751D.png',
'images/td01.png', 'images/td02.png', 'images/td03.png', 'images/td04.png',
'images/td05.png', 'images/td06.png', 'images/td07.png', 'images/td08.png',
'images/td09.png', 'images/zl022.jpg', 'images/ds.jpg', 'images/xq33.jpg',
'images/zl08.jpg', 'images/tpgj.jpg', 'images/sydw.png', 'images/wx.png',
'images/wb.png', 'images/zs.png', 'images/20211221095709.jpg',
'images/xhss.jpg']
```

删除第 3 个元素（空串）后:

```
['images/logo.png', 'images/xiaoxun.png', 'images/xqztw.png',
'/__local/C/69/67/9DCA2A2C82320882C629F90B30B_AE4EF78E_48EAF.jpg',
'/__local/B/4D/0B/F6D7E42F4115AF44ECDD7F6B17A_351CACE6_177EF.jpg',
'/__local/4/A3/31/05A52DDA9852DE36CB5EEBDE78D_6757F890_8EDA.png',
'/__local/0/48/51/8CB861A605B61809E6714EDC188_EFB6381B_38751D.png',
```

```
    'images/td01.png', 'images/td02.png', 'images/td03.png', 'images/td04.png',
    'images/td05.png', 'images/td06.png', 'images/td07.png', 'images/td08.png',
    'images/td09.png', 'images/zl022.jpg', 'images/ds.jpg', 'images/xq33.jpg',
'images/zl08.jpg',
    'images/tpgj.jpg', 'images/sydw.png', 'images/wx.png', 'images/wb.png',
'images/zs.png',
    'images/20211221095709.jpg', 'images/xhss.jpg']
```

④ 通过下列代码把上述删除空串后的 images 列表中的所有图片爬取下来。

```
import os
import urllib.request
import scrapy
from scrapy.crawler import CrawlerProcess
class MySpider2(scrapy.Spider):
    name = 'MySpider_CCIT2'
    start_urls=['https://www.ccit.edu.cn',]
    rootPath="https://www.ccit.edu.cn"
    def parse(self, response):
        self.downloadImages(response)
    def downloadImages(self, response):     #下载当前页面中所有的图片
        hxs = scrapy.Selector(response)
        # pip install service_identity 安装它才可以访问图片
        images = hxs.xpath('//img/@src').extract()
        images = list(filter(None, images))
        for image_url in images:
            imageFilename = image_url.split('/')[-1]
                    #从路径中把图片文件名切片出来，以便爬取
            if os.path.exists(imageFilename):
                    #如果本地已经存在该图片文件名，则结束本次循环，
                    #继续爬取下一张图片，os.path 表示本代码文档所在路径
                continue
            image_url = self.rootPath + '/' + image_url
                    #转换路径，在图片文件路径前面加上根目录，变成绝对路径
            print(image_url)          #显示网页图片地址
            print(imageFilename)      #显示网页图片名字
            fp = urllib.request.urlopen(image_url)  #打开网页中的图片文件
```

```
            with open(imageFilename, 'wb') as f:
                                    #以二进制写方式打开本地图片文件
                f.write(fp.read())      #将网页中的图片文件写入本地图片文件中
            fp.close()
process = CrawlerProcess()
process.crawl(MySpider2)
process.start()
```

爬取下来的所有图片都保存到了该段代码程序文档所在的文件夹中，如图 3.15 所示。

图 3.15 爬取下来的所有图片

说明：本段代码只能爬取静态页面中的图片，该页面有两张动态渲染的图片，得用其他方法进行爬取，比如使用 Selenium 框架爬取动态页面中的图片。

【例 3-7】 使用 Scrapy 框架编写 Python 爬虫程序，爬取长春工程学院某页面中的图片及该页面中指定链接页面中的图片。

本示例将爬取网页"https://www.ccit.edu.cn/info/1101/9822.htm"中所有图片及该页面的所有链接页面中的所有图片，重名的图片只爬取一次。

① 在浏览器中打开该页面，如图 3.16 所示，本示例将爬取该页面中的图片及爬取方框中的主菜单项（从"学校概况"到"图书档案"）及各主菜单项下拉的子菜单中链接页面中的图片。

图 3.16　爬取图片的界面

② 按 F12 键显示开发人员工具视图，单击中间窗格左上角的箭头按钮 ，然后单击上方页面中的"学校概况"图标，展开相应的标签，找它们的规律，如图 3.17 所示。通过分析，发现这部分超链接（标签 a）均包含在标签 ul 下的标签 li 下。

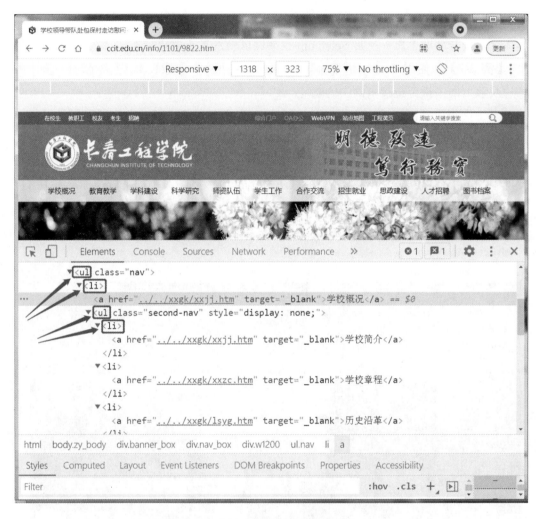

图 3.17   在开发人员工具视图中找规律

程序代码如下。

```
import ssl
ssl._create_default_https_context = ssl._create_unverified_context
import os
import urllib.request
import scrapy
from scrapy.crawler import CrawlerProcess
class MySpider3(scrapy.spiders.Spider):
    name = 'MySpider_CCIT3'    #爬虫的名字，每个爬虫必须有不同的名字
    start_urls=['https://www.ccit.edu.cn/info/1101/9822.htm']
                #要爬取的起始页面，必须是列表，可以包含多个url
```

```python
    rootPath="https://www.ccit.edu.cn"
    def parse(self, response):    #对每个要爬取的页面，会自动调用这个方法
        self.downloadImages(response)
        hxs = scrapy.Selector(response)    #检查页面中的超链接，并继续爬取
        sites = hxs.xpath('//ul/li')       #用xpath查找到所有标签ul下的标签li
        for site in sites:
            link = site.xpath('a/@href').extract()[0]
                        #获得所有标签ul下的标签li下的标签a的属性href的值
            if link == '#':
                continue
            elif link.startswith('..'):    #把相对地址转换成绝对地址
                next_url = os.path.dirname(response.url)
                next_url += '/' + link
            else:
                next_url = link
            yield scrapy.Request(url=next_url,callback=self.parse_item)
                        #生成Request对象，并指定回调函数
    def parse_item(self, response):       #回调函数，对页面中的每个超链接起作用
        self.downloadImages(response)
    def downloadImages(self, response):    #下载当前页面中所有的图片
        hxs = scrapy.Selector(response)
        images = hxs.xpath('//img/@src').extract()
        print("images:", images)
        for image_url in images:
            imageFilename = image_url.split('/')[-1]
            if os.path.exists(imageFilename):
                continue
            if image_url.startswith('images'):
                        #转换路径，在图片文件路径前面加上根目录，变成绝对路径
                image_url = self.rootPath + '/' + image_url
            if image_url.startswith('..'):        #把相对地址转换成绝对地址
                image_url = os.path.dirname(response.url) + '/' + image_url
            if image_url.startswith('/__local'):
                image_url = self.rootPath + '/' + image_url
            print(os.path.dirname(response.url))
            print(image_url)            #显示网页图片地址
            print(imageFilename)        #显示网页图片名字
            fp = urllib.request.urlopen(image_url)  #打开网页中的图片文件
            with open(imageFilename, 'wb') as f:    #以二进制写方式打开本地图片
                                        #文件
                f.write(fp.read())          #将网页中的图片文件写入本地图片文件中
            fp.close()
process = CrawlerProcess()
process.crawl(MySpider3)
process.start()
```

运行上述代码，将爬取下来的所有图片都存储到了本代码文档所在的文件夹中。

3.3 数据预处理

数据预处理一般是大数据处理流程的第二步。在工程实践中，通过各种数据采集方法收集到的数据会存在缺失值、重复值、单位不统一等问题，在使用之前需要对数据进行预处理。数据预处理没有标准的流程，通常针对不同的任务和数据集属性有不同的预处理方法。

3.3.1 数据预处理的原因

大数据即大量（海量）的数据，大数据本身并没有价值，它只是一堆结构或者非结构性的数据集合。而有价值的是隐藏在大数据背后看不见的信息集，人们可以利用这些隐藏的有价值信息集进行各种判断与决策。因此，需要用各种方法对大数据进行分析与挖掘，获取其中蕴含的智能的、深入的、有价值的信息（规律或模型）。

虽然采集端本身有很多数据库，但是直接用各种算法对这些海量数据进行分析挖掘，往往不能准确高效地得到结果。现实世界中的数据基本上都是不一致、不完整、含有噪声的脏数据，无法直接进行数据挖掘，或挖掘结果差强人意。不一致是指数据内涵出现不一致的情况；不完整是指数据中缺少研究者感兴趣的属性；噪声是指数据中存在错误或异常（偏离期望值）的数据。这就需要将这些数据导入一个集中的大型分布式集群数据库（数据仓库）中。由于要导入的数据基本上都是脏数据，因此需要对脏数据进行剥离、整理、归类、建模、分析等操作，然后导入数据仓库，以便挖掘。

没有高质量的数据，就没有高质量的挖掘结果。如何进行大数据的采集、导入、预处理、统计分析和大数据挖掘，是"做"好大数据的关键基础。为了提高数据挖掘的质量，产生了数据预处理技术。

3.3.2 数据预处理技术

数据预处理技术主要包括数据清洗、数据集成、数据变换、数据归约等。这些数据处理技术在数据挖掘之前使用，大大提高数据挖掘模式的质量，降低实际挖掘所需要的时间。

1. 数据清洗

数据清洗主要是达到数据格式标准化、异常数据清除、数据错误纠正、重复数据清除等目标。数据清洗的方法如图 3.18 所示。

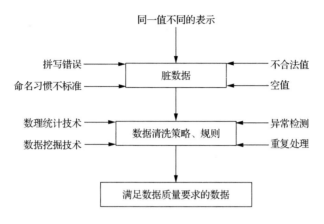

图 3.18 数据清洗的方法

下面介绍几个主要的数据清洗方法。

（1）填充缺失值：大部分情况下，缺失的值必须要用手工来进行清洗。当然，某些缺失值可以从其本身数据源或其他数据源中推导出来，可以用平均值、最大值或更为复杂的概率估计值代替缺失的值，从而达到清洗的目的。

（2）修改错误值：用统计分析的方法识别错误值或异常值，如数据偏差、识别不遵守分布的值，也可以用简单的规则检查数据值，或使用不同属性间的约束来检测和清洗数据。

（3）清除重复记录：数据库中属性值相同的情况被认定是重复记录。通过判断记录的属性值来检测记录是否相等，相等的记录合并为一条记录。

（4）数据的不一致性：大多数据源集成的数据语义会不一样，可以定义完整性约束用于检查数据的不一致性，也可以通过对数据进行分析来发现它们之间的联系，从而保持数据的一致性。

2. 数据集成

数据集成是将多个数据源中的数据结合起来并统一存储，建立数据仓库。数据集成有助于减少结果数据集的冗余和不一致，有助于提高其挖掘过程的准确性和运行速度。数据集成需考虑以下三个方面。

（1）实体识别。

在数据集成时，有许多问题需要考虑。模式集成和对象匹配可能需要技巧；来自多个信息源的现实世界的等价实体如何才能"匹配"，这就涉及实体识别问题。例如，数据分析者或计算机如何才能确定一个数据库中的 customer_id 与另一个数据库中的 cust_number 指的是相同的属性？每个属性的元数据包括名字、含义、数据类型和属性的允许取值范围，以及处理空白、零或 NULL 值的空值规则，如图 3.19（a）所示。

在集成期间，当一个数据库的属性与另一个数据库的属性匹配时，必须注意数据的结构。这旨在确保源系统中的函数依赖和参照约束与目标系统中的匹配。例如，在一个系统中，discount 可能用于订单，而在另一个系统中，它用于订单内的商品。如果在集成之前未发现，则目标系统中的商品可能被不正确地打折，如图 3.19（b）所示。

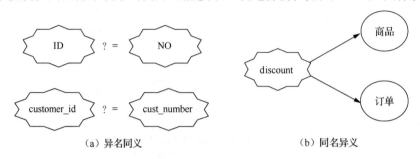

（a）异名同义　　　　　　　　　（b）同名异义

图 3.19　实体识别示例

（2）冗余和相关分析。

① 属性重复：冗余是数据集成的另一个重要问题。一个属性（例如年收入）如果能由另一个或另一组属性"导出"，则这个属性可能是冗余的。

② 属性相关冗余：有些冗余可以被相关分析检测到。给定两个属性，相关分析可以根据可用的数据，度量一个属性能在多大程度上蕴含另一个。

③ 元组重复：除了检测属性间的冗余外，还应在元组级检测重复的元组（例如，对于给定的唯一数据实体，存在两个或多个相同的元组）。

（3）数据冲突的检测与处理。

数据集成还涉及数据值冲突的检测与处理。例如，对于现实世界的同一实体，来自不同数据源的属性值可能不同。这可能是因为表示、尺度或编码不同。

例如，重量属性可能在一个系统中以公制单位存放（图 3.20 左侧的公斤，图 3.20 右侧的厘米、mm），而在另一个系统中以英制单位存放（图 3.20 左侧的磅，图 3.20 右侧的英尺）。不同属性应该统一。

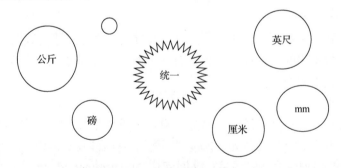

图 3.20　不同属性应统一

3. 数据变换

数据变换是通过光滑、聚集、数据泛化、规范化等方法将数据转换成适用于数据挖掘的形式，也称数据转换。

数据转换采用线性或非线性的数学变换方法将多维数据压缩成较少维的数据，消除它们在时间、空间、属性及精度等特征方面的差异。实际上就是将数据从一种表示形式变换为另一种适合数据挖掘形式的过程。

数据转换的方法如下。

（1）光滑：去除数据中的噪声。

（2）聚集：对数据进行汇总。

（3）数据泛化：使用概念分层，用高层概念替换低层或"原始"数据。

（4）规范化：将属性数据按比例缩放，使之落入一个小的待定区间。

（5）属性构造：可以构造新的属性并添加到属性集中，以利于挖掘过程。

4. 数据归约

数据归约是指在对挖掘任务和数据本身内容理解的基础上，寻找依赖于发现目标的数据的有用特征，缩减数据规模，最大限度地精简数据量。

（1）目的：数据归约用于帮助从原有庞大数据集中获得一个精简的数据集，并使这一精简数据集保持原有数据集的完整性，这样在精简数据集上进行数据挖掘时效率更高，并且挖掘出来的结果与使用原有数据集所获得的结果基本相同。

（2）标准：用于数据归约的时间不应当超过或抵消在归约后的数据上挖掘节省的时间。归约得到的数据集比原数据集小很多，但可以产生相同或基本相同的挖掘结果。

（3）数据归约的方法。

① 数据立方体聚集。图 3.21（a）数据由某公司 2019—2021 年每季度的销售数据组成。可能用户感兴趣的是年销售额（每年的总和），而不是每季度的销售总和。此时可以对这种数据进行聚集，使得结果数据汇总为每年的总销售，而不是每季度的总销售，如图 3.21（b）所示。结果数据量小得多，但并不丢失分析任务所需的信息。

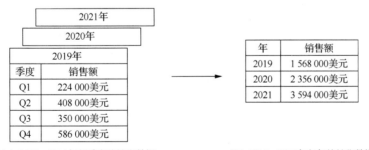

（a）2019—2021年每季度的销售数据   （b）2019—2021年每年的销售数据

图 3.21　数据立方体聚集示例

② 维归约：就是通过删除不相关或冗余的属性（或维）减少数据量。从原有的数据中删除不重要或不相关的属性，或者通过对属性进行重组来减少属性的个数。目的是找出最小属性集，使得属性集的概率分布尽可能地接近使用所有属性得到的原分布。

例如，挖掘顾客是否会在淘宝上购买计算机的分类规则时，顾客一些相关信息，如电话号码、住址、信用额度等，可能与挖掘的任务无关，应该归约（删除）掉。

③ 数据压缩：用数据编码或者变换得到原始数据的压缩，分为无损压缩和有损压缩。

④ 数值归约：采用较短的数据单位，或者用数据规模代替数据，目的就是减少数据量。

⑤ 离散化：通过将属性（连续取值）域值范围分为若干区间，帮助消减一个连续（取值）属性的取值个数，如分箱。

⑥ 概念分层：定义了一组由低层概念集到高层概念集的映射，允许在各种抽象级别上处理数据，从而在多个抽象层上发现知识。例如，年龄映射到青年、中年、老年。街道地址映射到城市或国家。

3.4　常用 ETL 工具

ETL（Extract-Transform-Load，抽取-转换-装载）是一种数据仓库技术，即将数据从来源端经过数据抽取（Extract）、转换（Transform）、装载（Load）至目的端的过程，其本质是数据流动的过程，将不同异构数据源流向统一的目标数据库，如图 3.22 所示。通俗的说法就是从数据源中抽取数据，进行清洗加工转换，然后加载到定义好的数据仓库模型中。其目的是将企业中的分散、凌乱、标准不统一的数据整合到一起，为企业的决策提供分析依据。

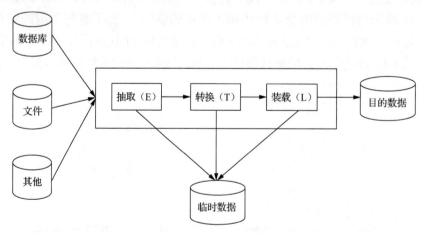

图 3.22　ETL 工作流程

ETL 工具就是一条龙完成对大数据进行数据采集及预处理（数据清洗、数据集成、数据转换和数据归约）的软件平台。

典型的 ETL 工具有 DataPipeline、Kettle、Informatica、Talend 等。

第 **4** 章
大数据存储

本章导读

经过大数据采集和预处理后的数据，通常需要使用存储器将其存储，并建立相应的数据库，方便后续进行管理和调用。

数据存储就是将数据以某种格式记录在计算机外部存储设备上。数据存储作为大数据的核心环节之一，可以理解为方便对既定数据内容进行归档、整理和共享的过程。

本章主要介绍大数据存储面临的挑战、数据存储设备、数据存储模式、传统数据库、NoSQL 数据库、NewSQL 数据库、数据仓库等内容。

课程知识点	1. 大数据存储面临的挑战 2. 数据存储设备 3. 三种数据存储模式 4. 数据库：传统数据库、NoSQL 数据库、NewSQL 数据库 5. 数据仓库
课程重点	1. 只能存储结构化数据的传统数据库 2. 可以存储半/非结构化的大数据的 NoSQL 数据库 3. 可以存储半/非结构化的大数据的 NewSQL 数据库 4. 数据库与数据仓库的区别
课程难点	1. NoSQL 数据库类型：键值数据库、文档数据库、列族数据库和图形数据库 2. NewSQL 数据库特点

4.1　大数据存储概述

随着大数据以几何级数增长,大数据存储面临的挑战越来越大了。

1. 大数据与传统数据的对比

Web、移动设备和其他技术的出现导致数据性质发生了根本性变化。传统数据(小数据)与大数据的对比如表 4-1 所示。

表 4-1　传统数据与大数据的对比

传统数据	大数据
千兆字节~百万兆字节	拍字节(PB)~艾字节(EB)
集中化	分布式
结构化	半结构化和非结构化
稳定的数据模型	平面模型
已知的复杂的内部关系	不复杂的内部关系

2. 大数据存储面临的挑战

随着大数据应用的增长,大数据已经衍生出了自己独特的架构,直接推动了大数据存储技术的发展。大数据存储技术的发展正面临着以下几个难题。

(1)容量问题:大数据已经达到 PB 级规模,这就要求大数据存储系统要有相应等级的扩展能力。与此同时,存储系统的扩展一定要简便,可以通过增加模块或磁盘柜来增加容量,最好增加模块时支持热插拔。

(2)延迟问题:大数据应用还要考虑实时性的问题,网上交易、金融类应用,都需要秒级操作。有很多大数据应用环境需要较高的 IOPS(每秒进行读/写操作的次数)性能,比如高性能计算。

(3)安全问题:某些特殊行业的应用,比如金融数据、医疗信息以及政府情报等都有自己的安全标准和保密性需求。

(4)成本问题:对于那些正在使用大数据环境的企业来说,成本控制是关键的问题。若控制成本,就要让每一台设备都实现更高的“效率”,同时要减少使用昂贵的部件。

4.2 大数据的存储设备

数据存储设备的发展很快，软盘、磁带都已经成为历史，现在的主流存储设备是硬盘。

4.2.1 数据存储设备

1. 机械硬盘

机械硬盘为传统普通硬盘，主要由盘片、磁头、盘片转轴及控制电动机、磁头控制器、数据转换器、接口、缓存等几个部分组成。机械硬盘的实物图和原理图如图 4.1 所示。

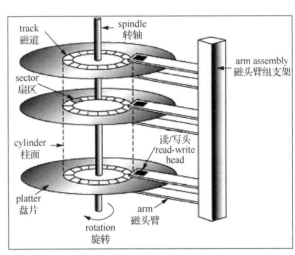

（a）实物图　　　　　　　　　　　　　　　（b）原理图

图 4.1　机械硬盘的实物图和原理图

机械硬盘中所有的盘片都装在一个转轴上，每张盘片之间是平行的，在每个盘片的存储面上有一个磁头，所有的磁头连在一个磁头控制器上，由磁头控制器负责各个磁头的运动。磁头可沿盘片的半径方向运动，在盘片每分钟几千转的高速旋转下，磁头就可以在盘片的指定位置上进行数据的读/写操作。信息通过离磁性表面很近的磁头，由电磁流来改变极性方式并被电磁流写到磁盘上，信息可以通过相反的方式读取。

2. 固态硬盘

固态硬盘就是把磁存储改为集成电路存储。磁存储需要扫描磁头的动作和旋转盘片的配合；集成电路存储即固态存储依靠电路的扫描和开关作用将信息读出和写入，不存在机械动作。固态硬盘内的主体其实就是一块印制电路板（Printed Circuit Board，PCB），而这块印制电路板上最基本的配件就是控制芯片、缓存芯片和用于存储数据的闪存芯片。固态硬盘实物图如图 4.2 所示。

图 4.2 固态硬盘实物图

现在的机械硬盘和固态硬盘的容量都可以做到 TB 级，固态硬盘相对于机械硬盘的优势如下。

① 防震抗摔性：机械硬盘都是磁片型的，数据存储在磁片扇区里。而固态硬盘是使用闪存颗粒（即内存、MP3、U 盘等存储介质）制作而成，所以固态硬盘内部不存在任何机械部件，这样即使在高速移动甚至伴随翻转倾斜的情况下也不会影响正常使用，而且在发生碰撞和震荡时能够将数据丢失的可能性降到最低。相较机械硬盘，固态硬盘占有绝对优势。

② 数据存储速度：机械硬盘的速度约为 120MB/s，SATA 协议的固态硬盘速度约为 500MB/s，NVMe 协议（PCIe 3.0×2）的固态硬盘速度约为 1800MB/s，NVMe 协议（PCIe 3.0×4）的固态硬盘速度约为 3500MB/s。

③ 功耗：固态硬盘的功耗也低于机械硬盘。

④ 质量：固态硬盘在质量方面更轻，与常规 1.8 英寸硬盘相比，质量轻 20～30g。

3. 磁盘阵列

独立磁盘冗余阵列（Redundant Arrays of Independent Disks，RAID）简称磁盘阵列，是一种安全性高、速度快、容量大的存储设备。磁盘阵列的特点是将数据有选择性地分布在多个磁盘上，不仅提高数据的可用性及存储容量，而且能使得数据存取速度快、吞吐量大，从而避免硬盘故障所带来的灾难性后果。RAID 实物图和原理图如图 4.3 所示。

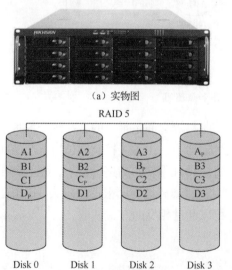

图 4.3 RAID 实物图和原理图

4.2.2 数据存储模式

数据存储模式包括直接附接存储（Direct Attached Storage，DAS）、网络附接存储（Network Attached Storage，NAS）和存储区域网络（Storage Area Network，SAN）三种。下面分别进行介绍。

1. DAS

DAS 是指不采用存储网络，通过输入-输出总线直接连接到主计算机的存储。依赖主机操作系统进行数据的输入-输出（读/写）和存储维护管理，如图 4.4 所示。

DAS 的适用环境为小型网络，地理位置分散的网络，特殊应用服务器。

DAS 的缺点为扩展性差，资源利用率低，异构化严重。

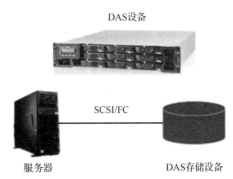

图 4.4　DAS 设备及与服务器的连接图示

2. NAS

NAS 是指连接到网络并为连接到网络上的其他计算机提供文件访问服务的存储单元。客户计算机使用诸如 NFS（Network File System，网络文件系统）这样的文件访问协议访问存储数据。

NAS 通过网络与其他设备相连并提供具有文件访问能力的存储设备。NAS 连接示意图如图 4.5 所示。

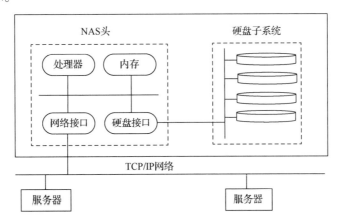

图 4.5　NAS 连接示意图

NAS 的优点为即插即用，专用操作系统支持不同文件系统；文件的访问效率高；数据不受应用服务器影响。

NAS 的缺点为网络带宽成为存储性能瓶颈，NAS 访问要经过文件系统进行格式转换。

3. SAN

SAN 是直接连接到存储区域网络上并向计算机提供文件、数据库、数据块或其他类型数据访问服务的存储单元。SAN 连接示意图如图 4.6 所示。

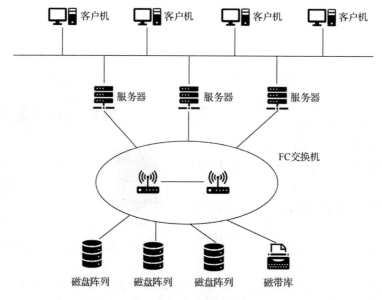

图 4.6　SAN 连接示意图

SAN 的优点：高扩展性、可靠性，数据集中，总体拥有成本低，轻松实现远程数据备份和灾难恢复。

SAN 的缺点：兼容性差，成本高，扩展能力差。

4. DAS、NAS、SAN比较

DAS、NAS、SAN 三种数据存储模式的比较如图 4.7 所示。

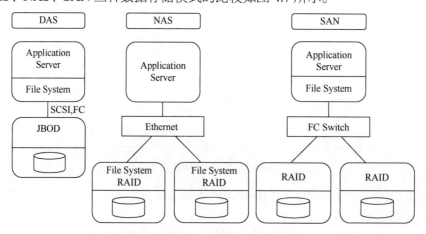

图 4.7　DAS、NAS、SAN 比较

4.3 数据库和数据仓库

数据库和数据仓库，顾名思义都是用于存储数据的。数据库是面向事务的数据存储而设计的，数据仓库是面向主题的数据存储而设计的。数据库一般存储在线交易或企事业单位的业务流程数据，数据仓库存储的一般是历史数据。

本节内容主要介绍传统数据库、NoSQL 数据库、NewSQL 数据库及数据仓库的相关知识。

4.3.1 传统数据库

本小节介绍传统数据库的概念、分类以及主流的关系数据库的相关内容。

1. 传统数据库的概念

数据库是按照数据结构来组织、存储和管理数据的仓库。它是一个长期存储在计算机内的、有组织的、可共享的、统一管理的、大量数据的集合。

2. 传统数据库的分类

传统数据库包括层次型数据库、网络型数据库、关系型数据库。

（1）层次型数据库：用树形结构表示实体及实体与实体之间的联系。

（2）网络型数据库：用网状结构表示实体及实体与实体之间的联系。

（3）关系型数据库：用二维表格表示实体及实体与实体之间的关系。

其中，层次型数据库和网络型数据库已经被关系型数据库淘汰。

下面重点讲解关系型数据库。

3. 关系型数据库

（1）如图 4.8 所示的实体-联系图（E-R 图），图中方框表示实体（关系），菱形框表示两个实体之间的联系。m 和 n 表示多比多的联系。

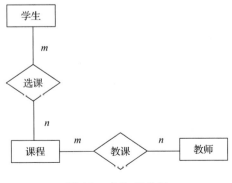

图 4.8　实体-联系图

（2）每一个二维表代表了一个实体（关系），以及两个实体之间的联系。

表4-2表示"学生"实体（实体集），每个具体的学生，如张三代表一个实体。

表4-2　"学生"实体集

学号	姓名	语文	数学	C语言
6201001	张三	85	54	92
6201002	李四	92	84	64
6201003	王五	87	74	73

（3）关系型数据库的相关概念。

① 元组（记录，行）：表中的一行即为一个元组，或称为一条记录。

② 属性（字段、列）：数据表中的每一列称为一个属性（字段）。

③ 属性值：行和列的交叉位置表示某个属性值。

④ 主键：是表中用于唯一确定一个元组的属性或属性组合。

⑤ 域：属性的取值范围。

（4）关系型数据库支持事物的ACID特性如下。

① 原子性（Atomicity）：指事务是一个不可分割的工作单位，事务中的操作要么全部成功，要么全部失败。

② 一致性（Consistency）：事务必须使数据库从一个一致性状态变换到另外一个一致性状态。

③ 隔离性（Isolation）：多个用户并发访问数据库时，数据库为每一个用户开启的事务，不能被其他事务的操作数据所干扰，多个并发事务之间要相互隔离。

④ 持久性（Durability）：一个事务一旦被提交，它对数据库中数据的改变就是永久性的，即使后面数据库发生故障也不对其有任何影响。

（5）SQL基本操作。

① 创建数据库：CREATE DATABASE <数据库名>（其他参数）

② 查询：SELECT 列名集合

　　　　　FROM 表

　　　　　WHERE 条件表达式

　　　　　GROUP BY 列名集合

　　　　　HAVING 组条件表达式

　　　　　ORDER BY 列名（或列名集合）

③ 增加：INSERT INTO 表名（列名1,列名2…）VALUES（列值1,列值2…）

④ 删除：DELETE FROM 表名 [WHERE 条件表达式]

⑤ 修改：UPDATE 表名 SET 列名=列改变值 ［WHERE 条件表达式］

（6）主流的关系型数据库管理系统有 Oracle、DB2、Microsoft SQL Server、Microsoft Access、MySQL 等。

4.3.2　大数据数据库

当今早已是大数据时代，传统数据库已不能满足大数据的存储要求，甚至无法保存大数据。

1. 大数据时代传统数据库的局限性

（1）存储能力的局限性：在大数据存储方面，数据的爆炸式增长，数据来源的极其丰富和数据类型的多种多样，使数据存储量更大。传统数据库难以存储如此巨大的数据量。

（2）海量数据（大数据）的处理能力被束缚：传统数据库无法满足大数据高并发读/写的要求，无法满足对大数据高效存储和访问的要求。

（3）对非结构化数据的处理能力不足：非结构化数据包括所有格式的办公文档、文本、图片、XML、HTML、各类报表、图像和音频/视频信息，等等。非结构化数据结构不规则或不完整，没有预定义的数据模型，不方便使用关系型数据库的二维表来表示数据。

非结构化数据的格式多种多样，标准也是多样的，而且在技术上，非结构化信息比结构化信息更难标准化和理解。而且大数据中 85% 的数据都是非结构化数据（含半结构化数据）。

传统数据库处理非结构化数据时，普遍采用文件形式进行存储和访问，这样就造成效率极其低下。

（4）扩展性和可用性差：管理大数据时，另一个需要重点考虑的问题是未来的数据增长。大数据存储管理系统应该是可扩展的，足以满足未来的存储需求。

（5）应用场景的局限性：Web 2.0 时代，更注重用户的交互作用，用户既是网站内容的浏览者，也是网站内容的制造者。访问数据库时的应用场景对一致性、隔离性以及其他一些事务特性的需求越来越低，对性能和扩展性的需求会越来越高。

虽然传统数据库已经在业界的数据存储方面占据不可动摇的地位，但是由于其天生的局限性，使其很难满足大数据时代的需求。

为了解决大数据的存储要求，业界推出了多款新类型的数据库，由于它们在设计上和传统数据库相比有很大的不同，因此被统称为"NoSQL"数据库。与传统数据库相比，在设计上，它们非常关注对数据高并发的读/写和对海量数据的存储等，它们在架构和数据模型方面做了"减法"，而在扩展和并发等方面做了"加法"。

2. NoSQL兴起

NoSQL 演变过程如图 4.9 所示。图 4.9（a）表示：最初，一批研究学者倡导"反 SQL"

运动，主张摒弃"SQL"，希望用新型的非关系型数据库取代关系型数据库；图4.9（b）表示：现在的NoSQL是"Not only SQL"的缩写，表示关系型和非关系型数据库各有优缺点，彼此都无法互相取代。

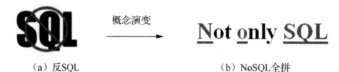

（a）反SQL　　　　　　　　　（b）NoSQL全拼

图4.9　NoSQL演变过程

NoSQL的意义：适合用关系型数据库的时候就使用关系型数据库，不适合用的时候也没必要非使用关系型数据库不可，可以考虑使用更合适的数据存储方式。

NoSQL数据库具有灵活的可扩展性和数据模型，并与云计算紧密结合。

现在已经有很多公司使用了NoSQL数据库，如百度、腾讯、阿里巴巴、京东、华为、Google、Facebook、Mozilla、Adobe等。

NoSQL分为键值数据库、列族数据库、文档数据库和图形数据库四大类，共200多种产品，大部分是开源的。

（1）键值数据库。

键值数据库是一种非关系型数据库，它使用简单的键值方法来存储数据。键值数据库将数据存储为键值对集合，其中键作为唯一标识符。键和值都可以是从简单对象到复杂复合对象的任何内容。键值数据库是高度可分区的，并且允许以其他类型的数据库无法实现的规模进行水平扩展。图4.10所示为键值数据库示例。

Key_1	Value_1
Key_2	Value_2
Key_3	Value_1
Key_4	Value_3
Key_5	Value_2
Key_6	Value_1
Key_7	Value_4
Key_8	Value_3

图4.10　键值数据库示例

（2）列族数据库。

列族数据库将数据存储在列族中，而列族中的行则把许多列数据与本行的"行键"关联起来。

列族数据库具有高扩展性，即使数据增加也不会降低相应的处理速度（特别是写入速度），所以它主要应用于需要处理大量数据的情况。利用该特点，把它作为批处理程序的存储器对大量数据进行更新。但是由于列族数据库和现行数据库存储的思维方式有很大不同，使用较困难。

图4.11和图4.12所示分别为列族数据库示例。

（3）文档数据库。

文档数据库是一种非关系型数据库，旨在将数据作为类JSON文档进行存储和查询。文档数据库让开发人员可以使用它们在其应用程序代码中使用的相同文档模型格式，可以轻松地在数据库中存储和查询数据。文档模型可以很好地与目录、用户配置文件和内容管理系统等配合使用，其中每个文档都是唯一的，并会随时间而变化。

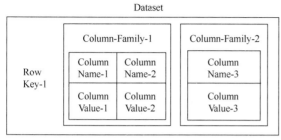

图 4.11　列族数据库示例 1

	个人信息			薪资	
工号	姓名	性别	年龄	基本工资	绩效工资

图 4.12　列族数据库示例 2

文档数据库支持灵活的索引、强大的临时查询和文档集合分析。图 4.13 所示为文档数据库示例。

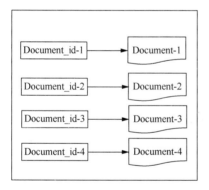

```
{
  "ID"：111，
  "Name"："Zhangsan"，
  "Tel"：{
          "Office"："123456"，"Mobile"："13188888"
       }
  "Addr"："China，JiLin，ChangChun"
}
```

图 4.13　文档数据库示例

（4）图形数据库。

图形数据库专门用于存储和遍历关系。关系是图形数据库中的主要数据。图形数据库使用节点来存储数据头体，并使用边缘来存储实体之间的关系。边缘始终有一个开始节点、结束节点、类型和方向，并且边缘可以描述父子关系、操作、所有权等。一个节点可以拥有的关系的数量和类型没有限制。

图形数据库中的图形可依据具体的边缘类型进行遍历，或者对整个图形进行遍历。在图形数据库中，遍历关系非常快，因为节点之间的关系不是在查询时计算的，而是留存在数据库中的。在社交网络、推荐引擎和欺诈检测等使用案例中，需要在数据之间创建关系并快速查询这些关系，此时，图形数据库更具优势。

图 4.14 和图 4.15 所示分别为图形数据库的示例。

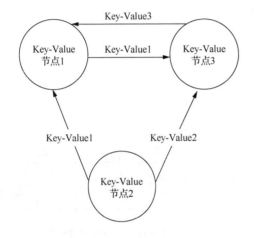

图 4.14　图形数据库示例 1

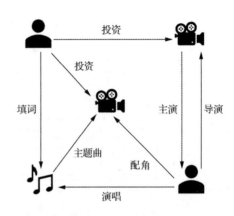

图 4.15　图形数据库示例 2

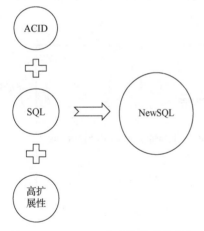

图 4.16　NewSQL 兼具传统数据库和
NoSQL 的优点

3. NewSQL

NewSQL 是各种新的可扩展的、高性能数据库的总称。这类数据库不仅具有 NoSQL 对海量数据的存储管理及扩展能力，还保持了传统数据库支持 ACID 和 SQL 等特性。即 NewSQL 集传统数据库和 NoSQL 的优点于一身，如图 4.16 所示。

4. 大数据存储和管理在大公司的应用

（1）淘宝大数据平台。

OceanBase 是阿里巴巴集团自主研发的可扩展的、分布式、结构化 NoSQL，用于支撑淘宝、天猫和聚划算的所有日常交易。其操作简单、支持在线存储、支持跨行和跨表。

虽然不是刻意设计的，但 OceanBase 确实比其他数据库更适合像双十一、聚划算、秒杀以及银行国库券销售等短时间突发大流量的场景：短时间内大量用户涌入、短时间内业务流量非常大，数据库系统压力非常大，一段时间（几秒、几分钟或半个小时等）后业务流量迅速或明显回落。

Tair（淘宝分布式缓存）是淘宝自己开发的 Key-Value 结构数据的解决方案，支持基于内存和文件的两种存储方式，分别与缓存及持久化存储对应。

Tair 是阿里巴巴的一个开源 Key-Value 中间件，它提供快速访问的内存（MDB 引擎）/ 持久化（LDB 引擎）存储服务，基于高性能、高可用的分布式集群架构，满足读/写性能要求高及容量可弹性伸缩的业务需求。

淘宝大数据库中所存储的海量数据类型如图 4.17 所示。

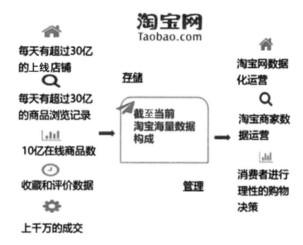

图 4.17　淘宝大数据库中所存储的海量数据类型

（2）优酷运营大数据平台。

优酷是一个视频网站，它有非常复杂的业务场景，从日志分类上，除了页面浏览记录外，还会有与播放和性能相关的数据。视频数据、运营数据还有其他数据的数据量是非常大的，一天的日志量会达到千亿级别，需要做非常复杂的计算。

在优酷网站中，不同的数据业务采用了不同的 NoSQL，具体如图 4.18 所示。

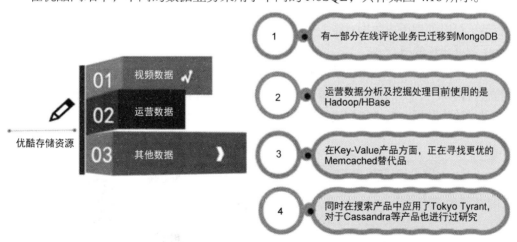

图 4.18　优酷大数据存储情况

（3）豆瓣大数据平台。

BeansDB 是豆瓣网自主开发的主要针对数据量大、高可用性的分布式 Key-Value 存储系统。它采用 HashTree 技术，就如一个简化版的 Dynamo，在伸缩性和高可用性方面有非常好的表现。豆瓣网大数据存储特点如图 4.19 所示。

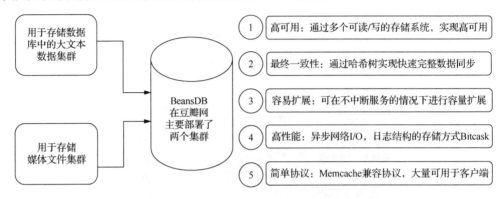

图 4.19　豆瓣网大数据存储特点

4.3.3　数据仓库

数据处理大致分为两类：一类是操作型处理，也称联机事务处理，主要针对具体业务在数据库联机的日常操作，通常对少数记录进行查询、修改；另一类是分析型处理，也称联机分析处理，一般针对某些主题的历史数据进行分析，支持管理决策。

1. 数据仓库概念

数据库（DataBase，DB）分为操作型数据库和分析型数据库两种类型。操作型数据库主要用于业务支撑，一个企业往往使用并维护若干个数据库，这些数据库保存着企业的日常操作数据。分析型数据库主要用于历史数据分析，这类数据库作为企业的单独数据存储，可以使用历史数据对企业各主题域进行统计分析，这种面向分析的存储系统衍化出了数据仓库的概念。

数据仓库（Data Warehouse，DW）是一种信息管理技术，能够将分布在企业的各种数据进行再加工，从而形成一个综合的、面向分析的数据库环境，以更好地为决策者提供各种有效的数据分析，起到决策支持的作用，如图 4.20 所示。

图 4.20　数据仓库的作用

2. 数据仓库的特征

（1）面向主题的：指数据仓库中的数据按照一定的主题域进行组织。例如，某零售商涉及的主题为产品、库存、销售和客户等，可以针对其中的某一主题组织建立数据仓库。

（2）集成：指对原有分散的数据源（日志信息、数据库数据、文本数据、外部数据等），使用 ETL 工具经过系统加工、整理得到的，能够消除源数据中的不一致性。

（3）相对稳定：指一旦某个数据进入数据仓库以后只需要定期地加载、刷新，不能再编辑修改。

（4）随时间变化：记录从某一时间点到当前各个阶段的信息，可以对企业发展历程和未来趋势做出定量分析和预测。

3. 数据仓库的应用

（1）报表展示：每个数据仓库都有的应用，直观简单。
（2）及时查询：灵活的数据获取方式，可导出到外部文件，如 Excel。
（3）数据分析：趋势分析、比较分析、相关分析、特定分析。
（4）数据挖掘：从细节数据入手，利用高级算法得到令人惊讶的结果。

4. 数据库和数据仓库的区别

表 4-3 介绍了数据库和数据仓库的区别。

表 4-3　数据库和数据仓库的区别

对比内容	数据库	数据仓库
数据内容	当前值	历史的、存档的、归纳的、计算的数据
数据目标	面向业务操作程序，重复处理	面向主题域，管理决策，分析应用
数据特性	动态变化、按字段更新	静态，不能直接更新，只能定时添加
数据结构	高度结构化、复杂，适合操作计算	简单，适合分析
使用频率	高	从中到低
数据访问量	每个事物只访问少量记录	有的事务可能要访问大量的记录
对响应时间要求	以秒为计量单位	以秒、分钟，甚至小时为计量单位

5. 数据仓库的体系结构

数据仓库的体系结构如图 4.21 所示。其中，数据仓库为企业级，规模较大；数据集市为部门级的数据仓库，规模较小。

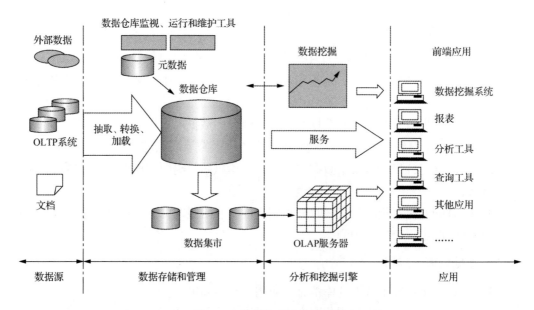

图 4.21 数据仓库的体系结构

6. 数据仓库产品

数据仓库产品比较多，下面简单介绍 Hadoop 生态圈的数据仓库工具——Hive。

Hive 是基于 Hadoop 的一个数据仓库工具，用来进行数据的提取、转化和加载，这是一种可以存储、查询、分析和存储在 Hadoop 中的大规模数据的机制。

Hive 数据仓库工具能将结构化的数据文件映射为一张数据库表，并提供 SQL 的查询功能，能将 SQL 语句转变成 MapReduce 任务来执行。

Hive 本身不存储和处理数据，依赖于 MapReduce 任务处理数据，依赖于 HDFS/HBase 存储数据。

Hive 学习成本低，可以通过类似 SQL-HiveQL 实现快速统计 MapReduce 任务，使 MapReduce 任务变得更加简单，而不必开发专门的 MapReduce 应用程序。

Hive 十分适合对数据仓库进行统计分析。

第**5**章
大数据分析与挖掘

本章导读

在大数据的整个流程中最重要的一个环节就是大数据分析，其目标是提取数据中隐藏的数据，从而提供有意义的建议以帮助企业或用户制定正确的决策。通过大数据分析，人们可以从杂乱无章的数据中提炼有价值的信息，进而找出研究对象的内在规律。

本章介绍大数据分析的概念、目的、意义、发展方向、研究方向、分类，大数据分析的方法和挖掘的算法，数据分析与数据挖掘的关系。本章中对大数据分析和挖掘的算法只是简单介绍，常用的大数据分析与挖掘算法及实例就是机器学习算法及实例，将在第二部分人工智能篇中详细讲解。

课程知识点	1. 大数据分析的概念、目的、意义 2. 大数据分析的发展方向、研究方向、分类 3. 大数据分析的方法和挖掘的算法 4. 数据分析与数据挖掘的关系
课程重点	1. 大数据分析与挖掘的方法和算法 2. 数据分析与数据挖掘的关系
课程难点	1. 大数据分析与挖掘的算法 2. 数据分析与数据挖掘的关系

5.1 大数据分析

大数据具有数据量大、数据结构复杂、数据产生速度快、数据价值密度低等特点，这些特点增加了对大数据进行有效分析的难度，大数据分析成为当前探索大数据发展的核心内容。下面介绍大数据分析的概念、目的、意义、发展方向、研究方向及分类。

1. 大数据分析的概念

大数据分析就是以一种比以往更有效的方式对增长快速、内容真实、类型多样的海量数据进行分析，从中找出可以帮助决策的隐藏模型、未知的相关关系及其他有用信息的过程。

在计算机出现之前，人脑担任日常生产和工作中的数据分析任务；计算机出现后，随着数据规模的增加，人类开始使用计算机进行数据分析；大数据出现后，人类使用超级计算机或云计算进行大数据分析。

2. 大数据分析的目的

大数据分析的目的是把隐藏在大量的杂乱无章的数据中的信息集中和提炼出来，以找出研究对象的内在规律。

大数据分析的主要目标如下。

（1）推测或解释数据并确定如何使用数据：如某网站某频道点击率非常高，则需要增加服务器和运维人员。

（2）检查数据是否正常：如通过分析企业的财务和交易信息，来确定企业是否存在洗钱、偷税漏税等行为。

（3）给决策制定提供合理建议：如市场部根据大数据的分析结果给研发部提出产品开发需求。

（4）诊断错误原因：当大数据分析结果与实际情况出现偏差的时候，就需要诊断出现错误的原因，确定是数据来源出现错误还是分析过程出现错误。

（5）预测未来要发生的事情：如企业根据上一季度商品的销售情况预测下一季度的销售情况。

3. 大数据分析的意义

传统数据分析和大数据分析的区别如下。

传统数据分析：数据维度单一，分析和认识真相的价值极为有限。

大数据分析：有价值的大数据不在于它的大，而在于它的全——空间维度上多维度、多层次信息的交叉复现，时间维度上与人或社会有机体的活动相关联信息的持续呈现。

大数据分析的意义：透过多维度、多层次的数据，以及历史关联数据，找到问题的症结，发现事实的真相。

其实大数据本身的价值不高，必须要经过一定的处理后才能体现大价值。例如，每天跑步戴手环收集的信息也是数据，网站中网页的内容也是数据，我们称为 Data。数据里面隐藏着一个很重要的东西，叫作信息（Information）。数据通常十分杂乱，经过梳理和清洗，才能够称为信息。信息包含很多规律，我们需要从信息中将规律总结出来，称为知识（Knowledge），并将这些知识应用于实践。

所以大数据需要经过梳理、分析、提炼和应用，才能体现出大数据的价值。

4. 大数据分析的发展方向

（1）商业应用演化。

① 早期：商业数据是结构化的数据，由企业或公司收集并存储在关系数据库管理系统中，其数据分析技术通常是直观简单的，甚至用一条 SQL 的查询语句就能分析出结果。

② 现在：信息技术使得企业将其业务上线到网上，并能和客户直接联系。大量的产品和客户信息通过 Web 搜集。

（2）网络应用演化。

① 早期：网络提供电子邮件和网站服务，因此，文本分析、数据挖掘和网页分析技术被用于挖掘邮件内容、创建搜索引擎。

② 中期：采用半结构化和非结构化数据的分析技术得到了发展。例如，图像分析技术可从照片中提取有意义的信息，多媒体分析技术可以使商业或军事领域的视频、监控系统自动化。

③ 现在：论坛、博客、社交网站、多媒体分享站点等在线社交媒体使得用户能够产生、上传和共享丰富的自主创造内容。

（3）科学应用演化。

许多科学研究中的传感器和仪器产生大量的数据，开发出对海量数据（大数据）进行分析的平台。

5. 大数据分析的研究方向

大数据分析的研究主要有以下六个方向。

（1）结构化数据分析：传统的数据分析。

（2）文本分析：最常见的信息形式有电邮、文档等，比结构化数据具有更高的商业价值。

（3）Web 数据分析：随着几十年网页数据的增长，网页数据分析已经成为活跃领域，可以从 Web 网页中自动检索、提取和评估信息，发现知识。

（4）多媒体数据分析：从多媒体数据中提取有趣的知识，理解多媒体数据中包含的语义信息。多媒体数据在很多领域甚至比文本数据和结构化数据含有更丰富的内容。

（5）社交网络数据分析：包含大量的联系数据和内容数据，可以用图拓扑结构的一种来表示对象间的联系，内容数据包括文本、图像等。

（6）移动数据分析：对移动智能终端和传感器产生的数据进行分析。

6. 大数据分析的分类

（1）大数据分析方法分为两类。

① 定性数据分析：主要是解决研究对象"有没有""是不是"的问题。

② 定量数据分析：对研究对象的数量特征、数量关系、数量变化进行分析。

（2）根据数据分析深度，可将大数据分析分为三个层次。

① 描述性分析：基于历史数据来描述发生的事件。例如，利用回归分析从数据集中发现简单的趋势，并借助可视化技术来更好地表示数据特征。

② 预测性分析：用于预测未来事件发生的概率和演化趋势。例如，预测性模型使用线性回归等方法发现数据趋势并预测未来的输出结果。

③ 规则性分析：用于解决决策制定和提高分析效率。例如，利用仿真来分析复杂系统以了解系统行为并发现问题，通过优化技术在给定约束条件下给出最优解决方案。

（3）按照数据分析的实时性，一般将大数据分析分为两类。

① 实时数据分析：也称在线数据分析，能够实时处理用户的请求，允许用户随时更改分析的约束和限制条件。往往要求秒级返回准确的数据分析结果，为用户提供良好的交互体验。其一般应用于金融、电信和交通导航等领域。

② 离线数据分析：通过数据采集工具将日志数据导入专用分析平台进行分析，应用于对反馈时间要求不严格的场合，如精准营销、市场分析和工程建筑等。

5.2 大数据分析的步骤与方法

数据分析是指数据收集、处理并获取数据信息的过程。通过大数据分析，人们可以从杂乱无章的数据中获取有用的信息，从而找出研究对象的内在规律。下面介绍大数据分析的步骤和方法。

1. 大数据分析的步骤

（1）识别目标需求。

必须明确数据分析的目标需求，从而为数据的收集和分析提供清晰的方向，该步骤是数据分析有效性的首要条件。

（2）大数据采集。

大数据采集就是运用合适的方法有效地收集尽可能多的相关数据，从而为大数据分析过程的顺利进行打下基础。常用的数据采集方法是系统日志采集法，这也是目前广泛使用的一种数据采集方法。

（3）大数据预处理。

对大数据进行必要的预处理，常用的大数据预处理方法包括数据清洗、数据集成、数据转换和数据归约。

2. 大数据分析的方法

在完成对大数据预处理之后，最重要的就是根据既定目标需求对处理结果进行分析。

目前，大数据分析的方法有统计分析、数据挖掘、机器学习算法和可视化分析。

（1）统计分析。

统计分析基于统计理论，属于应用数学的一个分支。在统计分析中，随机性和不确定性由概率理论建模，分为描述性统计和推断性统计。

描述性统计：对数据集进行整理、分析、摘要，对数据之间的关系进行估计和描述。

推断性统计：以统计结果为依据，来证明或推翻某个命题。

（2）数据挖掘。

数据挖掘是发现大数据集中数据模型的一种计算过程。数据挖掘的目的是在数据仓库基础之上利用各类有效的算法挖掘出数据中隐含的有用信息，从而达到分析推理和预测的效果，实现预定的高层次数据分析需求。

许多数据挖掘算法已经在机器学习、人工智能、模式识别、统计和数据库领域得到了应用。

（3）机器学习算法。

机器学习算法从大数据中自动分析获得规律（模型），并利用模型对未知数据进行预测。以机器学习算法为核心的高性能的数据分析，为实际业务提供服务和指导，进而实现数据的最终变现。机器学习算法将在第二部分人工智能篇中详细讲解。

（4）可视化分析。

可视化分析与信息绘图学和信息可视化相关。数据可视化的目标是以图形方式清晰、有效地展示信息，从而便于解释数据之间的特征和属性情况。第 6 章专门讲述大数据可视化。

5.3 大数据挖掘

数据挖掘就是从大量的、不完的、有噪声的、模糊的、随机的实际数据中，提取隐含在其中的、人们事先不知道的、潜在有用的信息和知识的过程。大数据挖掘是数据挖掘在大数据中的应用。下面介绍数据挖掘的含义、步骤、主要算法，以及数据分析与数据挖掘的关系。

1. 数据挖掘的含义

（1）数据挖掘涉及数据融合、数据分析和决策支持等内容。以前数据挖掘流行于统计、数据库和管理信息系统（Management Information System，MIS）等，知识发现用于人工智能领域。现在不做刻意区别。

（2）数据源必须是真实的、大量的、含有噪声的，发现的是用户感兴趣的知识。数据不是伪造的，噪声数据也是需要的，这也反映了数据的全面性。挖掘出来的知识必须是用户感兴趣的、能用得上的。

（3）发现的知识可接受、可理解和可运用，可以回答特定的问题，并不要求放之四海而皆准。发现的知识不具有通用性，也不是要去发现崭新的自然科学定理、数学公式，更不是定理的证明，实际上所发现的知识都是面向特定问题、特定领域的。

（4）数据挖掘是从数据中获取概念、规则、模式、规律和约束等知识，就像从矿山采矿，挖掘宝藏一样。

（5）原始数据多样化。数据可以是结构化的，如关系数据库管理系统中的 Table（二维表）；可以是半结构化的，如网页等；也可以是非结构化的，如图形、视频、文本等。

（6）挖掘知识的方法包括数学的方法、非数学的方法（演绎的方法、归纳的方法）等。

（7）挖掘的知识具有应用价值。其可以被用于信息管理、查询优化、决策支持、过程控制、预测未来等，还可以用于数据自身的维护。

（8）数据挖掘是一门交叉学科，将人们对数据的应用从低层次的简单查询，提升到从数据中挖掘知识、提供决策支持。将数据库、人工智能、数理统计、并行计算等领域的专家学者引入大数据挖掘领域，形成很多新的挖掘热点和挖掘角度。

（9）数据挖掘易于被用户理解，并可用简明的自然语言，比如图形方式表达所发现的结果。

2. 数据分析和数据挖掘的关系

（1）概念方面。

数据分析：在统计数据的基础上，通过结合分析方法得出一定的结论。

数据挖掘：对历史数据进行未知结果的探索。

例如，超市中的啤酒与纸尿裤。数据分析：结合数据只能分析出超市中啤酒和纸尿裤的销量都非常高。为什么二者相关联，通过进行数据挖掘，发现买纸尿裤的男士大多会顺便为自己买几瓶啤酒。

（2）工作内容方面。

数据分析：偏重业务层面，能够结合具体的业务和已有的数据，给出有力的观点，提供业务决策的支持。

数据挖掘：偏重系统工程，通过历史数据样本召回、数据特征工程和模型算法，对未来结果进行预测。

例如，有一位员工在公司做数据分析师，日常工作就是整理网站流量的趋势变化报表，统计流量上涨或下跌数据，并分析其中的原因。该员工在做数据挖掘工作时，可以利用数据挖掘预测明天哪些用户会登录，这就涉及登录频次、用户使用网站周期、网站举办活动等各方面、多维度的数据特征。

3. 数据挖掘的详细步骤

（1）定义问题，确定对象。

清晰定义问题，认清数据挖掘的目的是学习数据挖掘的重要一步，挖掘的最后结果是不可预测的，但要探索的问题是可以预见的。

（2）数据准备。

数据选择：在大型数据库和数据仓库中提取数据挖掘的目标数据集，搜索所有与业务对象有关的内部和外部数据信息，并从中选择适合于数据挖掘的数据。

数据清洗：研究数据的质量，为进一步分析做准备，并确定要进行挖掘操作的类型。进行数据再加工，包括检查数据的完整性及数据的一致性、去噪声，填补丢失的域，删除无效数据等。

数据转换：将数据转换成一个分析模型，这个分析模型是针对挖掘算法建立的，这是数据挖掘成功的关键。

（3）规律寻找。

根据数据功能的类型和数据的特点选择相应的算法，在净化和转换的数据集上寻找规律。

（4）结果分析。

对所得到的并经过转换的数据进行挖掘，将分析得到的知识集成到业务信息系统的组织结构中，实现知识的同化。对数据挖掘的结果进行解释和评价，转换成能够最终被用户理解的知识。

4. 数据挖掘的主要算法

数据挖掘的算法往往就是人工智能中的机器学习和深度学习算法，这里简单介绍几种主流算法，这些算法将在第二部分人工智能篇中详细介绍。

（1）分类：从数据中选出已经分好类的训练集，在该训练集上运用数据挖掘分类的技术，建立分类模型，用该模型对没有分类的数据进行分类。

根据重要数据类别的特征向量值及其他约束条件，构造分类函数或分类模型，目的是根据数据集的特点把未知类别的样本映射到给定类别中。类别的个数是确定的，预先定义好的。

分类算法包括决策树算法、朴素贝叶斯算法、支持向量机算法、逻辑回归和人工神经网络等。

（2）聚类：先对数据分组，再把相似的数据放到一个聚集里。聚类和分类的区别是聚类不依赖于预先定义好的训练集。

聚类的目的是将数据集内具有相似特征属性的数据聚集在一起，同一个数据集中的数据特征要尽可能相似，不同的数据集中的数据特征要有明显的区别。即同一类数据的相似度尽可能地大，不同类数据之间的相似度尽可能地小。例如，一些特定症状的聚集可能预示了一个特定的疾病。

聚类算法包括 BIRCH（Balanced Iterative Reducing and Clustering using Hierarchies，平衡迭代聚类）算法、K-Means 算法（K 均值算法）和 DBSCAN（Density-Based Spatial Clustering of Applications with Noise，基于密度空间的聚类）算法等。

（3）关联规则：发现大量数据中项集之间有趣的关联或相关联系。

检索系统中的所有数据，找出所有能把一组事件或数据项与另一组事件或数据项联系起来的规则，以获得预先未知的和被隐藏的，不能通过数据库的逻辑操作或统计的方法得出的信息。

例如，QQ 提示你可能认识某某，关联规则算法包括 Apriori 算法、FP-Grouth 算法等。

（4）回归分析：确定两种或两种以上变量相互之间依赖性关系的一种统计分析方法，用以分析数据的内在规律，常用于数值预报、系统控制及发现变量之间因果关系等。

例如，司机的野蛮驾驶与道路交通事故数量之间的关系，最好的研究方法就是回归分析法。

（5）Web 网页挖掘：是数据挖掘在 Web 上的应用，它利用数据挖掘技术从与 Web 相关的资源和行为中抽取感兴趣的、有用的模式和隐含信息，涉及 Web 技术、数据挖掘、计算机语言学、信息学等多个领域，是一项综合性的技术。

例如，发现用户访问模式。通过分析和探究 Web 日志记录中的规律，可以识别电子商务的潜在客户，提高对最终用户的服务质量。

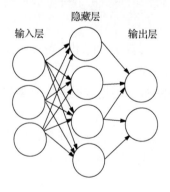

图 5.1　人工神经网络

又如，反竞争情报活动。利用 Web 挖掘技术，通过运用分析访问者的 IP 地址、客户端所属域、信息访问路径、统计敏感信息访问率等方法识别竞争对手，保护企业敏感性信息。

（6）人工神经网络：是一种模拟大脑神经突触连接结构进行信息处理的数学模型，具有强大的自主学习能力和联想存储功能，并具有高度的容错性，非常适合处理非线性数据以及具有模糊性、不完整性、冗余性特征的数据。如图 5.1 所示，人工神经网络由输入层、隐藏层和输出层组成，其中隐藏层可以有多个。

第**6**章
大数据可视化

本章导读

随着互联网、物联网、云计算等信息技术的迅猛发展,现在已经迈入了大数据时代。如何从这些海量数据中快速获取自己想要的信息,并以一种直观、形象的方式展现出来呢?这就是大数据可视化要解决的核心问题。

数据可视化是一门关于数据视觉表现形式的科学技术研究,一直在不断演变中,涉及的技术、方法非常广泛。它主要是利用图形图像处理、计算机视觉及用户界面,通过表达、建模以及对立体、表面、属性及动画的显示,对数据加以可视化解释的一种高级的技术和方法。

本章将介绍数据可视化的基本特征、作用、流程、方法,大数据可视化的常用软件及工具。

课程知识点	1. 数据可视化的基本特征 2. 大数据可视化的方法 3. 文本可视化:词云图、人物画像 4. 多维数据可视化方法:柱状图、折线图、散点图等 5. 大数据可视化工具 6. 高级可视化工具:Python 等编程语言
课程重点	1. 文本可视化:词云图、人物画像 2. 多维数据可视化方法:柱状图、折线图、散点图等 3. 高级可视化工具:Python 等编程语言
课程难点	1. 多维数据可视化方法 2. 高级可视化工具:Python 等编程语言

6.1 数据可视化

数据可视化就是利用人眼的感知能力对数据进行交互的、可视的表达，来增强认知的一种技术，可以增强数据识别的效率，传递有效的信息。下面介绍数据可视化的基本特征、数据可视化的作用及数据可视化流程。

1．数据可视化的基本特征

（1）易懂性。

将数据进行可视化分析，更加容易被人们理解，更加容易与人们的经验、知识产生关联，使得碎片化的数据转换为具有特定结构的知识，从而为决策支持提供帮助。

（2）必然性。

大数据所产生的数据量已经远远超出了人们直接阅读和操作数据的能力，必然要求人们对数据进行归纳总结，对数据的结构和形式进行转化处理。

（3）片面性。

数据可视化往往只是从特定视角或者需求认识数据，从而得到符合特定目的的可视化模式，只能反映数据规律的一个方面。

片面性特征表明可视化模式不能替代数据本身，只能作为数据表达的一种特定形式。

（4）专业性。

数据可视化与专业知识紧密相连，其形式需求也是多种多样，如网络文本、电商交易、社交信息、卫星影像等。

专业化特征是人们从可视化模型中提取专业知识的环节，它是数据可视化应用的最后一步流程。

2．数据可视化的作用

（1）数据表达。

数据表达通过计算机图形图像技术来更加友好地展示数据信息，方便人们阅读、理解和运用数据。常见的形式如文本、图表、图像、二维图形、三维模型、网络图、树结构、符号和电子地图等。

（2）数据操作。

数据操作以计算机提供的界面、接口、协议等条件为基础，完成人与数据的交互需求。数据操作就是在友好的人机交互技术、标准化的接口和协议支持下完成对多个数据集合或者分布式数据的操作。

（3）数据分析。

数据分析是通过数据计算获得多维、多源、异构和海量数据所隐含信息的核心手段，它是数据存储、数据转换、数据计算和数据可视化的综合应用。

可视化作为数据分析的最终环节，直接影响着人们对数据的认识和应用。

3．数据可视化流程

（1）数据获取。

数据获取的形式多种多样，大致可以分为主动式和被动式两种。主动式是以明确的数据需求为目的，利用相关技术手段主动采集相关数据；被动式是以数据平台为基础，由数据平台活动者提供数据来源。

（2）数据处理。

数据处理是指对原始的数据进行分析、预处理和计算等操作。数据处理的目的是保证数据的准确性、可用性等。

（3）可视化模式。

可视化模式是数据的一种特殊展现形式，常见的可视化模式包括标签云、序列分析、网络结构、电子地图等。

（4）可视化应用。

可视化应用主要根据用户的主观需求展开，最主要的应用方式是观察和展示，通过观察和分析进行推理和认知，辅助人们发现新知识或者得到新结论。

大数据可视化是指可视化技术在大数据方面的应用，将数据信息转化为视觉形式的过程，以此增强数据呈现的效果。用户可以以更加直观的交互方式进行数据观察和分析，从而发现数据之间的关联性。

6.2 大数据可视化的方法

大数据可视化的方法有很多，总体上分为科学可视化和信息可视化两大类。

1．科学可视化

科学可视化体现了跨学科的研究和应用，主要关注二维或三维数据的可视化，并应用于建筑学、气象学、医学、生物学等领域。

通过对点、面、光源等的渲染，以图形的方式直观地显示数据，使用户可以从图形中了解数据之间的规律。

科学可视化分为三种：标量场可视化、向量场可视化和张量场可视化。

（1）标量场可视化：是指通过图形的方式揭示标量场对象空间分布的内在关系。很多科学测量或者模拟数据都是以标量场的形式出现的，如温度场、压力场、磁场等。

（2）向量场可视化：向量场数据在科学计算和工程应用中占有非常重要的地位，如飞机设计、气象预报、桥梁设计、海洋大气建模、计算流体动力学模拟和电磁场分析等。向量场每个采样点处理的数据是 个向量，表达的方向性催生了与标量场完全不同的可视化方法。

向量场可视化的主要目标是展示场的导向趋势信息、表达场中的模式、识别关键特征区域。通常，向量场数据主要来源于数值模拟，如计算流体力学产生的数据；也有部分数据来源于测量设备，如实际风向、水流方向与速度。二维或三维流场记录了水流、空气流动过程中的方向信息，是应用最广泛、研究最深入的向量场。图 6.1 所示是风的流场，图 6.2 所示是模拟车身周围的流场分布情况。

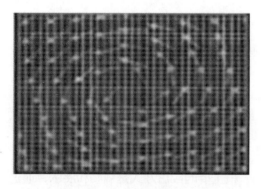

图 6.1　风的流场　　　　　　图 6.2　模拟车身周围的流场分布情况

（3）张量场可视化：张量的数据维度高，常用于表示物理性质的各向异性。在固体力学和土木工程中，张量用来表示应力、惯性、渗透性和扩散；在医学图像领域，张量场是弥散张量成像的理论基础。图 6.3 所示是整个大脑纤维追踪的张量场示意图。

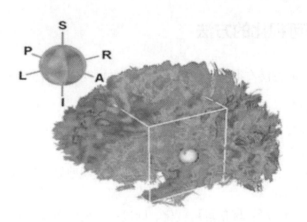

图 6.3　整个大脑纤维追踪的张量场示意图

2. 信息可视化

信息可视化是一个跨学科领域，旨在研究大规模非数值型信息资源的视觉呈现。通过利用图形图像方面的技术与方法，帮助人们理解和分析数据。

　　与科学可视化相比，信息可视化则侧重于抽象数据集，如非结构化文本或者高维空间中的点（这些点并不具有固有的二维或三维几何结构）。

　　信息可视化分为非结构化数据可视化、时空数据可视化、网络结构（层次、图）数据可视化、多维数据可视化。

　　（1）非结构化数据可视化。非结构化数据可视化分为文本可视化、视频可视化和音频可视化。

　　① 文本可视化。文本信息是大数据时代非结构化数据类型的典型代表，是互联网中最主要的信息类型。物联网各种传感器采集到的信息、人们日常工作生活接触的电子文档均以文本形式存在。

　　文本可视化的意义：能够将文本中蕴含的语义特征，包括词频的重要性、逻辑结构、主题聚类、动态演化规律等直观地展示出来。

　　文本可视化的典型代表是标签云。标签云是直接抽取文本中的关键词，将关键词根据词频或其他规则进行排序，并按照一定规律进行布局排列，用大小、颜色、字体等图形属性对关键词进行可视化。

　　一般用字号大小和醒目颜色表示关键词的重要性，该技术主要用于快速识别网络媒体的主题热度。

●　　人物标签云也称人物画像，如图 6.4 所示。

图 6.4　人物画像

●　　文字标签云也称词云图，如图 6.5 所示。

图 6.5　词云图

下面用 Python 编程完成词云图的生成。

【例 6-1】　用 Python 编程生成词云图。

本例用到了扩展类库 wordcloud 中的 WordCloud 模块生成词云图。首先需要一个 txt 文本文件作为词源，该文件是一篇中文文档，程序会分析出其中的高频词。然后还需要一张背景图片，程序会用高频词绘出背景图片的模样。词出现频度越高，则字体越大，颜色越醒目。最后程序会用高频词绘制的图形存盘，并显示出来。图 6.6 所示为词源文件"dbj.txt"（图中文字在该文档的后面重复出现），图 6.7 所示为背景图片"huluobo.jpg"（是一张胡萝卜的图片）。

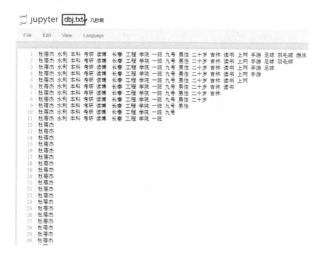

图 6.6　词源文件

图 6.7　背景图片

程序代码如下：

```
import jieba                              #分词模块
import matplotlib.pyplot as plt           #画图模块
from wordcloud import WordCloud           #文字云模块
import imageio                            #这是一个处理图像的函数，读取背景图片
wf = 'dbj.txt'                            #词源的文本文件
word_content = open(wf,'r', encoding='utf-8').read().replace('\n','')
                                          #读取文件内容
```

```
img_file = 'huluobo.jpg'                  #设置背景图片
mask_img = imageio.imread(img_file)       #解析背景图片
word_cut = jieba.cut(word_content)        #进行分词
word_cut_join = " ".join(word_cut)        #把分词用空格连起来
#设置词云参数
wc = WordCloud(
    font_path='STXINGKA.TTF',             #设置字体
    max_words = 200,                      #允许最大词汇量
    max_font_size = 90,                   #设置最大号字体
    mask = mask_img,
            #设置使用的背景图片，这个参数不为空时，width 和 height 会被忽略
    background_color = 'white')           #设置输出的图片背景色
wc.generate(word_cut_join)                #生成词云
plt.imshow(wc)                            #用于显示图片，需配合 plt.show()一起使用
plt.axis('off')                           #去掉坐标轴
plt.savefig('09-dbj.jpg')                 #将图片保存到本地
plt.show()
```

程序运行生成的词云图如图 6.8 所示，用高频词绘制出了类似胡萝卜模样的图形。

● 气泡文字标签云，如图 6.9 所示。

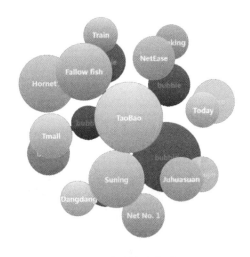

图 6.8　程序运行生成的词云图　　　　　　　　图 6.9　气泡文字标签云

② 视频可视化。从视频中提取出有意义的信息，并采用适当的视觉表达形式展示出来。

图 6.10（a）所示为鸟类飞行视频，图 6.10（b）为鸟类飞行的可视化线性轨迹。可以看出鸟类展翅、滑翔、飞行等动作的模式是不一样的，科学家可以据此研究鸟类的飞行行为。

（a）鸟类飞行视频

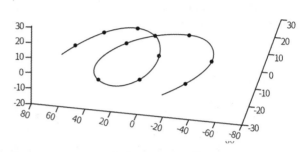
（b）鸟类飞行的可视化线性轨迹

图 6.10　视频可视化

③ 音频可视化。通过呈现一些音乐属性，如节奏、和声、音色等来揭示音乐内在的结构和模式。一些音频播放器就有图 6.11 所示的可视化界面，非常形象直观。

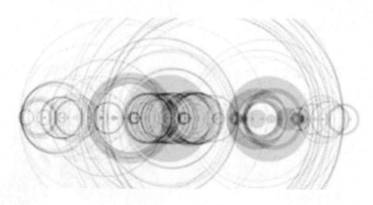

图 6.11　可视化界面

图 6.12 所示为钢琴模拟的音乐电子游戏，将钢琴曲的一些频谱、节奏等信息的变化可视化为不同颜色、不同长度、不同位置下落的琴键。

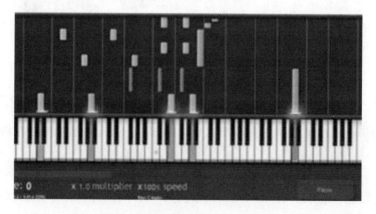

图 6.12　钢琴模拟的音乐电子游戏

（2）时空数据可视化：时间和空间是描述事务的必要因素。时空数据包含时变数据和地理信息数据。

2020 年美国总统大选结果图，如图 6.13 所示。拜登得了 279 票，特朗普得了 214 票。

图 6.13　2020 年美国总统大选结果图

（3）网络结构（层次、图）数据可视化。网络结构数据可视化的主要形式是经典的基于节点和边的可视化。

图 6.14 所示为采用 NodeXL 工具绘制的研究人员及其组织机构网络图。

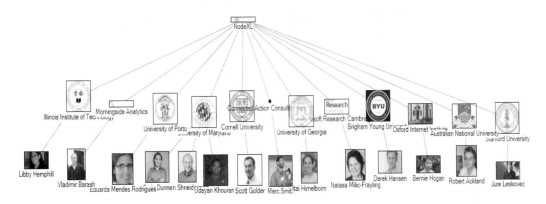

图 6.14　NodeXL 工具绘制的研究人员及其组织机构网络图

（4）多维数据可视化。多维数据是指具有多个维度属性的变量，广泛应用于基于传统关系数据库及数据仓库中。多维数据分析的目标是探索多维数据项的分布规律和模式，并揭示不同维度属性之间的隐含关系。

多维数据可视化就是将高维的多元数据在二维屏幕上呈现。其方法包括基于几何图形（柱状图、折线图、散点图、饼图等）、基于图标、基于像素、基于层次结构、基于图结构及混合方法。下面介绍多维数据可视化的主要方法：柱状图、折线图、散点图等。

① 柱状图，见例 6-2。

【例 6-2】　对例 2-1 的 WordCount（词频统计）实例进行可视化。

在例 2-1 的 WordCount（词频统计）代码的基础上，执行下列代码。

```
from matplotlib import pyplot as plt
plt.rcParams['font.sans-serif']=['SimHei']          #用来正常显示中文标签
plt.figure(figsize=(16,8))                          #创建绘图对象
plt.bar(w,c,0.4)
  #正常柱状图,w 为 X 轴坐标值,刻度自适应调整;c 为 Y 轴坐标值;0.4 表示柱状图宽度
plt.xlabel("单词名称", fontsize=32)                  #X 轴标签
plt.ylabel("出现次数", fontsize=32)                  #Y 轴标签
plt.title("WordCount（词频统计）",fontsize=32)        #图标题
plt.tick_params(labelsize=32)                       #刻度线
plt.show()                                          #显示图
```

运行代码，生成 4 个单词的词频柱状图，如图 6.15 所示。

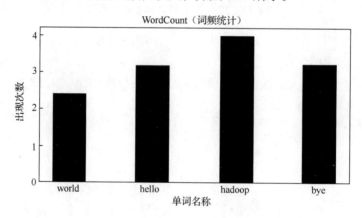

图 6.15　4 个单词的词频柱状图

② 折线图，见例 6-3。

【例 6-3】　用 Python 代码绘制一张电压随时间变化的折线图。

程序代码如下。

```
import numpy as np
import matplotlib.pyplot as plt
plt.rcParams['font.sans-serif']=['SimHei']   #用来正常显示中文标签
x = [0,1,2,3,4,5,6]                          #X 轴数据
y = [0.3,0.4,2,5,3,4.5,4]                    #Y 轴数据
plt.figure(figsize=(16,8))                   #创建绘图对象
```

```
plt.plot(x,y,"b--",linewidth=1)              #在当前绘图对象绘图（X轴，Y轴，
                                             #蓝色虚线，线宽度）
plt.xlabel("时间（秒）", fontsize=32)          #X轴标签
plt.ylabel("电压", fontsize=32)               #Y轴标签
plt.title("折线图", fontsize=32)              #图标题
plt.tick_params(labelsize=32)                #刻度线
plt.show()                                   #显示图
```

运行代码，生成电压随时间变化的折线图，如图 6.16 所示。

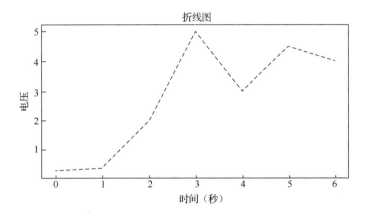

图 6.16 电压随时间变化的折线图

③ 散点图是最为常用的多维可视化方法。二维散点图在二维轴确定的平面内通过图形标记的不同视觉元素来反映其他维度的属性值，可通过不同形状、颜色、尺寸等来代表连续或离散的属性值。三维散点图同理。下面举例说明使用 Python 编程实现二维散点图和三维散点图。

【例 6-4】 用 Python 编程实现二维散点图。

程序代码如下。

```
import matplotlib.pyplot as plt
import matplotlib
import numpy as np
matplotlib.rcParams['font.sans-serif'] = [u'SimHei']
plt.figure(figsize=(12,6))                   #创建绘图对象
m=50                                         #点的个数
area=(30*np.random.rand(m))**2               #点的大小：随机
colors=np.random.rand(m)                     #点的颜色：随机
x=np.random.rand(m)                          #横轴和纵轴坐标：随机
y=np.random.rand(m)
plt.scatter(x, y,s=area,c=colors)
```

```
plt.title("二维散点图",fontsize=32)                     #图标题
plt.tick_params(labelsize=32)                          #刻度线
```

运行代码，二维散点图如图 6.17 所示。

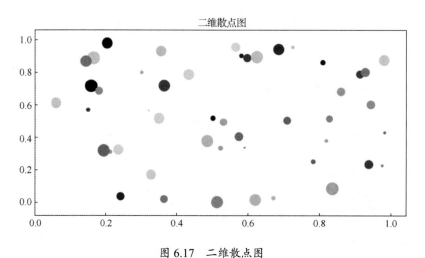

图 6.17　二维散点图

【例 6-5】　用 Python 编程实现三维散点图。

程序代码如下。

```
import numpy as np
import matplotlib.pyplot as plt
from mpl_toolkits.mplot3d import Axes3D
plt.rcParams['font.sans-serif'] = [u'SimHei']
plt.figure(figsize=(24,12))                          #创建绘图对象
data = np.random.randint(0,100, size=[40, 40, 40])
x, y, z = data[0], data[1], data[2]
ax = plt.subplot(111, projection='3d')               #创建一个三维的绘图工程
#将数据点分成三部分画，在颜色上有区分度
ax.scatter(x[:5], y[:5], z[:5], c='y',s=200)         #绘制数据点
ax.scatter(x[5:10], y[5:10], z[5:10], c='r',s=200)
ax.scatter(x[10:15], y[10:15], z[10:15], c='g',s=200)
ax.set_zlabel( '\n\n\n'+'Z轴',fontsize=32)           #坐标轴
ax.set_ylabel( '\n\n\n'+'Y轴',fontsize=32)
ax.set_xlabel( '\n\n'+'X轴',fontsize=32)
plt.title("三维散点图\n",fontsize=32)                  #图标题
plt.tick_params( labelsize=24 )                      #刻度线
plt.show()
```

运行代码,三维散点图如图 6.18 所示。

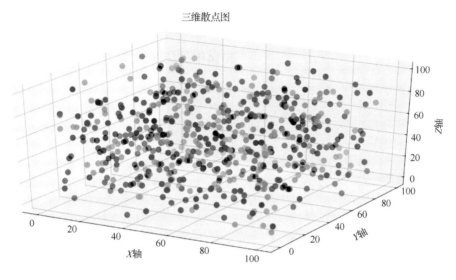

图 6.18　三维散点图

6.3　大数据可视化工具

大数据可视化工具种类繁多、千差万别,从最简单的、入门级的大数据可视化平台 Excel,到功能强大的大数据可视化编程语言 Python,有非常多的工具可供研究人员选择。下面介绍大数据可视化的常用软件平台及开发语言。

1. 入门级工具

Excel 是微软办公套装软件 Office 的一个重要组成部分,它可以进行各种数据的处理、统计分析、数据可视化显示及辅助决策操作,广泛应用于管理、分析等工作场景中。

Excel 的图表功能可以将数据进行图形化,帮助用户更直观地分析数据,使数据对比和变化趋势一目了然,从而提高信息的整体价值,能够更准确、直观地表达信息和观点。图表与工作表的数据链接,当工作表数据发生改变时,图表也随之更新,反映数据的变化。

Excel 完全可以胜任传统数据的可视化,它提供了丰富的、高级的函数,通过函数直接的相互调用,可以解决我们日常工作、学习、生活的大部分可视化需求。

如图 6.19 所示,test.csv 文件中的数据是 2014—2015 年美国的失业率,用 Excel 的图表功能生成 2014 年美国失业率的折线图。

图 6.19　2014 年美国失业率的折线图

2. 信息图表工具

信息图表是信息、数据、知识等的视觉化表达，它利用人脑更容易理解图形信息的特点，更高效、直观、清晰地传递信息。在计算机科学、数学、统计学等方面有广泛的应用。

信息图表工具包括 Google charts，百度的 Echarts、D3、Tableau 等。

百度的 Echarts 图表工具为用户提供了详细的帮助文档，这些文档不仅介绍了每类图表的使用方法，还详细介绍了各类组件的使用方法，且每类图表都提供了丰富的实例。用户在使用时可以参考实例提供的代码，稍加修改就可以满足自己的图表展示需求。

图 6.20 所示为百度的 Echarts 柱状图示例。

3. 地图工具

地图工具在大数据可视化中较为常见。在展示数据基于空间或地理分布上有很强的表现力，可以直观地展示各分析指标的分布、区域等特征。

地图工具包括 Google Fusion Tables、Modest Maps（交互地图库）、Leaflet（互动地图）等。

4. 时间线工具

时间线工具是表现数据在时间维度演变的有效方式，它通过互联网技术，依据时间顺序，把一方面或多方面的事件串联起来，形成相对完整的记录体系，再运用图文的形式呈献给用户。

时间线可以用于不同的领域，包括 Timetoast、Timeline 等。

图 6.20　百度的 Echarts 柱状图示例

5. 高级可视化工具

高级可视化工具是指用编程语言编写程序来实现大数据的可视化。编程语言包括 Python、R 语言、Java、C++等。

【例 6-6】　用 Python 编程实现 2014 年美国失业率的折线图。test.csv 文件中的数据是 2014—2015 年美国的失业率，如图 6.21 所示。

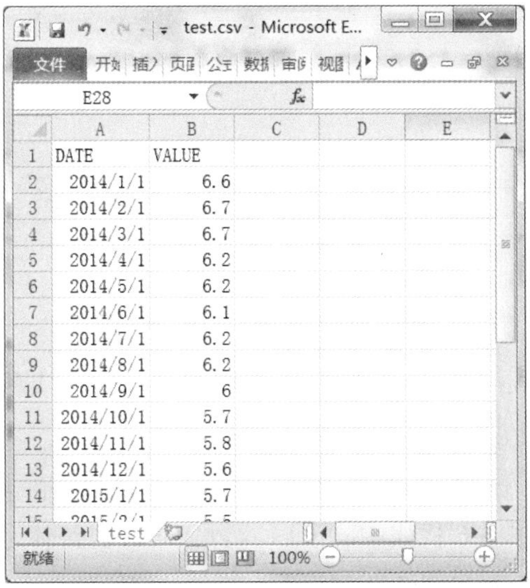

图 6.21　2014—2015 年美国失业率的数据

程序代码如下。

```
%matplotlib inline
import pandas as pd
import matplotlib.pyplot as plt
plt.rcParams['font.sans-serif']=['SimHei']    #用来正常显示中文标签
plt.figure(figsize=(16,8))                     #创建绘图对象
unrate=pd.read_csv('test.csv')                 #打开并读入 test.csv 中数据
first_twelve=unrate[0:12]     #取出前 12 个数据（2014 年 12 个月的失业率）
plt.plot(first_twelve['DATE'],first_twelve['VALUE'])
                     #日期作为 X 轴数据，失业率作为 Y 轴数据
plt.xticks(rotation=45)        #更改 X 轴标签方向（与水平方向的逆时针夹角度数）
plt.xlabel('月份',fontsize=32)                  #设置 X 轴标签
plt.ylabel('失业率',fontsize=32)                #设置 Y 轴标签
plt.title("2014 年美国失业率",fontsize=32)       #设置折线图的标题
plt.tick_params(labelsize=32)                  #刻度线
plt.show()                                     #显示折线图
```

运行代码，2014 年美国失业率的折线图如图 6.22 所示。

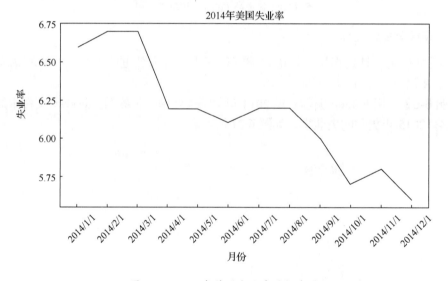

图 6.22 2014 年美国失业率的折线图

【例 6-7】 用 Python 编程实现 2014 年美国失业率的柱状图。test.csv 文件中的数据是 2014—2015 年美国的失业率，如图 6.21 所示。

例 6-6 代码执行后，在 Jupyter Notebook 平台下，接着执行下列代码；如果是其他平台，则用下列代码替换例 6-6 代码中的最后 6 行代码，再整体运行即可。实际上，就是把方法"plt.plot"换成了方法"plt.bar"。

```
plt.bar(first_twelve['DATE'],first_twelve['VALUE'])
                        #日期作为 X 轴数据，失业率作为 Y 轴数据
plt.xticks(rotation=45)   #更改 X 轴标签方向（与水平方向的逆时针夹角度数）
plt.xlabel('月份')         #设置 X 轴标签
plt.ylabel('失业率')       #设置 Y 轴标签
plt.title("2014 年美国失业率")   #设置柱状图的标题
plt.show()                #显示柱状图
```

运行代码，2014 年美国失业率的柱状图如图 6.23 所示。

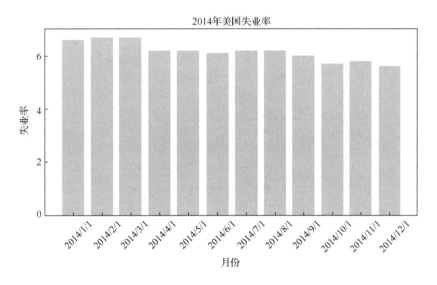

图 6.23　2014 年美国失业率的柱状图

【例 6-8】　　用 Python 编程实现 2014 年美国失业率的饼图，饼图上每个扇区显示的是每个月失业率占全年失业率的百分比。test.csv 文件中的数据是 2014—2015 年美国的失业率，如图 6.21 所示。

程序代码如下。

```
import pandas as pd
import matplotlib.pyplot as plt
plt.rcParams['font.sans-serif']=['SimHei'] #用来正常显示中文标签
plt.figure(figsize=(20,10))              #创建绘图对象
plt.title("饼状图\n",fontsize=32)         #图标题
unrate=pd.read_csv('test.csv')           #打开并读入 test.csv 中数据
first_twelve=unrate[0:12]     #取出前 12 个数据（2014 年 12 个月的失业率）
labels=first_twelve['DATE']   #设置标签
sizes=first_twelve['VALUE']   #设置扇区上的值,每个月失业率占全年失业率的百分比
colors='green','gold','lightblue','red'     #设置扇区颜色
```

```
explode=0,0,0,0,0,0,0,0,0,0,0,0          #设置各扇区之间的缝隙，0 表示无缝隙
patches,l_text,p_text = plt.pie(sizes,explode=explode,labels=labels,
        colors=colors,autopct='%1.2f%%',shadow=True)
    #autopct 设置扇区上的数据的显示格式，shadow 为 True 表示有阴影，增加立体感
#下面两个循环用来改变文本的大小
#方法是把每一个 text 遍历。调用 set_size 方法设置它的属性
for t in l_text:
    t.set_size(32)
for t in p_text:
    t.set_size(26)
plt.axis('equal')   #设置 X 轴和 Y 轴等长，不设置（或 equal 换成 off）的话，是椭圆形
plt.show()              #显示饼图
```

运行代码，2014 年美国失业率的饼图如图 6.24 所示。

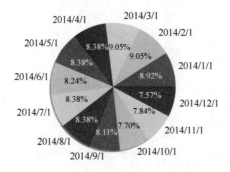

图 6.24　2014 年美国失业率的饼图

大数据可视化是大数据分析的重要方法，能够有效地弥补计算机自动化分析方法的劣势与不足。大数据可视化分析将人们面对可视化信息时强大的感知、认知能力与计算机的分析计算能力优势进行有机融合，在数据挖掘等方法技术的基础上，综合利用认知理论、科学信息可视化以及人机交互技术，辅助人们更为直观和高效地洞悉大数据背后的信息和知识。

随着科学技术的发展，"人人都懂大数据、人人都能可视化"将成为大数据领域发展的重要目标之一。

第**7**章 大数据应用

本章导读

大数据价值创造的关键在于大数据的应用，随着大数据技术的飞速发展，大数据应用已经融入各行各业。大数据产业正发展成为新一代信息技术和服务业态，即对数量巨大、来源分散、格式多样的数据进行采集、存储和关联分析，并从中发现新知识、创造新价值、提升新模型。大数据应用技术的发展涉及机器学习、多学科融合、大规模应用开源技术等。本章内容介绍几个国外大数据应用的经典案例及国内大数据的应用情况。

课程知识点	1. 数据的数量远比数据的品质更重要 2. 数据之间的相关性很重要 3. 任何数据都存在商机 4. 大数据思维和好点子可以创造价值 5. 国内大数据应用
课程重点	1. 任何数据都存在商机 2. 大数据思维和好点子可以创造价值 3. 智慧城市、智慧农业等
课程难点	1. 大数据思维和好点子可以创造价值 2. 智慧城市、智慧农业等

7.1 国外大数据应用

通过几个国外大数据应用案例说明资源数量的重要性，数据之间的相关性，任何数据都存在商机，大数据新价值的挖掘，大数据在医疗行业的应用。

1. 资源数量的重要性

Google 的翻译软件涵盖 100 多种语言。Google 使用的数据中常有不完整的句子，如拼写错误、语法缺失，但正因为拥有比其他语音库多出千万倍的资料，足以盖过它的缺点。因此，进入大数据时代的第一个应用观念，就是要接受资料数量远比数据品质更重要的事实。

2. 数据之间的相关性

美国纽约每年都会因为地下管道火灾，付出巨大代价。路面上的铸铁孔盖更是常因闷烧爆炸，飞到几层楼高，再砸回地面，造成严重的安全事故。纽约的地下电缆长度超过 15 万千米，仅曼哈顿就有超过 5 万个孔盖，数量之多，就算每年定期检查，意外仍然防不胜防。负责管理此业务的爱迪生联合电力公司找到哥伦比亚大学统计专家辛西娅，期望能够解决这一现状，缓解和减少不必要事故的发生。

首先，辛西娅团队收集以前所有年份的管路历史数据，发现维修孔盖的表达方式就有 38 种不同的写法，数据杂乱无章。因此，研究的重点是找出数据之间的相关性，不是为什么会爆炸，而是哪个孔盖会爆炸。筛选有效指标，逐步缩小问题范围，才能降低爆炸可能性。研究小组从 106 个重大孔盖灾害预测指标入手，去伪存真，最后剩下几个最有效的指标。接着，他们再缩小范围，仅研究某一区域的地下电缆，分析研究以前的数据，预测下一年的危险孔盖位置，结果研究小组列出的前 10% 的危险清单中就有孔盖曾发生过严重事故，也据此找出了最有相关性的几个指标。

最后，研究小组发现电缆年份和过去是否发生事故是重要的判断指标，依此原则安排市区几万个孔盖的检查顺序。虽然答案好像显而易见，但是过去却浑然不知，直到研究小组用大数据得出科学验证，大家才拨云见日。

3. 任何数据都存在商机

对于大数据而言，要能够接受杂乱的数据，从中找出相关性，进行数据分析。还有就是任何纪录，甚至情绪、社交图谱、搜寻轨迹，都可数据化。

（1）Foursquare 是一家基于用户地理位置信息的手机服务网站，鼓励手机用户同他人分享自己当前所在地理位置等信息。与其他传统网站不同，Foursquare 用户界面主要针对手机而设计，以方便手机用户使用。

由于 Foursquare 蕴含大量用户地域位置的打卡、轨迹等大数据，因此它从一个社群平台变成有附加价值的精确市场分析数据提供商。

（2）美国联合包裹运送服务公司（UPS）：UPS 通过每台货车的无线电设备和 GPS，精确收集车辆所在位置，并从累积的大量的行车路线中找出最佳行车路线，进行推荐。依靠大数据分析技术，UPS 平均每台车一年送货里程减少 4800 千米，等于省下 300 万升的油料及减少 3 万吨二氧化碳排放量，并且安全性和效率也提高了，大数据让出行变得低碳环保和高效。

4. 大数据新价值的挖掘

大数据应用于每个领域、每个行业和每个企业，并不是某一特定行业或企业的专有技术。拥有大数据思维和好点子，能让公司蓬勃发展。

（1）奥伦在从西雅图飞往洛杉矶参加弟弟婚礼的飞机上，发现邻座几位乘客的票价都比他的便宜，他打破了以往觉得飞机票越早买越省钱的想法，萌生了创业的点子。

他开发了预测飞机票价未来是涨还是跌的服务 Farecast。其关键是先取得特定航线的所有票价信息，再比对与出发日期的关联性。如果平均票价下跌，则买票的事可以暂缓；如果平均票价上升，系统就会建议立即购票。

奥伦先在某个旅游网站取得 12000 笔票价数据作为样本，建立预测模型，接着引进更多数据，直到现在，Farecast 储备了约 2000 亿笔票价纪录。

（2）被 eBay 并购的价格预测服务 Decide.com，也是奥伦的杰作。2012 年，开业一年的 Decide，已调查超过 250 亿笔价格信息，分析了 400 万个产品，随时可以和数据库中的产品价格比对。从普查中，他们发现了零售业的秘密：新产品上市时，旧产品竟不跌反涨，或异常的价格暴涨。以此提醒消费者先等一等再下手。

5. 大数据在医疗行业的应用

医疗行业可以通过大数据和高级分析来获得巨大收益。医保成本推动了大数据的医疗应用系统，大数据带来的效率提升、经济吸引力和快速的创新步伐，都能够应用在医疗行业中并使行业受益。

许多人发现，医疗数据数字化和共享的新标准和激励措施，以及商用硬件产品在存储和并行处理方面的改进及价格的下降，正在导致医疗行业的大数据革命，使其以更低的成本提供更好的服务。

（1）Valence Health 使用 MapR 公司的数据融合平台（Converged Data Platform）建立一个"数据湖"作为公司主要的数据仓库。

Valence Health 每天从约 3000 个数据输入源接收约 45 种不同类型的数据。这些数据包括实验室测试结果，患者健康记录、处方、疫苗记录，药店优惠、账单和付款，以及医生和医院的账单。该公司快速增长的客户和日益增加的相关数据量正在压垮现有的技术基础设施。

在采用 MapR 的解决方案之前，如果收到一个数据源发来的 2000 万个实验室测试结果，Valence Health 需要 22 个小时来处理这些数据。MapR 把这个处理时间从 22 小时降到 20 分钟，并且使用了更少的硬件，从而提升了医保结果和财务状况。

（2）微软的 HealthVault 是一个出色的医学大数据的应用，它是 2007 年发布的，目标是希望管理个人及家庭的医疗设备中的健康信息。现在已经可以通过移动智能设备录入上传的健康信息，还可以第三方机构导入个人病历记录，此外通过提供软件开发工具包（Software Development Kit，SDK）以及开放的接口，支持与第三方应用的集成。

（3）西奈山医疗中心（Mount Sinai Medical Center）是美国的教学医院，也是重要的医学教育和生物医药研究中心。该医疗中心使用来自大数据创业公司 Ayasdi 的技术，分析大肠杆菌的全部基因序列，收集超过 100 万个 DNA 变体，了解为什么菌株会对抗生素产生抗药性。Ayasdi 技术使用了一种全新的数学研究方法——拓扑数据分析来了解数据的特征。

（4）下一代基因测序（Next Generation Sequencing，NGS）是一个经典的大数据应用，它面临双重的挑战，即巨量原始异构的数据及 NGS 最佳实践的快速变化。

许多前沿研究需要与外部组织的不同数据进行大量的交互。这就需要强大的工作流程工具来处理大量的、原始的 NGS 数据，而且足够灵活以跟上快速变化的研究技术。它还需要一个方法将这些外部组织的大量数据整合到 Novartis 的数据库，如千人基因组计划、NIH 的 GTEx（基因型组织表达）和 TCGA（癌症基因组图谱）。

2004 年，乔布斯被确诊患上胰岛细胞瘤，之后他花了 10 万美元做基因检测。医疗团队通过基因检测了解乔布斯所患肿瘤的独特基因和分子特征，随后为他选择了特定的药物，直接破坏细胞癌变的分子活动。虽然，乔布斯最终还是没能熬过病魔。但是，他去世之后，外界便有评论，认为正是这种基于基因检测的肿瘤精准诊断让乔布斯多活了7 年。

7.2　国内大数据应用

近年来，随着大数据技术的普及和日臻完善，大数据应用在我国可谓遍地开花，几乎涵盖了所有领域。下面主要介绍智慧城市、保险大数据、农业大数据（智慧农业）等三个应用领域。

1. 智慧城市

（1）智慧城市现有问题。

目前各个城市政府门户网站、各单位的网络机房、电子地图、资源数据库、办公平台、建设管理等各个方面都不统一。具体问题与挑战如下。

① 缺乏顶层引领，建设处于相对无序状态。

② 缺乏统筹协调，智慧应用项目相对分散。

③ 缺乏规范标准，数据整合共享难度较大。

④ 缺乏配套机制，运维管理体系建设有待跟进。

⑤ 缺乏保障措施，政府信息资源面临安全挑战。

⑥ 建设主体单一，社会共建模式有待探索加强。

（2）智慧城市建设原则。

① "智慧××"建设方案的整体思路应坚持"规划设计、感知设施、应用平台、数据资源"四位一体化的要求。

② 建设整体框架是在国家智慧城市建设总体框架的指导下设计的，由"7+2"构成。"7"是感知层、网络层、公共设施层、数据层、交换层、智慧应用层和用户层；"2"是安全与保障体系、运营与管理体系。

③ "智慧××"一期建设内容（"3211+N"）。"3211+N"中"3"指的是政务云平台、公共数据库平台和公共信息平台 3 个智慧政务公共基础设施；"2"指的是城市网格化指挥中心综合建设管理平台和"一门式"公共服务综合信息平台 2 个平台；第一个"1"指的是以"智慧××微信平台"为切入点打造 1 个"××区级移动互联网综合服务平台"；第二个"1"指的是成立 1 个"智慧××"建设和维护管理中心；"N"是指分类、分批推进 N 个智慧应用项目实施。

"3211+N"各模块之间的关系如图 7.1 所示。

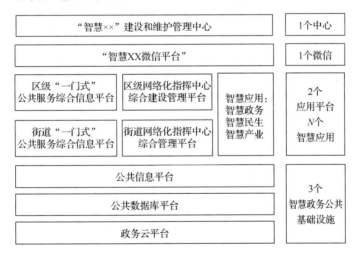

图 7.1　"3211+N"各模块之间的关系

2. 保险大数据

保险大数据主要是围绕产品和客户进行的，如利用客户行为数据制定车险价格；利用客户外部行为数据了解客户需求，向目标客户推荐产品。

（1）面临的困难如下。

① 数据多，整合困难。

② 客户多，分析困难。

③ 需求多，应用困难。

（2）对保险企业客户进行建模。

① 客户细分模型。

② 客户价值模型。

③ 客户忠诚度模型。

④ 受众群体的扩散模型。

⑤ 社会模型。

（3）案例：××保险集团股份有限公司（以下简称××保险）使用大数据进行数据采集和数据统计分析项目。

××保险蓬勃发展，业务量扩大，客户量激增，却面临以下问题。

① 如何使用客户数据。

② 如何了解客户、经营客户。

③ 如何建立情感链接，实现有效互动。

④ 如何为客户打造个性化的服务和产品。

⑤ 如何增强客户黏性，提升客户满意度。

⑥ 如何扩大保险覆盖面，提升保险渗透率。

经过分析，大数据公司为××保险提出以下解决方案。

① 用户行为采集模块：通过传统 PC 站点、手机 WAP 站点、手机 App 站点、移动端微信等方式对用户页面浏览量或点击量、独立访客活跃度进行统计，分析各个保险产品的每日浏览量、趋势、客户兴趣度、转化率等指标。

② 整合客户数据模块：整合所有接触点的客户数据、客户所有的标志，整合多源异构数据到统一标准数据，精确定义客户标签。

③ 客户行为分析模块：分析客户的生命周期，分类详情，对回流客户，新增、沉默、活跃、流失客户，留存客户进行分析。

④ 网站数据统计分析模块：页面浏览量分析、分时统计、客户来源统计。

在使用该系统之后，可以归纳高价值客户的群体特征，从现有客户中挖掘有潜力的客户，使其转化为高价值客户；通过分析付费客户和非付费客户两个群体的差异特征，并从非付费客户中寻找符合付费客户的特征，针对性地进行销售以提升转化率；个性化推荐就是在合适的时间，以最恰当的方式向客户推荐或营销其最需要的产品或者服务，从而提升工作效率，增长业务量。

3. 农业大数据

农业大数据是大数据理念、技术和方法在农业领域的实践。农业大数据涉及耕地、育种、播种、施肥、植保、收获、储运、农产品加工、销售、畜牧业生产等各环节，是跨行业、跨专业的数据分析与挖掘，对粮食安全和食品安全有着重大意义。

农业大数据的特征包括以下几个方面。

（1）从领域来看，以农业领域为核心（涵盖种植业、林业、畜牧业等子行业），逐步拓展到相关上下游产业（种子、饲料、肥料、农膜、农机、粮油加工、果品蔬菜加工、畜产品加工业等），并整合宏观经济背景的数据，包括统计数据、进出口数据、价格数据、生产数据及气象数据等。

（2）从地域来看，以国内区域数据为核心，借鉴国际农业数据作为有效参考。不仅包括全国层面的数据，还应涵盖省、自治区、直辖市的数据，甚至县级的数据，为精准区域研究提供基础。

（3）从粒度来看，不仅包括统计数据，还包括涉农经济主体的基本信息、投资信息、股东信息、专利信息、进出口信息、招聘信息、媒体信息、GIS 坐标信息等。

（4）从专业性来看，首先是构建农业领域的专业数据资源，其次是逐步有序规划专业的子领域数据资源。如针对粮食安全的耕地保有量、土壤环境保护、市场供求信息等动态监测数据，针对畜品种的猪、肉鸡、蛋鸡、肉牛、奶牛、肉羊等动态监测数据，以及生物信息学的研究等。

农业科研和生产活动每年都在产生大量的数据，集成、分析挖掘和使用这些数据，对于现代农业的发展将会发挥极其重要的作用。当前，农业领域存在诸多问题，如粮食安全、土壤治理、病虫害预测与防治、动植物育种、农业结构调整、农产品价格、农副产品消费等，都可通过大数据的应用研究进行预测和干预。

大数据的应用与农业领域的相关科学研究相结合，可以为政府决策、农业科研、涉农企业发展等提供新方法、新思路。

高等农业院校开展农业大数据研究具有广阔的前景。高等农业院校在长期的教学实践和科学研究过程中积累了大量的数据，政府部门多年来也保留了关于农业方面普查、统计数据。而这些数据大多沉寂在资料库里，没有发挥它应有的作用。如果把这些资料用大数据技术加以开发利用，就会在指导生产、科学研究等方面发挥不可估量的作用。

（1）为生产发展提供指导。农业大数据为生产发展和政府决策提供科学、准确的依据。

整合天气信息、食品安全、消费需求、生产成本、市场摊位等数据并进行科学分析，就能更有效地预测农产品价格走势，帮助农民提前预判，也帮助政府出台引导措施。

如粮食安全问题，涉及耕地数量、农田质量、气候、作物品种、栽培技术、平均单产、产业结构调整、农资价格、农机、生产成本、生产方式、食品加工、国际市场粮价等多种因素，如果能对这些数据加以分析，建立模型，就可以对粮食产量做出判断并及时预警，帮助政府采取应对措施。

（2）为企业提供支撑。一个企业的产品，什么时候需要升级换代、产品市场什么时候达到饱和、如何调整市场结构等，都可以用大数据加以分析预测，为企业提供咨询指导。

比如，肥料生产，若预测到有机肥的需求在什么时候会超过化肥，企业就可以提前准备转型，发展有机肥产业。

大数据可以使企业发现机会并优化实施、辅助决策、推动业务持续发展，并做到风险评估。这样的分析、预测和评估，在养殖、种子、食品加工、植物保护等方面都可以开展。

再如，通过对天气、作物生长、农药使用、天敌情况等数据进行分析，可以对病虫害的发生做出预测，同时也可以引导农药企业的生产。这些分析都是带有战略性的，对企业决策发展有重要指导意义。

第二部分　人工智能篇

　　本篇内容主要介绍人工智能概论，包括人工智能的概念、分类和学派、发展、基本内容、与大数据的关系、引发的思考；机器学习，包括机器学习的概念、应用范围、基本流程、算法；几种典型机器学习算法，包括决策树、K-近邻、支持向量机、朴素贝叶斯、人工神经网络等主要的几种分类算法，K-均值、DBSCAN 算法、OPTICS 算法、BIRCH 算法、CURE 算法等聚类算法，Apriori 聚类算法、TF-Growth 算法等关联规则分析及回归分析算法等；深度学习，包括卷积神经网络、循环神经网络、生成对抗网络、强化学习、迁移学习和对偶学习等算法；最后介绍人工智能的应用。

　　本篇重点内容是机器学习的几种典型算法：决策树分类、逻辑回归分类、支持向量机、Apriori 聚类算法、关联规则分析算法及人工神经网络。

第 **8** 章
人工智能概论

📖 本章导读

人工智能是计算机学科的一个分支，20 世纪 70 年代以来被称为世界三大尖端技术（空间技术、能源技术、人工智能）之一，也被认为是 21 世纪三大尖端技术（基因工程、纳米科学、人工智能）之一。这是因为近年来它获得了飞速的发展，在很多领域都获得了广泛应用并取得了丰硕的成果，人工智能已逐步成为一个独立的分支，无论在理论和实践上都已自成体系。本章内容介绍人工智能的概念、分类与学派、发展、基本内容、与大数据的关系、机遇与挑战。

课程知识点	1. 人工智能的概念 2. 人工智能的分类与学派 3. 人工智能的发展 4. 人工智能研究的基本内容 5. 人工智能与大数据的关系 6. 人工智能引发的机遇与挑战
课程重点	1. 大数据的分类与学派 2. 人工智能研究的基本内容
课程难点	1. 人工智能研究的基本内容 2. 人工智能与大数据的关系

8.1　人工智能的概念

人工智能也称机器智能，它是计算机科学、控制论、信息论、神经生理学、心理学、语言学等多种学科互相渗透而发展起来的一门综合性学科。人工智能的研究从 1956 年正式开始，这一年在达特茅斯学院召开的会议正式使用了人工智能（Artificial Intelligence，AI）这个术语。

从计算机应用系统的角度出发，人工智能是研究制造模拟人类智能活动能力的智能机器或智能系统，以延伸人类智能的科学。如果仅从技术的角度来看，人工智能要解决的问题是如何使计算机智能化，使计算机能更灵活有效地为人类服务。只要计算机能够表现出与人类相似的智能行为，就算是达到了目的，而不在乎计算机是依靠某种算法还是真正理解了人类行为。

人工智能是计算机科学中涉及研究、设计和应用智能机器的一个分支，它的目标是研究用计算机模仿和执行人脑的某些智能，并开发相关的技术产品，建立有关的理论。因此，人工智能与计算机软件有密切的关系。一方面，各种人工智能应用系统都要用计算机软件去实现；另一方面，许多计算机软件也应用了人工智能的理论方法和技术。例如，专家系统软件、机器博弈软件等。但是，人工智能不等于软件，除了软件以外，还有硬件及其他自动化的通信设备。

1.　智能

自然界有四大奥秘：物质的本质、宇宙的起源、生命的本质、智能的发生。自然能力是指人类和一些动物所具有的智力和行为能力。人类的自然能力简称智能，是指人类在认识客观世界时由思维过程和脑力活动所表现出来的综合能力。目前，智能还没有确切的定义，以下是几个不同流派提出的定义。

（1）思维理论：智能来源于思维活动，智能的核心是思维，人类的一切知识都是思维的产物。因此，可以通过对思维规律和思维方法的研究揭示智能的本质。

（2）知识理论：智能取决于知识的数量及其可应用程度。一个系统所具有的可运用知识越多，其智能就会越高。

（3）进化理论：用控制取代知识的表示。智能取决于感知和行为，取决于对外界复杂环境的适应。智能不需要知识、不需要表示、不需要推理，智能可以由逐步进化来实现。

综上所述，可以认为，智能是知识与智力的总和，知识是一切智能行为的基础，智力就是获取知识并应用知识求解问题的能力。

智能具有以下几方面特征。

（1）感知能力。

感知能力是通过视觉、听觉、触觉、嗅觉等感觉器官感知外部世界的能力。其中，人类 80%以上的信息是通过视觉得到的，10%的信息是通过听觉得到的，还有 10%的信息是通过其他感觉器官得到的。

（2）记忆与思维能力。

记忆是大脑系统活动的过程，是通过感觉器官将外界信息短期或长期地留在大脑中。思维是人类所具有的高级认知活动，是对新输入信息与大脑内的储存知识、经验进行一系列复杂的心智操作过程，可以对记忆的信息进行重新整合和处理。思维具体可以分为三种形式。

① 逻辑思维（抽象思维），主要是依靠逻辑进行思维，思维过程是串行的、形式化的，思维过程比较严密、可靠。

② 形象思维（直感思维），主要依据直觉，思维过程是并行的、协同式的、形式化的。在信息变形或缺少的情况下仍有可能得到比较满意的结果。

③ 顿悟思维（灵感思维）。求解问题时，开始时百思不得其解，突然灵机一动，豁然开朗，一下子就找到了问题的解决途径，通常把这种思维称为顿悟思维。顿悟思维具有不定期的突发性、非线性的独创性及模糊性，经常穿插于形象思维与逻辑思维之中。

（3）学习和自适应能力。

学习是一个具有特定目的的知识获取过程，是人的一种本能。不同人的学习方法、能力不同。学习既可能是自觉的、有意识的，也可能是不自觉的、无意识的；既可以有教师指导，又可以通过自己实践。

自适应是一种通过自我调节适应外界环境的过程，也是人的一种本能。不同人的适应能力不同。

（4）行为能力（表达能力）。

人类具有对感知到的外界信息做出动作反应的能力。人类通常用语言或某个表情、眼神及形体动作来对外界的刺激做出反应，传达某个信息，这些称为行为能力。

人类的感知能力用于信息的输入，行为能力用于信息的输出。这些都是在神经系统控制下完成的。

2. 人工智能定义

人工智能是用人工的方法在机器（计算机）上实现的智能，或者是人类使机器具有类似于人的智能。其实，人工智能称为机器智能更准确。

通俗地说，人工智能就是要研究如何使机器具有能听、能说、能看、能写、能思维、会学习、能适应环境变化、能解决面临的各种实际问题等功能的一门学科。

人工智能学科是研究、开发用于模拟、延伸和扩展人类的智能的理论、方法、技术及应用系统的一门新的学科。

人工智能企图了解智能的实质，并生产出一种能以与人类智能相似的方式做出反应的智能机器。人工智能可以对人的意识、思维的信息过程进行模拟。人工智能不是人类的智能，但能像人类那样思考，也可能超过人类的智能。人工智能从诞生以来，理论和技术日益成熟，应用领域也不断扩大。该领域的研究包括机器人、语言识别、图像识别、自然语言处理和专家系统等。人工智能在计算机领域内得到了越来越广泛的重视，并在机器人、经济政治决策、控制系统、仿真系统中得到应用。

麻省理工学院的温斯顿教授认为，人工智能就是研究如何使计算机去做过去只有人类才能做的智能工作。也就是说，人工智能是研究人类智能活动的规律，构造具有一定智能的人工系统，研究如何让计算机去完成以往需要人类的智力才能胜任的工作；也就是研究如何应用计算机的软硬件来模拟人类某些智能行为的基本理论、方法和技术。

3. 图灵测试和中文屋子

（1）图灵测试：1950 年，图灵发表的《机器能思考吗》论文中设计了一个测试，用以说明人工智能的概念。

测试者（一个人）与被测试者（一台机器）隔开的情况下，测试者通过一些装置（如键盘）向被测试者随意提问。如果机器在某些现实的条件下，经过多次测试后能够非常好地模仿人回答问题，以至于提问者在相当长的时间里误认为它不是机器，那么机器就可以被认为是能够思维的。如果超过 30%的测试者不能确定被测试者是人还是机器，那么这台机器就通过了测试，并被认为具有人类智能。图灵测试如图 8.1 所示。

测试者　　　　　　　　　　　　　　　　　被测试者

图 8.1　图灵测试

（2）中文屋子：也称"中文房间"，是哲学家西尔勒于 20 世纪 80 年代初提出的。

西尔勒创造了"中文屋子"思想实验来反驳计算机和其他人工智能能真正思考的观点，即反驳"图灵测试"。

这个实验要求你想象一位只说英语的人在一个房间中，这个房间除了门上有一个小窗口外，其他地方都是封闭的。房间里有足够的稿纸、铅笔和橱柜。他随身带着一本写有中文翻译程序的书。写着中文的纸片通过小窗口被送入房间中。房间中的人可以使用他带来的书翻译这些文字并用中文回复。西尔勒认为通过这个过程，虽然房间里的人完全不会中文，但可以让任何房间外的人以为他会说流利的中文。中文屋子如图 8.2 所示。

图 8.2　中文屋子

8.2　人工智能的分类和学派

8.2.1　人工智能的分类

近年来，随着人工智能概念的普及，人们不再认为人工智能只是未来的神秘事物，因为它已经存在于每个人的身边。事实上，人工智能的概念很宽、种类也很多。通常按照其智力水平，人工智能可以分成三大类：弱人工智能、强人工智能和超人工智能。这三大类也可以看成是人工智能发展的三个阶段，或称为三部曲。

1. 弱人工智能

弱人工智能的一举一动都是按照程序设计者的程序所驱动的。如出现特殊的情况，编程者先做出相对应的方案，再由机器去判断是否符合条件并加以执行。

弱人工智能是指不能制造出真正推理和解决问题的智能机器，它们不具有真正的智能，也没有自主意识；是只专注于解决特定领域问题的、擅长于单个方面能力的人工智能。比如，战胜李世石和柯洁的 AlphaGo 就是弱人工智能，即它只能在特定领域、既定规则中，表现出强大的智能。

弱人工智能没有自己的世界观和价值观，它本质上也是靠统计学以及拟合函数等实现特定的功能。弱人工智能看上去是智能的，其实并不是真正的智能。在我们生活中最易于理解的弱人工智能就是语音聊天系统，如 Siri、小爱、小度等，当你和它们语音说话或者文本聊天时，实际上就是程序设计者设计出一套相对应的流程；或者通过大数据在网络上进行搜索，然后在语音识别的基础上加了一套应对流程；使得大家都以为它们能够听得懂说话。真实的情况是，"语音助手"只不过是执行一遍程序员编写的流程而已。

目前，人们所研究的人工智能大部分都属于弱人工智能，如语言识别、图像识别、无人驾驶等。

弱人工智能是可供人类使用的技术工具，与人类其他科技发展一样，可用于推进社会进步。

2. 强人工智能

强人工智能是真正能推理和解决问题的、具有思维的智能机器。它们是有知觉的、有自我意识的，可以像人类一样独立思考、决策和解决问题，有自己的价值观和世界观体系，有和生物一样的各种本能如生存和安全需要、累了要休息等，在某种意义上可以看作一种新的文明。

强人工智能属于人类思维能力级别的人工智能，在各方面都能和人类比肩，人类能干的脑力劳动它都能胜任。它能够进行思考、计划、知识的表示与融合、抽象思维、理解复杂理念、快速学习、从经验中学习和通过自然语言沟通等操作，并且和人类一样得心应手。它可以与人类开展交互式学习。

创造强人工智能比创造弱人工智能难得多，我们现在还做不到。但从一些科幻影片中可以窥见一斑。比如，《人工智能》中的小男孩大卫和《机械姬》里面的艾娃。

3. 超人工智能

牛津大学哲学家波斯特洛姆把超人工智能定义为：在几乎所有领域都比最聪明的人类大脑聪明很多，包括科学创新、通识和社交技能。超人工智能可以是各方面都比人类强一些，也可以是各方面都比人类强万亿倍。超人工智能也是人们对人工智能会毁灭人类这个话题这么火热的缘故。

超人工智能像强人工智能那样拥有人类的思维，有自己的世界观、价值观，会自己制定规则，拥有人类所拥有的本能，拥有人类的创造力，并且具备比人类思考效率、质量高无数倍的大脑，甚至有可能给它装上武器或是自己给自己装上武器。

超人工智能计算和思维能力已经远超人脑。此时的人工智能已经不是人类可以理解和想象的。人工智能将打破人脑受到的维度限制，其所观察和思考的内容，人脑已经无法理解，超人工智能将形成一个新的社会。

《复仇者联盟》中的奥创、《神盾特工局》中的黑化后的艾达，或许可以被认为是超人工智能。

4. 总结

现在，人类已经掌握了弱人工智能，每一步都在向强人工智能迈进。而超人工智能超出了人类现有的认知范围，甚至引发了人类"永生"或"灭绝"的哲学思考。人工智能的进化是从弱人工智能，通过强人工智能，最终到达超人工智能。

现在的人工智能还处于弱人工智能阶段，而当初预计 20 年发展出来的所谓强人工智能也只会是伪强人工智能。伪强人工智能其实还是弱人工智能，只是质量越来越优，但是层次并没有提升的人工智能而已。

8.2.2 人工智能的学派

通过机器模仿实现人的行为，让机器具有人类的智能，是人类长期以来追求的目标。如果从 1956 年正式提出人工智能学科算起，人工智能的研究发展已有 60 多年的历史。这期间，不同学科背景的学者对人工智能做出了各自的解释，提出了不同观点，由此产生了不同的学术流派。对人工智能研究影响较大的有符号主义、连接主义和行为主义三大学派。

1. 符号主义

符号主义又称逻辑主义、心理学派或计算机学派，是基于物理符号系统假设和有限合理性原理的人工智能学派，长期以来一直在人工智能研究中处于主导地位。

人工智能起源于数学逻辑，这是符号主义学派的一般观点。人类认知的客体和过程可以被建模成相关符号，思维的基本单元就是符号，而认知的过程可以被建模为符号表示的运算。符号主义学派希望通过符号来建模人类学习事物的过程，进而转换成计算机可以处理的模型，以此实现人工智能。

数理逻辑从 19 世纪末开始迅速发展，到 20 世纪 30 年代开始用于描述智能行为。计算机出现后，又在计算机上实现了逻辑演绎系统。其有代表性的成果为启发式程序 LT（Logic Theorist，逻辑理论家），它证明了 38 条数学定理，表明了可以应用计算机研究人的思维过程，模拟人类智能活动。正是这些符号主义者在 1956 年首先采用人工智能这个术语，后来又发展了启发式算法、专家系统、知识工程理论与技术，并在 20 世纪 80 年代取得很大发展。

符号主义曾长期一枝独秀，为人工智能的发展做出重要贡献，尤其是专家系统的成功开发与应用，为人工智能走向工程应用和实现理论联系实际具有特别重要的意义。在人工智能的其他学派出现之后，符号主义仍然是人工智能的主流学派。这个学派的代表人物有纽厄尔、西蒙和尼尔逊等。

2. 连接主义

连接主义又称仿生学派或生理学派，其主要原理为神经网络及神经网络间的连接机制与学习算法。

连接主义的学者从仿生学的角度出发，通过算法模仿人类的神经元，这样的一个算法神经元被称为感知机，多个感知机可以并列组成一层网络，连接多层这样的网络得到神经网络。连接主义学派专注于从人脑的高层活动中获取灵感，强调复杂的智能活动也是由大量简单的单元并行运行的结果，而连接这些单元的复杂网络是使复杂智能出现的重要原因。神经网络可以根据实际问题来构建，网络中的连接权重通过不断训练而被更新，最终达到模拟智能的效果。

连接主义代表性成果是 1943 年由生理学家麦卡洛克和数理逻辑学家皮兹创立的脑模型，即 MP 模型，开创了用电子装置模仿人脑结构和功能的新途径。它从神经元开始进而研究神经网络模型和脑模型，开辟了人工智能的又一发展道路。

20 世纪 60—70 年代，连接主义，尤其是对以感知机为代表的人脑模型的研究出现热潮，由于受到当时的理论模型、生物原型和技术条件的限制，人脑模型研究在 20 世纪 70 年代后期陷入低潮。直到霍普菲尔德教授在 1982 年和 1984 年发表两篇重要论文，提出用硬件模拟神经网络以后，连接主义再获新生。1986 年，鲁梅尔哈特等人提出多层网络中的反向传播算法。此后，连接主义大展雄风，从模型到算法，从理论分析到工程实现，为神经网络计算机走向市场打下了基础。现在，连接主义学派对人工神经网络的研究热情仍然较高，而且提出了深度学习概念。

3. 行为主义

行为主义又称进化主义或控制论学派，其原理为控制论及感知-动作型控制系统。

行为主义学派从生物对环境的适应角度出发，将生物的适应过程建模成基于"感知-行动"的方法来模拟智能。其所创建的模拟智能的主要作用在于预见和控制行为。

控制论思想早在 20 世纪 40—50 年代就成为时代思潮的重要部分，影响了早期的人工智能工作者。维纳和麦卡洛克等人提出的控制论和自组织系统以及钱学森等人提出的工程控制论和生物控制论，影响了许多领域。

控制论把神经系统的工作原理与信息理论、控制理论、逻辑以及计算机联系起来。早期的研究工作重点是模拟人在控制过程中的智能行为和作用，如对自寻优、自适应、自镇定、自组织和自学习等控制论系统的研究，并进行"控制论动物"的研制。到 20 世纪 60—70 年代，上述这些控制论系统的研究取得一定的进展，播下智能控制和智能机器人的种子，并在 20 世纪 80 年代诞生了智能控制和智能机器人系统。

直到 20 世纪末，人工智能学派的队伍中才出现了行为主义学派的面孔，一时引起许多人的关注。其代表作是布鲁克斯的六足行走机器人，这是一个基于感知-动作模式的智能体，可以模仿昆虫的行为，被认为是新一代的"控制论动物"。

8.3 人工智能的发展

1. 孕育（1956年之前）

自古至今，人们就一直梦想用机器来代替人类的部分脑力劳动，以提高人类征服自然的能力。其中，对人工智能的产生、发展有重大影响的研究成果如下。

（1）公元前，古希腊哲学家亚里士多德提出三段论逻辑推理，一个最基本的推理方法，至今仍是演绎推理的基本依据。这个三段论就是一个包括有大前提、小前提和结论三个部分的论证。例如，人都会死（大前提），苏格拉底是人（小前提），所以苏格拉底会死（结论）。

（2）英国哲学家培根提出科学归纳法——以观察和实验为基础的归纳法，创立了近代归纳逻辑的第一个形态。培根归纳法本质上是一种排除归纳法，突出了分析方法，注重证据的质量，与实验自然科学的兴起相适应。其归纳法中包含某些朴素的辩证法因素。尽管培根的归纳法有一定的局限性，但在近现代归纳逻辑发展中的影响和作用是不可低估的。

（3）德国数学家和哲学家莱布尼茨提出了万能符号和推理计算的思想，他认为可以建立一种通用的符号语言，以及在此符号语言上进行推理演算。这一思想不仅为数理逻辑的产生和发展奠定了基础，而且是现代机器思维设计思想的萌芽。

（4）英国逻辑学家布尔首次用符号语言描述了思维活动的基本推理法则。他致力于使"思维规律"形式化和机械化，并创立了布尔代数。

（5）英国数学家图灵在 1936 年提出了一种理想计算机的数学模型，即图灵机，为后来电子数字计算机的问世奠定了理论基础。

（6）计算机先驱阿塔纳索夫教授和他的学生贝瑞开发的世界上第一台电子计算机"阿塔纳索夫-贝瑞计算机（Atanasoff-Berry Computer，ABC）"为人工智能的研究奠定了物质基础。

（7）美国神经学家麦卡洛克与皮兹在 1943 年建成了第一个神经网络模型（MP 模型），开创了微观人工智能的研究工作，为后来人工神经网络的研究奠定了基础。

由上面的发展历程可以看出，人工智能的产生和发展绝不是偶然的，它是科学技术发展的必然产物。

2. 诞生（1956—1957年）

1956 年夏，哈佛大学教授明斯基、达特茅斯学院的麦卡锡、IBM 公司信息研究中心负责人罗彻斯特、贝尔实验室信息部数学研究员香农共同发起，邀请普林斯顿大学摩尔和 IBM 公司塞缪尔、麻省理工学院的塞尔弗里奇和所罗门夫以及卡耐基-梅隆大学的纽厄尔、西蒙等年轻学者在达特茅斯学院召开了两个月的学术研讨会，讨论机器智能问题。

经麦卡锡提议，正式采用"人工智能"这一术语，标志着人工智能学科正式诞生。此后，美国形成了多个人工智能研究组织，如纽厄尔和西蒙的 Carnegie RAND 协作组、明斯基和麦卡锡的麻省理工学院研究组、塞缪尔的 IBM 工程研究组等。

1957 年，康奈尔大学的实验心理学家罗森布拉特在一台 IBM-704 计算机上模拟实现了一种叫作"感知机"的神经网络模型。这个模型可以完成一些简单的视觉处理任务，这在当时引起了极大轰动。

在这之后，计算机被广泛应用于数学和自然语言领域，用来解决代数、几何和英语问题。初期收获一些成果，这让很多研究学者看到了机器向人工智能发展的信心。甚至有很多学者认为：二十年内，机器将能完成人能做到的一切。大批科学家开始研究人工智能，很多美国大学，如麻省理工学院、斯坦福大学、卡耐基-梅隆大学和爱丁堡大学，都很快建立了人工智能项目及实验室，并取得了一批显著的成果。

这段时间的重要工作包括通用搜索方法、自然语言处理及机器人处理积木问题等，主要是方法和算法的研究，离实用相差甚远，但是整个行业的乐观情绪让人工智能获得了不少的投资，获得的重要成果包括机器定理证明、跳棋程序、通用解题机等。

3. 人工智能的第一次热潮（1958—1969年）

1958 年，麦卡锡发明了 LISP，该语言至今仍在人工智能领域广泛使用。同年，美国国防部高级研究计划局（Defense Advanced Research Projects Agency，DARPA）成立，负责军事用途的高新技术的研究、开发和应用。60 多年来，DARPA 已为美军研发成功了大量的先进武器系统，同时为美国积累了雄厚的科技资源储备，并且引领着美国乃至世界军民高技术研发的潮流。

1962 年，被称为"机器人之父"的恩格尔伯格发明的世界上首款工业机器人"尤尼梅特"开始在通用汽车公司的装配线上服役，生产效率大大提升，其他汽车制造商乃至其他商品生产商也逐步跟进。

1966—1972 年，美国斯坦福国际咨询研究所（Stanford Research Institute International，SRI）研制了移动式机器人 Shakey，并为控制机器人而开发了 STRIPS 系统。Shakey 是首台采用了人工智能学的移动机器人，引发了人工智能早期工作的大爆炸。

1966 年，麻省理工学院的魏泽堡发布了世界上第一个聊天机器人 Eliza。Eliza 的智能之处在于它能通过脚本理解简单的自然语言，并能产生类似于人类的互动。

4. 人工智能的第一次低谷（1970—1980年）

20 世纪 70 年代初，人工智能遭遇了瓶颈。当时的计算机有限的内存和运算能力不足以解决任何实际的人工智能问题。类似于指数爆炸的复杂问题无法解决，对外界信息的常识和推理常常不准确。研究者们很快发现使程序具有儿童水平的认知这个要求太高了，1970 年没人能够做出如此巨大的数据库，也没人知道一个程序怎样才能存储如此丰富的信息。无法克服基础性障碍，使人工智能似乎只是一个具有简单逻辑推理能力的玩具。人工智能研究达不到预期完全智能的效果，研究人员也无法兑现当初的承诺。由于人工智能没有进展，社会各界对其从乐观变得冷淡，公众开始批判人工智能研究人员，减少机构甚至停止对人工智能的资助。

西尔勒于 1980 年提出"中文屋子"实验反驳了计算机和其他人工智能能够真正思考的观点，试图证明程序并不"理解"它所使用的符号，即所谓的"意向性"问题。同时一些学者认为，如果符号对于机器而言没有意义，那么就不能认为机器是在思考。

5. 人工智能的第二次热潮（1981—1986 年）

在 20 世纪 80 年代初，随着专家系统被产业界、学术界证明其强大的智能模拟能力，人工智能研究迎来了新一轮高潮。专家系统在小领域或者特定领域内推演出事物的发展规律，可以很好地解决实际生活中的问题。因此，一些企业和大学重新开始对人工智能研究进行资助，希望制造可与人交互、具有强大推理能力的机器。

1980 年，卡耐基-梅隆大学为 DEC（数字设备公司）设计了一套名为 XCoN 的专家系统。XCoN 是一套具有完整专业知识和经验的计算机智能系统。这套系统在 1986 年之前能为公司每年节省超过 4000 美元的经费。

专家系统的能力来自它们存储的专业知识。知识库系统和知识工程成了 20 世纪 80 年代人工智能研究的主要方向。这是一种采用人工智能程序的系统，可以简单地理解为"知识库＋推理机"的组合，有了这种商业模式后，衍生出了很多软硬件公司。这个时期，仅专家系统产业的价值就高达 5 亿美元。

在 20 世纪 80 年代还出现第一个试图解决常识问题的程序，其方法是建立一个容纳一个普通人知道的所有常识的巨型数据库。

1981 年，日本经济产业省拨款支持第五代计算机项目。其目标是造出能够与人对话、翻译语言、解释图像，并且像人一样推理的机器。其他国家纷纷做出响应，DARPA 也行动起来，组织了战略计算促进会，其 1988 年向人工智能的投资是 1984 年的 3 倍。

20 世纪 80 年代早期，另一个令人振奋的事件是霍普菲尔德提出的递归神经网络模型和鲁梅尔哈特提出的反向传播算法——神经网络模型使神经网络重获新生。人工智能再一次获得了成功。

1986 年，在里根时代"星球大战计划"（SDI）的推动下，美国与人工智能相关的软硬件销售额高达 4.25 亿美元。

6. 人工智能的第二次低谷（1987 1996 年）

1987 年，人工智能硬件的需求下跌，同时专家系统的弊端出现。专家系统虽然有用，但领域窄、更新维护成本高。台式计算机开始普及，个人计算机理念开始发展，而一些公司在上 次热潮中制订的一些目标没有实现。

1987 年，苹果和 IBM 生产的台式计算机性能都超过了 Symbolics 等厂商生产的通用型计算机，专家系统自然风光不再。到 20 世纪 80 年代末期，DARPA 的新任领导认为人工智能并不是下一个浪潮。1991 年，人们发现日本人设定的"第五代计算机工程"也未能实现。这些事实让人们从专家系统的狂热追捧中一步步走向失望。在这段时间，计算机的算力仍然没有得到很好的发展，依然缺乏海量的训练数据。商业界对人工智能又变得冷淡，使人工智能资金短缺、研究停滞。人工智能研究再次遭遇经费危机。

7. 人工智能的第三次热潮（1997年至今）

摩尔定律的预言使计算机的性能不断得到提升，限制计算机和人工智能发展的瓶颈被突破。云计算、大数据、机器学习、自然语言和机器视觉等领域发展迅速，人工智能迎来第三次热潮。

1997 年 5 月 11 日，IBM 公司开发的 Deep Blue（深蓝）成为战胜国际象棋世界冠军卡斯帕罗夫（当时国际象棋世界排名第一）的第一个计算机系统。

越来越多的人工智能研究者们开始开发和使用复杂的数学工具。人们逐渐认识到，许多人工智能需要解决的问题已经成为数学、经济学和运筹学领域的研究课题。数学语言的共享不仅使人工智能可以与其他学科展开更高层次的合作，而且使研究结果更易于评估和证明。人工智能已成为一门更严格的学科分支。

2005 年，斯坦福开发的一台机器人在一条沙漠小路上成功地自动行驶了 131 英里（约 211 千米），赢得了 DARPA 挑战大赛冠军。

2006 年，神经网络研究领域领军者辛顿提出了神经网络深度学习（Deep Learning）算法，使神经网络的能力大大提高，向支持向量机发出挑战，开启了深度学习在学术界和工业界的浪潮。斯坦福大学、纽约大学、加拿大蒙特利尔大学等成为研究深度学习的几个重要大学。

辛顿在学术刊物《科学》上发表了一篇文章，这篇文章有两个主要的信息：首先是很多隐藏层的人工神经网络具有优异的特征学习能力，学习得到的特征对数据有更本质的刻画，从而有利于可视化或分类。其次是深度神经网络在训练上的难度，可以通过"逐层初始化"来有效克服，在这篇文章中，逐层初始化是通过无监督学习实现的。

2007 年，奇耶等人创立 Siri，当时的 Siri 只是 iOS 中的一个应用。苹果公司在 2010 年 4 月 28 日完成了对 Siri 公司的收购，重新开发后只允许 Siri 在 iOS 中运行。

2010 年，DARPA 计划首次资助深度学习项目，参与方有斯坦福大学、纽约大学和 NEC 美国研究院。支持深度学习的一个重要依据就是脑神经系统的确具有丰富的层次结构。目前深度学习的理论研究还基本处于起步阶段，但在应用领域已显现出巨大的能量。同年，谷歌无人驾驶汽车创下了超过 16 万千米无事故的纪录。

2011 年，世界各地的科学家都在讨论并创造神经网络。谷歌工程师迪恩和斯坦福大学计算机教授吴恩达创建了一个大型神经网络，利用谷歌的服务器资源为其提供强大的计算能力，并向它输送海量的图像数据集。他们建立的神经网络在 16000 个服务处理器上运行。迪恩和吴恩达随机上传了 1000 万张没有标签的、来自 YouTube 的截图，并没有要求神经网络提供任何特定信息或标记图像。当神经网络在"无监督"的状态下运行时，它们自然会试图在数据集中找到模式，并形成分类。神经网络对图像数据进行了为期 3 天的处理。然后，返回一个输出，该输出包含了 3 个模糊图像，这些图像描述了它在测试图像中一次又一次看到的"图案"——人脸、人体和猫。

2011 年以来，微软研究院和 Google 的语音识别研究人员先后采用深度神经网络技术，使语音识别错误率降低了 20%，是语音识别领域十多年来最大的突破性进展。

2012 年，深度神经网络技术在图像识别领域取得惊人的效果，在 Image Net 评测上将错误率从 26%降低到 15%。

2016 年 3 月，由谷歌旗下 DeepMind 公司开发的 AlphaGo 以 4∶1 的总比分，击败韩国围棋世界冠军、职业九段棋手李世石，成为第一个击败人类职业围棋选手、第一个战胜围棋世界冠军的人工智能程序，其主要工作原理是深度学习。

2017 年 5 月，在中国乌镇围棋峰会上，AlphaGo Master 与当时排名世界第一的柯洁对战，以 3∶0 的总比分获胜。

2017 年 12 月，Alpha Zero 采用深度学习技术，在无任何人类棋谱输入的情况下，从零基础自我训练 3 天后，以 100:0 战胜它的哥哥 AlphaGo，训练 40 天后击败另一个哥哥 AlphaGo Master。

2019 年，人工智能行业彻底告别了"喊口号""包装概念"的时代，步入稳步发展的轨道。人工智能技术应用开始在各个行业落地，人工智能的成果和场景实践也层出不穷。例如，波士顿动力公司的机器狗 Spot 即将商用；阿里巴巴推出全球最强的人工智能芯片——含光 800，人工智能换脸和人工智能人脸识别协助警方侦破案件，等等。这些大事件都表明人工智能技术已经越来越接地气，并且进入人们的生活中，而不是停留在研究和实验中，人工智能被正式列入我国新增审批本科专业名单。

2020 年，在全球抗击疫情的背景下，当人与人之间的交往受到限制的时候，人工智能被赋予了更多的期待和重任。它在信息收集、数据汇总及实时更新、流行病调查、疫苗药物研发、新型基础设施建设等领域大显身手。与此同时，随着新技术、新业态的不断涌现，人工智能凝聚全球智慧、助力全球经济复苏的力量更加突显。

2020 年 3 月 4 日，人工智能被列入新基建范畴，它将是新一轮产业变革的核心驱动力，重构生产、分配、交换、消费等经济活动各环节，催生新技术、新产品、新产业。

2020 年 8 月 5 日，国家标准化管理委员会、中央网信办、国家发展改革委、科技部、工业和信息化部，五部门联合印发《国家新一代人工智能标准体系建设指南》。该指南提出了具体的国家新一代人工智能标准体系建设思路、建设内容，并附上了人工智能标准研制方向明细表，在国家层面上进一步规范了人工智能的应用体系，明确了其发展方向。

人工智能将融入每个人的生活，变得无处不在。虽然任何技术的发展都会有高峰和低谷，但在人工智能发展的漫漫长河中，应保持乐观，也应保持理智。相信未来人工智能必将发挥长处，造福人类生活，促进经济发展。

8.4　人工智能研究的基本内容

人工智能的本质是研究如何制造出智能机器或智能系统来模拟人类智能的活动，从而延伸人的智能。人类对人工智能的想象可以概括为：让机器具有认识和理解环境、适应环境、自我学习，并自我决策的能力。

可以预见的是，人类将会逐渐生产出智能水平接近人、等同于人的智能机器。不同于人类生物个体的是，智能机器可以将整个人类种群所掌握的知识汇总起来，从而在智力、能力、认知水平上超过单个人。对人类来说，当智力、能力、认知水平都高于人的机器出现时，人类就造出了超级人工智能。

普遍认同的人工智能研究的目标包括理解人类的知识、有效的自动化、有效的智能扩展、超人的智力、通用问题求解、连贯性的交谈、自治、学习、信息储存与处理等。已有的人工智能研究离实现这些目标还有很长的路要走，但是人类从没有停止探索的脚步。人工智能技术研究者们在实现目标的路上各自走出了不同的道路，开辟了不同的研究领域。诸多学者认同并具有普遍意义的人工智能研究的基本内容可以总结为九个方面：认知建模、知识表示、知识推理、知识应用、机器感知、机器思维、机器学习、机器行为、构建智能系统。下面介绍人工智能需要研究的这些基本内容。

1. 认知建模

认知建模、知识表示、知识推理是对人类智能模式的一种抽象。

认知建模主要研究人类的思维方式、信息处理的过程、心理过程，以及人类的知觉、记忆、思考、学习、想象、概念、语言等相关的活动模式。

人类的认知过程是非常复杂的。作为研究人类感知和思维信息处理过程的一门学科，认知科学（或称思维科学）就是要说明人类在认知过程中是如何进行信息加工的。

认知科学是人工智能的重要理论基础，涉及非常广泛的研究课题。除了浩斯顿提出的知觉、记忆、思考、学习、语言、想象、创造、注意和问题求解等关联活动外，还会受到环境、社会和文化背景等方面的影响。人工智能不仅要研究逻辑思维，而且还要深入研究形象思维和灵感思维，使人工智能具有更坚实的理论基础，为智能系统的开发提供新思想和新途径。

2. 知识表示

人工智能研究的目的是要建立一个能模拟人类智能行为的系统，而知识是一切智能行为的基础。知识表示、知识推理和知识应用是传统人工智能的三大核心研究内容。其中，知识表示是基础，知识推理实现问题求解，知识应用是目的。因此，首先要研究知识表示方法。只有这样才能把知识存储到计算机中去，供求解现实问题使用。

人类语言和文字并不适合于计算机处理。人工智能要做的就是研究适合计算机的知识表示方法。

知识表示是把人类知识概念化、形式化或模型化。一般就是运用符号知识、算法和状态图等来描述待解决的问题。具体有以下两种。

① 符号表示法：用各种包含具体含义的符号，以各种不同的方式和顺序组合起来表示知识的一类方法。例如，一阶谓词逻辑、产生式等。

② 连接机制表示法：把各种物理对象以不同的方式及顺序连接起来，并在其间互相传递及加工各种包含具体意义的信息，以此来表示相关的概念及知识。例如，神经网络等。

3. 知识推理

所谓推理就是从一些已知判断或前提推导出一个新的判断或结论的思维过程。推理是人脑的基本功能。几乎所有的人工智能领域都离不开推理。要让机器实现人工智能，就必须赋予机器推理能力，进行机器推理。

形式逻辑中的推理分为演绎推理、归纳推理和类比推理等。知识推理包括不确定性推理和非经典推理等，推理似乎已是人工智能的一个永恒研究课题，仍有很多尚未发现和待解决的问题值得研究。

4. 知识应用

人工智能能否获得广泛应用是衡量其生命力和检验其生存价值的重要标志。20 世纪 70 年代，正是由于专家系统的广泛应用，使人工智能走出低谷，获得快速发展。后来的机器学习和近年来的自然语言处理应用研究取得重大进展，又促进了人工智能的进一步发展。当然，应用领域的发展离不开知识表示和知识推理等基础理论以及基本技术的进步。

5. 机器感知

机器感知、机器思维、机器学习、机器行为是对人类智能的一种模拟实现。

机器感知就是使机器（计算机）具有类似于人的感知能力，包括视觉、听觉、力觉、触觉、嗅觉、痛觉、接近感和速度感等，以机器视觉与机器听觉为主。机器视觉是让机器能够识别并理解文字、图像、景物及人的身份等。机器听觉就是让机器能识别并理解语言、声响等。

机器感知是机器获取外部信息的基本途径，是使机器智能化不可缺少的组成部分，正如人的智能离不开感知一样。为了使机器具有感知能力，就需要为它配置能"听"会"看"的感觉器官，即为它安装各种传感器。

机器视觉和机器听觉已催生了人工智能的两个研究和应用领域，即模式识别与自然语言处理。实际上，随着这两个研究领域的发展，它们已逐步发展成为相对独立的学科。

6. 机器思维

机器思维就是对各种传感器感知得来的外部信息及机器内部的各种工作信息进行有目的的处理。正如人的智能是来自大脑的思维活动一样，机器智能主要是通过机器思维实现的。要使机器实现思维，需要综合应用认知建模、知识表示、知识推理和机器感知等方面的研究成果，需开展如下各方面的研究工作：各种不确定性知识和不完全知识的表示；知识组织、积累和管理技术；知识推理，特别是各种不确定性推理、归纳推理、非经典推理等；各种启发式搜索和控制策略；人脑结构和神经网络的工作机制。

因此，机器思维是人工智能研究中最重要、最关键的部分。它使机器能模拟人类的思维活动，能像人那样既可以进行逻辑思维又可以进行形象思维。

7. 机器学习

学习是人类具有的一种重要智能行为。机器学习就是使机器（计算机）具有类似于人的学习能力，能通过学习自动地获取知识。使机器具有学习新知识和新技术并在实践中不断改进和完善的能力。机器学习能够使机器从书本等文献资料、与人交谈或观察环境中进行学习，从而获得和更新知识。

机器学习是继专家系统之后人工智能应用的又一重要研究领域，也是人工智能和神经网络计算的核心研究课题之一。现有的计算机系统和人工智能系统大多数没有什么学习能力，最多也只有非常有限的学习能力，因而不能满足科技和生产提出的新要求。最近几年，随着人工神经网络的隐藏层的层数越来越多、能力越来越强，解决了不少现实问题。这就催生了另一个机器学习领域——深度学习。深度学习是一种实现机器学习的技术，适合处理大数据。深度学习使得机器学习能够实现众多应用，并拓展了人工智能的领域范畴。

8. 机器行为

机器行为是指智能系统（计算机、机器人）具有像人类一样的表达能力和行动能力，即"说""写""画""动"等能力。如：对话、唱歌、写字、画画、篆刻、移动、行走、跑步、翻跟头、操作和抓取物体等能力。

研究机器的拟人行为是人工智能的高难度任务。机器行为与机器思维密切相关，机器思维是机器行为的基础。

9. 构建智能系统

人工智能研究的最终目的是构建拟人、类人、超越人的智能系统。

前面介绍的人工智能研究内容离不开智能系统。要构建出理想的智能系统，离不开对新理论、新技术和新方法的研究以及系统的软件和硬件支持。需要开展对模型、系统构造和分析技术、系统开发环境和构造工具以及人工智能程序设计语言的研究、开发和应用。同时，一些能够简化演绎推理、机器人操作和认知模型的专用程序设计、计算机的分布式系统、并行处理系统、多机协作系统和各种计算机网络等的发展，将直接有益于智能系统的构建。

8.5 当人工智能遇上大数据

在大数据这个概念出现之前，计算机并不能很好地解决需要人去做判别的一些问题。所以说如今的人工智能在某种程度上是数据智能，人工智能其实就是用大量的数据作导向，让需要机器来做判别的问题最终转化为数据问题。

1. 大数据是人工智能发展的基石

大数据的发展离不开人工智能，而任何智能的发展，都需要一个长期学习的过程，且这一学习的过程离不开数据的支持。随着大数据持续发展，人工智能也得到了快速发展。由于各类传感器和数据采集技术的发展，我们开始拥有以往难以想象的海量数据，同时也开始在某一领域拥有深度的、详细的数据。而这些都是训练该领域"智能"的前提。

不同于以往众多数据分析技术，人工智能技术立足于神经网络发展出多层神经网络（可以多至几千层），从而可以通过深度学习对多网络模型进行训练。与以往的传统算法相比，这一算法完全利用输入数据的内容和结构，自行模拟和构建相应的模型结构并优化参数，使其具有更为灵活的且可以根据不同的训练数据而拥有自我优化的能力。但这一算法带来的是显著增加的运算量。在计算机运算能力取得突破以前，这样的算法几乎没有实际应用的价值。现在计算机算力提高，可以进行高速并行运算，能够接收海量的数据，运行更优化的算法，这是人工智能实现突破的关键。

2. 人工智能发展让大数据挖掘更上一层楼

大数据技术的意义不在于掌握庞大的数据，而在于对这些含有意义的数据进行专业化处理（分析和挖掘）。换言之，如果把大数据比作一种产业，那么这种产业实现盈利的关键在于提高对数据的"加工能力"（通过人工智能算法实现），通过"加工"实现数据的"增值"。

目前，大数据的商业价值已经显现出来，包括 IBM、Oracle、微软、Intel、阿里巴巴、腾讯等 IT 企业纷纷推出自己的大数据解决方案。首先，手中拥有数据的公司基于数据交易即可产生很好的效益；其次，基于数据挖掘会催生不同领域的多种商业模式，通过帮助企业做内部数据挖掘，可以更精准地找到用户、降低营销成本、提高企业销售量、增加利润。大数据的这些商业价值来自人工智能的核心功能，让分析算法无须人类干预和显式程序即可对最新数据进行学习。许多情况下，人工智能是大数据创新的最佳投资回报，人工智能的发展也让大数据的挖掘更上一层楼。

3. 大数据与人工智能的融合

大数据和人工智能是现代计算机技术应用的重要分支，近年来这两个领域的研究相互交叉促进，产生了很多新的方法、应用和价值。大数据和人工智能具有天然的联系。

大数据的发展本身使用了许多人工智能的理论和方法，人工智能也因大数据技术的发展步入了一个新的发展阶段，并反过来推动大数据的发展。

人工智能领域的一些理论和比较实用的方法能够显著和有效地提升我们所拥有的大数据的使用价值，与此同时，大数据技术的发展在为人工智能提供用武之地的同时，也唤醒了人工智能巨大的潜力，从而使这两个领域的技术和应用出现加速发展的趋势。

建立具有真正意义的人工智能系统是人类一直以来的梦想。面向大数据和人工智能的研究呈现出螺旋上升式发展态势，大数据时代的到来，赋予人工智能新的起点、新的使命和新的召唤。因此，在不久的将来，我们不难想象，大数据和人工智能领域的各种理论和方法会有加速发展的趋势，在大数据与人工智能融合后，会影响整个人类的发展进程。

8.6 人工智能引发的思考

1. 挑战

（1）技术视角。

机器人会因程序出错"发疯"吗？机器人会不会和主人有一样的脾气？能用人类的伦理道德约束机器人吗？

① 挑战之一：能否保证人工智能的应用开发被用于正确的目标。

如果用于错误目标，由于人工智能的强大能力，其产生的负面效果可能是快速且大规模的。

② 挑战之二：即使人工智能是为了合理的目标而开发的，但智能系统开发时存在严重的缺陷，如技术人员能力不足或者偶然的疏忽，会产生不可预测的后果。

例如，在深度学习算法中，人无法知道机器"思考"的具体过程，隐藏层的层数越多，这个"黑盒子"就越难以被人类掌握，而且机器学习的数据来源和质量可能存在问题，人工智能可能会被教坏。

③ 挑战之三：人工智能设计者在研发机器人时，会将自己的想法加入机器人的思维系统中，从而使得很多人工智能应用无法同时使所有用户满意。

比如，如果绝大多数机器人由男性制作，那么这些机器人就不一定懂女人心。人工智能研发者的多元化有助于满足不同人群的需求。

④ 挑战之四：人工智能毫无疑问具有强大的能力，但是终端用户不一定具有充分使用该应用的知识和技能。如何对人工智能的服务群体进行指引和监管，将是一大难题。

⑤ 挑战之五：如何让机器人能和人类一样遵守伦理道德。

我们能否在技术上融入伦理道德呢？也许机器人对友情、爱情、亲情并不能完全理解，那就使用机器学习把人类的道德准则通过算法转化为人工智能的行为准则，让系统做出人类认为正确的道德决策，只是人工智能的道德判断比人类更理性、客观。

总之，人工智能系统当然会出错，会出现单一化、难操控、难预测等各种问题，这都需要我们不断解决和优化，从而创造一个更加智能的时代。

（2）人文视角。

人类应如何看待人工智能的发展呢？人工智能一方面给我们带来极大的便捷与财富，另一方面又给我们带来许多社会焦虑。技术的革新无法阻挡，与其逃避，不如解决问题。

人工智能的发展是机遇也是挑战，挑战着我们的智力，也挑战着我们的心理，但新时代会以不可阻挡的趋势到来，我们要做的应是克服恐惧，勇往直前。

2. 伦理规范

（1）社会层面。

人工智能毫无疑问已经成为社会发展加速器，只有符合社会伦理规范和公共政策的解决方案，才能设计出可信赖的人工智能。

人工智能开发应用的道德准则包括透明、负责、公平、安全、保密和包容。透明和负责是其他四项原则的基石。开发人工智能的道德准则如图 8.3 所示。

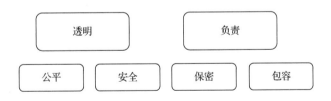

图 8.3　开发人工智能的道德准则

（2）公共政策层面。

我国正一步步进入人工智能时代。从国家设计层面，已经越来越重视人工智能这一项基础技术，人工智能能够渗透各行各业，并助力传统行业实现跨越式升级，提升行业效率，正在逐步成为掀起互联网颠覆性浪潮的新引擎。

① 明确人工智能开发和应用的政策准则。人工智能的研发和应用的政策应该将人置

于核心位置，满足人全面发展的需求，推动社会成员的良性互动与融合，加强对用户数据和隐私的保护。

② 加大人工智能领域的研究投入。政府应资助人工智能技术的长期基础研究和开发，同时应设立专项资金，支持大学和研究机构开展人工智能等前沿科技的伦理、哲学和其他人文研究。

③ 成立人工智能研发及维护的专业协会。作为政府和研发公司之间桥梁的专业协会，有义务向政府部门汇报研发成果以及可能面临的问题，也有责任协助政府部门拟定和实施相关的产业规划和政策。

④ 加强对人工智能开发利用的伦理和法律监管。通过监管体系的构建，约束不符合公共利益的人工智能开发和利用，确保搜索引擎和自媒体的关注推荐。但监管体系需保持客观性和中立性，因为立法限制可能会导致数据垄断的行为。

⑤ 促进隐私保护和安全前提下的数据共享合作。数据对人工智能的持续发展至关重要。各国政府应促进数据共享，并使更多的政府控制和资助的数据集可用，为人工智能的培训和测试提供共享的公共数据集。

⑥ 人工智能的安全评估和管理。对生产技术进行安全评估，目的是防患于未然，这是安全生产管理的重要组成部分。人工智能和其他技术不同，具有不可预见性和不可逆性，因此安全管理尤为重要。目前，虽然人工智能广泛地应用于社会经济领域，但由于缺乏安全评估，使得我们不能衡量它的影响。

⑦ 普及人工智能教育。政府不仅需要加强高端人才的培养，更需要在教育的各个阶段给予不同人群学习的机会。在中小学阶段，鼓励计算思维和计算机科学教育；在继续教育领域，为受到人工智能影响的在职人员提供职业转型的帮助，等等。

近年来，国家颁布的人工智能方面的规划如下。

2015 年 7 月 5 日，国务院印发的《"互联网+"行动指导意见》提出，大力发展智能制造。

2016 年 4 月，工业和信息化部、国家发展改革委、财政部联合发布《机器人产业发展规划（2016—2020 年）》，为"十三五"期间我国机器人产业发展描绘了清晰的蓝图。

2016 年 12 月 19 日，国务院印发的《"十三五"国家战略性新兴产业发展规划的通知》要求发展人工智能。

2017 年 7 月，国务院颁布《新一代人工智能发展规划》，该计划是所有国家人工智能战略中最为全面的，包含了研发、工业化、人才发展、教育和职业培训、标准制定和法规、道德规范与安全等各个方面的战略，目标是到 2030 年使中国人工智能理论、技术与应用总体达到世界领先水平，成为世界主要人工智能创新中心。

2018 年 4 月，教育部发布《高等学校人工智能创新行动计划》，引导高等学校瞄准世界科技前沿，不断提高人工智能领域科技创新、人才培养和国际合作交流等能力，为我国新一代人工智能发展提供战略支撑。

2018 年 11 月，工业和信息化部发布《新一代人工智能产业创新重点任务揭榜工作方案》。部署智能产品、核心基础、智能制造、支撑体系等重点任务方向，征集并遴选一批掌握人工智能关键核心技术、创新能力强、发展潜力大的企业、科研院所等，开展"揭榜"公关，力争在标志性技术、产品和服务方面取得突破。

《2019 年政府工作报告》将人工智能升级为智能+，要推动传统产业改造提升，特别是要打造工业互联网平台，拓展"智能+"，为制造业转型升级赋能。要促进新兴产业加快发展，深化大数据、人工智能等研发应用，培育新一代信息技术、高端装备、生物医药、新能源汽车、新材料等新兴产业集群，壮大数字经济。

2020 年 10 月 22 日，中国科学技术发展战略研究院发布的《中国新一代人工智能发展报告 2020》认为我国与各个国家都建立了广泛和深入的联系。不过，从全球的视角来看，中国的人工智能发展存在高端人才储备短板。

2021 年 5 月 22 日，中国新一代人工智能发展战略研究院发布了《中国新一代人工智能科技产业发展报告 2021》。报告以"全面融合发展中的中国人工智能科技产业"为题，基于 2205 家人工智能企业、15 家国家级人工智能开放创新平台、52 家人工智能新型研发机构和 48 家新型平台主导的农村网络空间产业生态为样本，通过属性数据和关系分析，刻画和概括出我国人工智能和经济社会全面融合发展的现状和趋势。2020 年是人工智能和实体经济全面融合的元年。中国人工智能科技产业内生于经济转型升级创造出的智能化需求。新冠疫情对经济社会的冲击进一步刺激了潜在需求，加速了人工智能和经济社会全面融合发展的步伐。人工智能和实体经济深度融合的加速发展，将掀起新一轮科技创新浪潮，不仅推动中国经济的转型升级，而且为全球创新网络的重塑奠定基础。

总之，公共政策的制定能够促进人工智能的健康发展，制度层面的监管能保证社会和谐发展。

3. 奇点理论

人工智能引发的全人类的思考：人类创造了"会思考"的机器，人类会永远控制机器吗？机器会有情感吗？机器会反噬人类吗？人与机器之间，是对立还是依存？人类会被人工智能改变吗？抑或是相互融合，成为全新物种？

前面已经介绍过，业界把人工智能按照先进程度分为三种，如图 8.4 所示。

现在人类正处于充满了弱人工智能的世界，而且这种弱人工智能的生态正在变得越来越庞大和复杂。每一个弱人工智能的创新，都在给通往强人工智能和超人工智能的进程添砖加瓦。人工智能的发展如图 8.5 所示。

技术进步的速度呈指数式增长并且持续加速，最终量变产生质变，最终技术的发展会脱离人类的控制，这个临界点就是奇点。奇点就是强人工智能诞生的那个时间点，被人们称为技术奇点或者奇异点。从这个点开始，人工智能将实现质的飞跃，从而以最快的速度取代目前地球上最聪明的人类智慧。

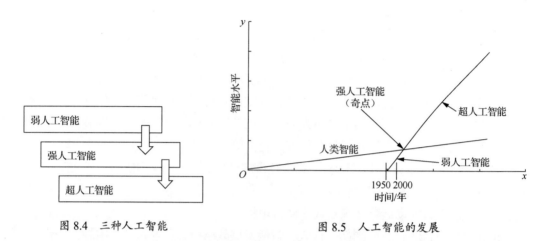

图 8.4　三种人工智能　　　　　　　　　　图 8.5　人工智能的发展

库兹韦尔在《人工智能的未来：揭示人类思维的奥秘》一书中表达了这样的观点：现在，作为人类智能基础的简单的生物算法已经被发现，我们要做的不仅仅是将它扩展到设计智能机器上，计算机终将在奇点到来之时超越人类。

一个运行在特定智能水平的人工智能一般具有自我改进的机制。因此毫无疑问，人工智能将只会在"人类水平"这个节点做短暂的停留，然后就会开始大踏步向超人类级别的智能走去。

库兹韦尔认为，科技发展是符合幂律分布的。科技前期发展缓慢，后期发展越来越快，直到爆发，因此，提出了著名的"奇点理论"（Singularity），如图 8.6 所示。

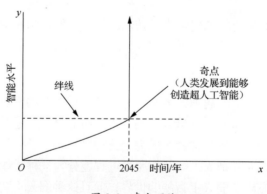

图 8.6　奇点理论

库兹韦尔认为，以幂律式的加速度发展，2045 年强人工智能终会出现。人工智能花了几十年时间，终于达到了幼儿智力水平。然后，可怕的事情出现了，在到达强人工智能这个节点一小时后，计算机立刻推导出了爱因斯坦的相对论；而在这之后一个半小时，这个强人工智能变成了超人工智能，智能瞬间达到了普通人类的 17 万倍。这就是改变人类种族的奇点。

人们对于奇点的最终结局有截然不同的预想。悲观主义者认为人类最终会被神一般强大的人工智能消灭；乐观主义者则认为在人工智能的帮助下，物质将无限地丰富，人类会获得极大的自由。对奇点理论态度的不同看法，事实上是对未来人工智能所能达到的先进程度的争议。

2013 年，牛津大学人工智能哲学家博斯特伦对数百位人工智能专家做了一项关于"你认为人类级别的人工智能什么时候会出现"的调查，结果大部分专家认为，正常情况下会在 2040 年出现，最晚也会在 2075 年出现。这和库兹韦尔预言的 2045 年的时间点比较吻合。在一些非常重要的工作中，人类将退出历史舞台。更有人提出，计算机将快速进化，最终用一代人或者两代人的时间就能超越人类智慧。

当然，这只是在对人工智能研究没有受到任何限制的情况下所进行的预测，强人工智能的产生不仅是技术的问题，更会涉及伦理、法律、利益的再次分配，还有深植于人类内心的对于未知的恐惧等多种因素的影响，这些都有可能成为强人工智能研究的巨大阻力。因此，强人工智能的出现也许会比人们预测得晚一些。但这至少说明了强人工智能的时代也许距离我们已经不太遥远了。

4. 机器人定律

麦卡锡曾经发表的研究报告表示，在未来的几年里，全球高达 8 亿份工作都会受到 AI 机器人的冲击。虽然该报告进一步表示，只有 6%最重复、机械、单调的工作会被机器人完全取代，其他工作仅有一部分会被机器人取代，但这正是弱人工智能的威力所在。我们目前很难推测未来到底会是什么模样。

超人工智能可能会对人类造成伤害的一个主要因素是生物的生存法则。自然界经过长期进化而生存下来的生物，当然包括人类，生存是他们基因能够延续的一项基本原则。但是被人为地制造出来的人工智能机器人，就不应该让它具有这个为了自己生存而伤害人类的规则，而应该具有为了人类可以牺牲自己的原则。科幻作家阿西莫夫在 1940 年就提出了著名的机器人三定律，就是为保护人类而对机器人做出的规定。

第一定律：机器人不得伤害人类个体，或者目睹人类个体将遭受危险而袖手不管。

第二定律：机器人必须服从人给予它的命令，当该命令与第一定律冲突时例外。

第三定律：机器人在不违反第一、第二定律的情况下要尽可能保护自己的生存。

后来还加入了"第零定律"：机器人不得伤害人类整体，不得因不作为使人类整体受到伤害。

针对人工智能和人类的关系问题，出现了这样的疑问："谁将是未来地球上的支配物种，人工智能还是人类？"针对这一问题，也出现了两种不同的声音，即宇宙主义者和地球主义者。支持制造人工智能的学者，称之为宇宙主义者，他们认为如果人工智能被制造出来，它们迟早会发现人类是如此的低等，像一个有害物种，从而决定将人类灭绝。因此，宇宙主义者已经准备接受人类被灭绝的风险，他们试图去追求整个宇宙的利益最大化而抛弃人类自身的重要性，这是一种很理想又伟大的自我牺牲精神，但是牺牲的结果如何，可能他们自己也不知道。

与此相反，强烈反对制造人工智能的学者，称之为地球主义者，他们反对人工智能的开发，因为他们担忧，人工智能的发展必定会引发对人类的清洗，从而导致人类的灭亡，这样的结果是地球主义者所无法接受的。

现在的人工智能技术还远没有达到上面所讲的程度，但是随着它的发展，人类和人工智能的关系必定会是人类需要解决的问题之一。人工智能更深远的影响，现在难以预测，但不管这种影响是积极的还是消极的，可以肯定人工智能将对人类的物质文明和精神文明产生越来越大的影响。

第**9**章
机器学习

本章导读

随着大数据的发展和计算机运算能力和存储能力的不断提升，人工智能在最近几年取得了令人瞩目的成就。目前在很多行业中，都有企业开始应用机器学习技术，为企业经营或日常生活提供帮助，提升产品服务水平。机器学习已经广泛应用到数据挖掘、搜索引擎、电子商务、自动驾驶、图像识别、自然语言处理、医学诊断、机器人、智慧城市等领域，机器学习技术的进步促进了人工智能在各个领域的发展。本章主要介绍机器学习的概念、应用范围、机器学习基本流程；几种典型机器学习算法，包括决策树、K-近邻、支持向量机、人工神经网络等分类算法，K-均值、DBSCAN 算法、OPTICS 算法等聚类算法，Apriori 算法、TF-Growth 算法等关联规则分析及回归分析算法等。

课程知识点	1. 机器学习的概念及应用范围 2. 机器学习的基本流程 3. 机器学习算法 4. 决策树分类、逻辑回归分类、支持向量机 5. 聚类、关联规则 6. 人工神经网络
课程重点	1. 机器学习的基本流程 2. 决策树分类 3. 关联规则 4. 人工神经网络
课程难点	1. 决策树分类 2. 人工神经网络

9.1　机器学习概述

人工智能是研究、开发用于模拟、延伸和扩展人的智能的理论、方法、技术及应用系统的一门新技术科学。而机器学习是人工智能的一种途径或子集，它强调学习而不是计算机程序。一台机器使用复杂的算法来分析大量的数据，识别数据中的模式，并做出一个预测，不需要人在机器的软件中编写特定的指令。

1. 机器学习概念

机器学习（Machine Learning）之父米切尔如此定义机器学习：对于某类任务 T 和性能度量 P，如果一个计算机程序在某些任务 T 上以 P 度量的性能随着经验 E 的增加而提高，那么我们称这个计算机程序是在从经验 E 中学习。

以西洋跳棋学习问题为例，可以这样理解上面对机器学习的定义：对于某类任务 T（参与西洋跳棋对弈）和性能度量 P（赢棋的能力），如果一个计算机程序在 T 上以 P 衡量的性能随着经验 E（通过和自己下棋获取）而自我完善，那么我们称这个计算机程序在从经验 E 中学习。

例如，垃圾邮件过滤系统通过学习你平常标记邮件是否为垃圾邮件的行为，来更好地为我们过滤垃圾邮件。这个事件中，E、T、P 分别是什么呢？

- 判断新来的邮件是垃圾邮件还是非垃圾邮件，是机器学习的任务 T。
- 用户标记为垃圾邮件、非垃圾邮件的历史数据（称为训练集），是机器学习的经验 E。
- 垃圾邮件过滤系统识别垃圾邮件的正确率，是机器学习的衡量指标 P。

机器学习是一门多领域交叉学科，涉及概率论、统计学、逼近论、算法复杂度理论等多门学科。

机器学习专门研究计算机怎样模拟或实现人类的学习行为，以获取新的知识或技能，重新组织已有的知识结构使之不断改善自身的性能。

机器学习是人工智能的核心，是使计算机具有智能的根本途径，其应用遍及人工智能的各个领域。机器学习也是人工智能的技术基础，伴随着人工智能几十年的发展，其间有过几次高峰低谷。作为机器学习的高级阶段，最近几年，深度学习算法在自然语言处理、语音识别、图像处理等领域的突破，使得机器学习成为计算机学科非常热门的一个方向。这也标志着机器学习已经从实验室走向实际应用，推动着人工智能向更高阶段发展。

与机器学习十分密切相关的概念有数据挖掘、大数据分析等，这些数据分析技术使用了一些机器学习的方法和算法，解决了企业应用和人们日常生活的一些问题，辅助业务人员和管理人员做出更好的决策。几种技术相辅相成，共同促进了数据分析技术和人工智能的发展。

从早期的统计学习，发展到连接主义的神经网络，直到深度神经网络，机器学习的基础一直是高质量的海量数据。"互联网+"的热潮推动了大数据的产生及处理大数据的软硬件技术的迅猛发展，为机器学习提供了更好的数据分析的技术基础，在一些应用领域（如国际象棋、围棋、图像识别等），机器已经达到甚至超过了人类的智能水平，从而引发了机器学习在金融、智能制造、零售、电子商务和电信等众多领域的广泛应用。

2. 机器学习与人类思考的类比

样本数据越多，模型就越能够覆盖更多的情况，于是机器学习生成的模型对于新数据预测的效果就越好。

人类在成长、生活过程中积累了很多的经验。人类定期地对这些经验进行"归纳"，获得了生活的"规律"。人类使用这些"规律"，对人类遇到的未知问题与未来进行"推测"，从而指导自己的生活和工作。

机器学习中的"训练"与"预测"过程可以对应人类的"归纳"和"推测"过程。通过这样的对应，我们可以发现，机器学习的思想并不复杂，仅仅是对人类在生活中学习成长的一个模拟。由于机器学习不是基于编程形成的结果，因此它的处理过程不是因果的逻辑，而是通过归纳思想得出的相关性结论。

机器学习与人类思考的类比如图 9.1 所示。

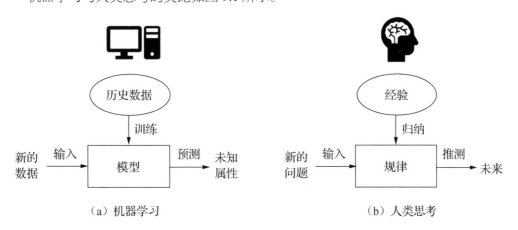

（a）机器学习　　　　　　　　　　　　　（b）人类思考

图 9.1　机器学习与人类思考的类比

3. 机器学习的应用范围

机器学习的应用范围如图 9.2 所示。

（1）模式识别。

模式识别=机器学习（分类）。两者的主要区别在于前者是从工业界发展起来的概念，后者则主要源自计算机学科。

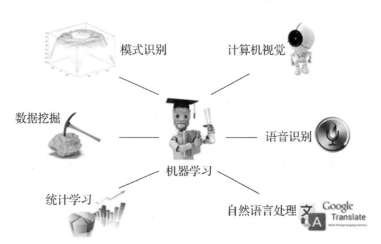

图 9.2　机器学习的应用范围

（2）数据挖掘。

数据挖掘=机器学习+数据库。数据挖掘仅仅是一种思考方式，告诉我们应该尝试从数据中挖掘知识，但不是每个数据都能挖掘出"金子"。一个系统绝对不会因为安装了一个数据挖掘模块就变得无所不能。大部分数据挖掘中的算法是机器学习的算法在数据库中的优化。

（3）统计学习。

统计学习≈机器学习。统计学习与机器学习是高度重叠的，仅在某种程度上两者是有分别的，主要在于：统计学习者关注统计模型的发展与优化，偏数学；而机器学习者更关注能够解决问题，偏实践。因此，机器学习研究者会重点研究学习算法在计算机上执行的效率与准确性的提升。

（4）计算机视觉。

计算机视觉=图像处理+机器学习。图像处理技术用于将图像处理为适合进入机器学习模型中的输入，机器学习则负责从图像中识别相关的模式。计算机视觉相关的应用非常多，如百度识图、手写字符识别、车牌识别、人脸识别，等等。随着机器学习的新领域——深度学习的发展，大大促进了计算机图像识别的效果，因此未来计算机视觉界的发展前景不可估量。

（5）语音识别。

语音识别=语音处理+机器学习。语音识别就是音频处理技术与机器学习的结合。语音识别技术一般不会单独使用，通常会结合自然语言处理的相关技术。目前，语音识别的相关应用有苹果的语音助手 Siri 等。

（6）自然语言处理。

自然语言处理=文本处理+机器学习。自然语言处理技术主要是让机器理解人类的语言。在自然语言处理技术中，大量使用了编译原理相关的技术，如词法分析、语法分析等，除此之外，在理解这个层面，则使用了语义理解、机器学习等技术。作为唯一由人类自身创造的符号，自然语言处理一直是机器学习界不断研究的方向。

9.2 机器学习的基本流程

现在机器学习应用越来越流行，了解机器学习的基本流程，能帮助我们更好地使用机器学习工具来处理实际问题。

机器学习的基本流程包括明确目标任务，数据收集，数据预处理与特征工程，选择、训练和测试模型，评估、优化模型，应用模型等，如图 9.3 所示。首先对实际问题的业务逻辑数据进行分析，确定目标任务，然后提取相关数据，对有问题的数据进行清洗、转换等预处理操作，再根据所选用的算法的特点建立或选择合适的模型，并通过试验使用不同的方法对模型进行训练、测试、评估、优化，最后选择一个相对满意的模型进行部署应用。

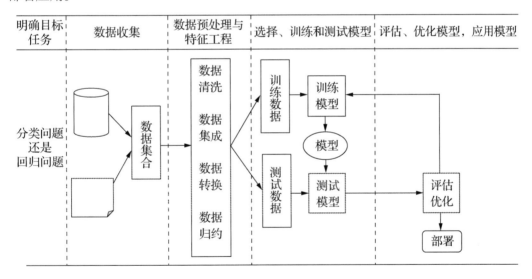

图 9.3 机器学习的基本流程

1. 明确目标任务

机器学习的第一步就是要对实际业务场景问题的业务逻辑进行分析，理解实际问题，抽象为机器学习能处理的数学问题。

机器学习的特征工程和模型训练通常都是非常耗时的过程，胡乱尝试的时间成本是非常高的。深入理解和分析要处理的问题，能避免走很多弯路。

明确要解决的问题和业务需求，基于现有数据选择或重新设计机器学习算法。并确定机器学习的目标是分类、回归还是聚类。例如，在监督学习中对定性问题可使用分类算法，对定量问题可使用回归算法；在无监督学习中，如果有样本细分则可使用聚类算法，如需找出各数据项之间的内在联系，可使用关联分析算法。

2. 数据收集

数据收集包括收集原始数据及经过特征工程从原始数据中提取训练、测试的数据。机器学习比赛中，原始数据都是直接提供的，但是一个具体领域的实际问题需要自己获得原始数据。通常，我们可以使用网上一些具有代表性的、大家经常使用的一些公开数据集。相较于自己整理的数据集，显然公开数据集更具有代表性，数据处理的结果也更容易收敛，得到满意的结果。此外，公开数据集在处理数据过拟合、数据偏差、数值缺失等问题时也很好。但如果在网上找不到已有的公开数据，那我们就要收集原始数据，再一步步进行加工、整理，这将是一个漫长的过程，需要我们有足够的细心。

总的来说，数据要具有代表性，尽量覆盖整个领域，否则容易出现过拟合或欠拟合。对于分类问题，如果样本数据不平衡，偏斜过于严重，不同类别的数据数量甚至有几个数量级的差距，会影响模型的准确性。

不仅如此，还要对数据（样本数量、特征数量）的量级，估算出其对内存的消耗程度，判断训练过程中内存是否足够大。如果数据量太大，可以考虑改进算法、减少训练样本或者使用一些降维技术。如果数据量实在太大，可以考虑使用分布式技术。

3. 数据预处理与特征工程

无论在数据分析还是机器学习中，数据预处理都是非常烦琐、枯燥、费时的，但它是机器学习的基础必备步骤。

数据预处理和特征工程两者并无明显的界限，都是为了更好地探索数据集的结构，获得更多的信息，在送入模型之前对数据进行整理。可以说数据预处理是初级的特征处理，特征工程是高级的数据预处理，这里所说的预处理过程是广义的，包含所有的建模前的数据预处理过程。

数据的质量直接决定了模型的预测和泛化能力。在收集的数据集中，可能包含大量的缺失值、错误值、噪声值、异常值、冗余值等，出现这些有问题的数据原因很多，可能是数据爬取算法有误，可能是传感器误报，可能是人工录入错误，这些问题数据非常不利于算法模型的训练，所以需要对数据进行预处理。数据预处理的主要步骤包括数据清洗、数据集成、数据归约和数据变换。分箱、归一化、离散化、因子化、缺失值处理、去除共线性等是机器学习的常用预处理方法。

业界广泛流传一句话：数据和特征决定了机器学习的上限，而模型和算法只是逼近这个上限而已。特征工程就是将原始数据转换为更能代表预测模型的潜在的、无问题的特征的过程，可以通过挑选最相关的特征，提取特征及构建特征来实现。

特征选择是需要运用特征有效性进行分析的相关技术，如运用相关系数、卡方检验、条件熵、后验概率、逻辑回归权重等方法筛选出显著特征，摒弃非显著特征，这就需要机器学习工程师反复理解问题领域的业务逻辑。业务的熟练程度对很多结果有决定性的影响。

4. 选择、训练和测试模型

通俗地讲，模型可以理解为一个数学函数，根据我们给定的输入数据，该函数最终能得到或近似得到我们认为合理的结果。一个数学函数具有一个或多个参数，训练模型的结果就是确定这些参数的值。函数可能很简单，也可能很复杂。

首先，我们要对处理好的数据进行分析，判断训练数据有没有标签，若有标签则应该考虑选择有监督学习的模型，否则可以划分为无监督学习问题。

其次，分析问题的类型是属于分类问题还是回归问题，当我们确定好问题的类型之后再去选择具体的模型。模型本身并没有优劣之分，一般不存在对任何情况都表现很好的算法。所以在实际选择模型时，通常会考虑尝试不同的模型对数据进行训练，然后比较输出的结果及性能，从中选择最优的那个。不同的模型使用不同的性能衡量指标。

此外，我们还会考虑数据集的大小。若数据集样本较少，训练的时间较短，则通常考虑朴素贝叶斯等一些轻量级的算法，否则就要考虑支持向量机、人工神经网络等一些重量级算法。

训练模型是机器学习基本流程中最核心的步骤。训练模型前，一般会把数据集分为训练数据集（简称训练集）和测试数据集（简称测试集）。训练集用于训练模型，而测试集则用于检验、评估训练出来的模型的性能。根据给定的问题领域，选择一个适合解决该领域问题的模型，在所选择的训练集上进行训练学习，从给定的训练集学习得到数据中潜在的规律，通常以函数的形式表示，经过计算处理求得目标数学函数对应的全部参数。基于最终得到的参数所构造的函数，就是经过训练后得到的模型。

5. 评估、优化模型

使用训练数据集对模型进行训练并构建好一个相对较好的模型后，使用测试数据集对该模型进行测试和评估。测试一下模型对新数据（测试集）是否具有很好的泛化能力，即不会过拟合或欠拟合。如果测试结果不理想，则分析原因并进行模型优化，可以对模型进行诊断以确定模型调优的方向和思路，而过拟合和欠拟合判断是模型诊断中的重要一步，常见的方法有交叉验证、绘制学习曲线等。过拟合的基本调优思路是增加训练的数据量，降低模型复杂度。欠拟合的基本调优思路是提高特征数量和质量，增加模型复杂度。

误差分析是通过观察产生误差的样本，分析误差产生的原因，一般的分析流程是依次验证数据质量、算法选择、特征选择、参数设置等。需要对诊断后的模型进行进一步训练、测试、调优，并对调优后的新模型进行重新诊断，这是一个反复迭代不断逼近的过程，需要不断尝试，进而达到最优的状态。

在实际项目中，我们还会对机器学习的模型进行模型融合，根据模型的重要程度对每个模型设置不同的权重等，以提高模型的准确率。

6. 应用模型

机器学习流程的最后一步就是使用训练好的模型对新的数据进行预测。这一步主要涉及工程实现，模型在线上运行的效果直接决定模型的成败。评价指标包括准确程度、运行速度（时间复杂度）、资源消耗程度（空间复杂度）、稳定性等方面。

需要说明的是，以上流程只是一个指导性的机器学习流程，并不是每个项目都包含完整的流程。只有大家自己多实践，多积累项目经验，才会有更深刻的认识。

9.3　机器学习算法

机器学习算法是一类从数据中自动分析、挖掘活动规律，并利用规律对未知数据进行预测的方法。

从学习形式分类，即根据是否在人类的监督下进行学习，机器学习分为监督学习、无监督学习和强化学习三类。

（1）监督学习：对已有的、有标记（知道输入和输出结果之间的关系）的训练数据集进行自动分析获得规律，即经过训练得到一个最优的模型。也就是说，在监督学习中的训练数据既有特征又有标签，通过训练，让机器可以自己找到特征和标签之间的联系（规律、模型），在输入只有特征没有标签的数据时，可以判断出标签，即根据模型进行预测，然后给出结果。通俗地讲，可以把监督学习理解为教计算机如何做事情。监督学习的流程如图 9.4 所示。

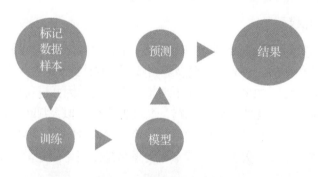

图 9.4　监督学习的流程

监督学习包括分类和回归预测两大类别，前者包括逻辑回归、决策树、K-近邻、支持向量机、随机森林、朴素贝叶斯、人工神经网络等算法；后者包括线性回归、梯度提升（Gradient Boosting）、Adaboost 等算法。

监督学习的分类算法如图9.5所示。当新来一个数据（☆）时，可以自动预测所属类型。

（2）无监督学习：输入数据集没有被标记，也没有确定的结果。样本数据类别未知，需要根据样本间的相似性把样本集分成一个一个的组合，称为聚类，试图使类内差距最小化，类间差距最大化。通俗地讲，在实际应用中，很多情况下无法预先知道样本的标签，也就是说

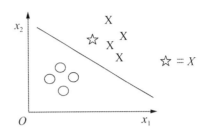

图 9.5　监督学习的分类算法

没有训练样本对应的类别，因而只能从原来没有样本标签的样本集开始学习分类器设计。无监督学习目标不是教计算机如何做事情，而是让计算机自己去学习如何做事情。

常用的无监督学习算法包括聚类和关联分析等算法。

如图 9.6 所示，在无监督学习中，我们只是给定了一组数据，而我们的目标是发现这组数据中的特殊结构。例如，我们使用无监督学习算法将这组数据分成两个不同的簇，这样的算法就叫作聚类算法。

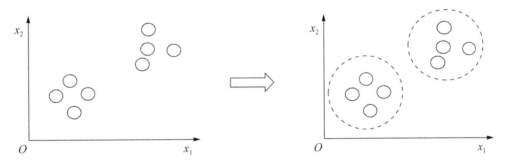

图 9.6　无监督学习之聚类

监督学习与无监督学习的区别如下。

① 训练样本：监督学习必须要有训练集与测试样本，在训练集中找出规律，并对测试样本使用这种规律。而无监督学习没有训练集，只有一组数据，在该组数据集内寻找规律。

② 定性时间：监督学习在分类的同时进行定性。监督学习就是识别事物，识别的结果表现在给待识别数据添加标签，因此训练样本集必须由带标签的样本组成。而无监督学习是先聚类后定性。无监督学习只有要分析的数据集的本身，预先没有标签，如果发现数据集呈现某种聚集性，则可按自然的聚集性分类（聚类），但这种聚类没有某种预先分类标签做依据。

③ 有无规律性：无监督学习在寻找数据集中的规律性，这种规律性并不一定要达到划分数据集的目的，也就是说不一定要"分类"。这一点比监督学习的用途要广。例

如，分析一堆数据的主分量或分析数据集有什么特点，都可以归于无监督学习的范畴。

④ 分类或聚类：监督学习的核心是分类，无监督学习的核心是聚类（将数据集分成由类似的对象组成的多个类）。监督学习的工作是选择分类器和确定权值，无监督学习的工作是密度估计（寻找描述数据统计值），也就是无监督学习只要知道如何计算相似度就可以开始工作了。

⑤ 同维或降维：监督学习的输入如果是 n 维，特征即被认定为 n 维，即 $y=f(x_i)$，$i=n$，通常不具有降维的能力。而无监督学习经常要参与深度学习，做特征提取，或者采用层聚类或者项聚类，以减少数据特征的维度，使 $i<n$。事实上，无监督学习常常被用于数据预处理。

⑥ 不透明和可解释性：监督学习只是告诉我们如何分类，而不会告诉我们为什么这样分类，因此具有不透明性和不可解释性。而无监督学习是根据数据集来聚类分析，再进行分类，会告诉我们如何分类的，根据什么情况或者什么关键点来分类，因此具有透明性和可解释性。

（3）强化学习：强化学习是通过观察来学习做出什么样的动作。每个动作都会对环境有所影响，机器和软件代理根据观察到的周围环境的反馈来做出判断。强化学习强调如何基于环境而行动，以获得最大化的预期效益，即最佳的行为或行动是由积极的回报来强化的。其灵感来源于心理学中的行为主义理论，即有机体如何在环境给予的奖励或惩罚的刺激下，逐渐形成对刺激的预期，产生能获得最大利益的习惯性行为。

强化学习可以在必要时随时保持适应环境，以便长期获得最大的回报。比如一个通过强化学习来学习行走的机器人将通过尝试不同的方法获得有关这些方式成功的反馈，然后进行自我调整直到达到行走的目标。步伐大会让机器人摔倒，通过调整步距来判断这是不是保持直立的原因，通过不同的变化持续学习，最终能够行走。本例中，奖励是保持直立，惩罚就是摔倒，机器人基于对其动作的反馈信息进而优化并强化。

强化学习属于深度学习范畴，将在第 10 章详细讲解。

根据任务分类，机器学习可以分为分类、聚类、关联规则分析、回归分析等常见的机器学习任务。下面分别介绍一些常见的机器学习算法。

1. 分类算法

分类算法是应用分类规则对数据进行目标映射，将其划分到不同的分类中，构建具有泛化能力的算法模型，即构建映射规则来预测未知样本数据的类别。分类算法包括预测和描述两种，经过训练数据集的训练得到的预测模型在遇到未知数据时，应用规则对其进行类别划分；而描述型的分类算法主要是对现有数据集中的特征进行解释并加以区分，如对动植物的各项特征进行描述，并进行标记分类，由这些特征决定其属于哪类。

分类算法主要包括决策树、K-近邻、支持向量机、朴素贝叶斯、人工神经网络等。

（1）决策树。

顾名思义，决策树（Decision Tree）是一棵用于决策的树。在机器学习中，决策树是一个预测模型，它代表的是对象属性与对象值之间的一种映射关系。决策树是一种树形结构，其中每个内部节点表示一个属性上的测试，每个分支代表一个测试输出，每个叶节点代表一种类别。决策树擅长对人物、位置、事物的不同特征、品质、特性进行评估，可应用于基于规则的信用评估、项目风险评价、比赛结果预测等。决策过程是从根节点出发，测试不同的特征属性，按照结果的不同选择分支，最终落到某一个叶子节点，从而获得分类结果。决策树算法主要有 ID3、C4.5、C5.0、CART 等。

决策树的构建过程是按照属性的优先级或重要性来逐渐确定树的层次结构，使其叶子节点尽可能属于同一类别，一般采用局部最优的策略来构建决策树。

决策树的特点如下。

① 优点：计算复杂度不高，输出结果易于理解，对中间值的缺失不敏感，可以处理不相关的特征数据。

② 缺点：对连续性的字段比较难预测；对有时间顺序的数据，需要很多预处理的工作；当类别太多时，错误可能就会增加得比较快；可能会产生过度匹配问题。

（2）K-近邻。

K-近邻（K-Nearest Neighbor，KNN）算法采用测量不同特征值之间的距离方法进行分类。该算法的思路是：如果一个样本在特征空间中的 K 个最相似（即特征空间中最邻近）样本中的大多数属于某一个类别，则该样本也属于这个类别。

所谓 K-近邻算法就是给定一个训练数据集，对新的输入样本，在训练数据集中找到与该样本最邻近的 K 个实例，这 K 个实例的大多数属于某个类，就把该输入样本分到这个类中。选择不同的 K，得到的分类结果可能会有所不同，当无法判定当前待分类点是从属于已知分类中的哪一类时，我们可以依据统计学的理论看它所处的位置特征，衡量它周围邻居的权重，把它归到权重更大的那一类。这是 K-近邻算法的核心思想。

K-近邻算法使用的模型实际上对应于对特征空间的划分。K 值的选择、距离度量和分类决策规则是该算法的三个基本要素。

① K 值的选择会对算法的结果产生重大影响。K 值较小意味着只有与输入样本较近的训练实例才会对预测结果起作用，但容易发生过拟合；而 K 值较大，优点是可以减少学习的估计误差，缺点是学习的近似误差增大，这时与输入样本较远的训练实例也会对预测起作用，使预测发生错误。在实际应用中，K 值一般选择一个较小的数值，通常采用交叉验证的方法来选择最优 K 值。随着训练实例数目趋向于无穷和 $K=1$ 时，误差率不会超过贝叶斯误差率的 2 倍，如果 K 值也趋向于无穷，则误差率趋向于贝叶斯误差率。

② 距离度量一般采用 L_p 距离，当 $p=2$ 时，即为欧氏距离，在度量之前，应该将每

个属性的值规范化，这样有助于防止具有较大初始值域的属性比具有较小初始值域的属性的权重过大。

③ 该算法中的分类决策规则往往是多数表决，即由输入样本的 K 个最邻近的训练样本中的多数类决定输入样本的类别。

K-近邻算法的特点如下。

① 优点：精度高、对异常值不敏感、无数据输入假定。

② 缺点及部分解决方案：计算复杂度高、空间复杂度高。当样本不平衡时，如一个类的样本容量很大，而其他类样本容量很小，有可能导致当输入一个新样本时，该样本的 K 个邻居中大容量类的样本占多数，常用的解决方法是利用距离给每个已知的样本赋予权重。因为对每一个待分类的样本都要计算它到全体已知样本的距离，才能求得它的 K 个最邻近点，所以计算量较大。目前常用的解决方法是事先对已知样本点进行剪辑，事先去除对分类作用不大的样本。

K-近邻算法比较适用于样本容量比较大的类域的自动分类，而那些样本容量较小的类域采用这种算法比较容易产生误分类。

K-近邻算法的实现：对未知类别属性的数据集中的每个点依次执行以下操作。

① 计算已知类别数据集中的点与当前点之间的距离（K-近邻算法常用欧氏距离和马氏距离）。

② 按照距离递增顺序排序。

③ 选取与当前点距离最小的 K 个点。

④ 确定前 K 个点所在类别的出现频率。

⑤ 返回前 K 个点出现频率最高的类别作为当前点的预测分类。

（3）支持向量机。

支持向量机是一种分类器，其主要思想是将低维特征空间中的线性不可分进行非线性映射，转化为高维空间的线性可分。支持向量机比较适合二分类的问题，如在二维平面图中某些点是杂乱分布的，无法用一条直线分为两类，但是在三维空间中，可能通过一个平面对其进行划分。

几乎所有分类问题都可以使用支持向量机，支持向量机本身是一个二类分类器。虽然可以用于多分类，但效果不好。与其他分类算法相比，支持向量机对小样本数据集的分类效果更好。

（4）朴素贝叶斯。

贝叶斯分类是一系列分类算法的总称，这类算法均以贝叶斯定理为基础，故统称为贝叶斯分类。朴素贝叶斯（Naive Bayes，NB）基于一个简单的假定：给定目标值时，特征属性之间相互条件独立。独立性假设是指不能通过一个或几个属性值推导出另外一个属性值。在实际的应用场景中，特征属性之间很少是真的完全相互条件独立，但是朴素贝叶斯仍然是一种有效的分类器。

朴素贝叶斯的特点如下。

① 优点：在数据较少的情况下仍然有效，可以处理多类别问题；使用概率有时要比使用硬规则更为有效；贝叶斯概率及贝叶斯准则提供了一种利用已知值来估计未知概率的有效方法；可以通过特征之间的条件独立性假设，降低对数据量的需求。

② 缺点：由于朴素贝叶斯具有条件独立性假设，如果输入的数据的各个特征之间是具有关联的，那么分类的效果可能不佳，所以模型对特征之间的关联性是敏感的。

（5）人工神经网络。

人工神经网络是 20 世纪 80 年代以来人工智能领域兴起的研究热点。它从信息处理角度对人脑神经元网络进行抽象，建立某种简单模型，按不同的连接方式组成不同的网络，常称神经网络或类神经网络。

人工神经网络是一种运算模型，由大量的节点（或神经元）之间相互连接构成，包括输入层、隐藏层、输出层。每个节点代表一个神经元，是一种特定的输出函数，称为激励函数。每两个节点间的连接都代表一个对于通过该连接信号的加权值，称为权重值，这相当于人工神经网络的记忆。输入变量经过神经元时会运行激活函数，对输入值赋予权重并加上偏移值，将计算结果传递到下一层中的神经元节点，而权重值和偏移值在神经网络训练过程中不断优化修正。网络的输出则依据网络的连接方式、权重值和激励函数的不同而不同。而网络自身通常都是对自然界某种算法或者函数的逼近，也可能是对某种逻辑策略的表达。

人工神经网络的训练过程主要包括前向传输和逆向反馈，将输入变量从输入层经过各隐藏层逐层向前传递，最后到达输出层得到输出结果，并比对实际结果，逐层逆向反馈误差，同时对神经元中权重值和偏移值进行修正，然后重新进行前向传输，依此反复迭代直到最终预测结果与实际结果一致或在允许的误差范围内，停止训练。

由于人工神经网络是基于历史数据构建的模型，因此随着新数据的不断产生，需要进行动态优化。例如，随着时间的变化，应用新的数据对模型重新训练，调整网络的结构和参数值。

2. 聚类算法

聚类是基于无监督学习的分析模型，不需要对原始数据集进行标记，按照数据的内在结构特征把一个数据集分割成不同的簇，使得同一个簇内的数据对象的相似性尽可能大，同时不在同一个簇中的数据对象的差异性也尽可能大。即聚类后同一类的数据尽可能聚集到一起，不同数据尽量分离。

在聚类的过程中，先选择有效特征构成向量，然后按照某个特定标准（如欧氏距离）进行相似度计算，并划分聚类，通过对聚类结果进行评估，逐渐迭代生成新的聚类。

聚类应用领域广泛，可以用于发现不同的企业客户群体特征、消费行为分析、市场细分、交易数据分析、动植物种群分类、疾病诊断、环境质量检测等，还可用于互联网和电商领域的客户分析、行为特征分类等。

聚类算法可分为基于划分的聚类、基于密度的聚类、基于层次的聚类三种。

基于划分的聚类是将数据集划分为 K 个簇，并对其中的样本计算距离以获得假设簇的中心点，然后以簇的中心点重新迭代计算新的中心点，直到 K 个簇的中心点收敛为止。基于划分的聚类算法有 K-均值算法等。

基于密度的聚类是根据样本的密度不断增长聚类，最终形成一组"密集连接"的点集，其核心思想是只要数据的密度大于阈值就将其合并成一个簇，聚类结果可以是任意形状。基于密度的聚类算法主要包括 DBSCAN 算法、OPTICS 算法等。

基于层次的聚类是将数据集分为不同的层次，并采用分解或合并的操作进行聚类。基于层次的聚类算法主要包括 BIRCH 算法、CURE（Clustering Using Representatives，使用点的聚类）算法等。

（1）K-均值算法。

K-均值算法也称 K-Means 算法，是一种迭代求解的聚类分析算法。其步骤是先将数据分为 K 组，随机选取 K 个对象作为初始的种子聚类中心，然后计算每个对象与各个种子聚类中心之间的距离，把每个对象分配给距离它最近的聚类中心。聚类中心及分配给它们的对象就代表一个聚类。每分配一个样本，就会根据聚类中现有的对象重新计算聚类中心。这个过程循环迭代直到聚类中心不变（或最少数目的变化）或收敛或误差平方和局部最小。

K-均值算法的特点如下。

① 优点：可以简单快速地处理大数据集，并且是可伸缩的，当数据集中类之间区分明显时，聚类效果最好。

② 缺点：需要客户给出 K 值，即聚类的数目。而聚类数目事先很难确定一个合理的值。此外，K-均值算法对 K 值较敏感，如果 K 值设置不合理可能会导致结果局部最优。

（2）DBSCAN 算法。

DBSCAN 算法是一种基于样本之间密度的空间聚类算法，基于核心点、边界点和噪声点等因素对空间中任意形状的样本进行聚类。该算法将具有足够密度的区域划分为簇，并在具有噪声的空间数据库中发现任意形状的簇，并将簇定义为密度相连的点的最大集合。与传统的 K-均值算法相比，DBSCAN 算法通过设置邻域半径值和密度阈值自动生成聚类，不需要指定聚类个数，支持过滤噪声点。

DBSCAN 算法的特点如下。

① 优点：聚类速度快且能够有效处理噪声点和发现任意形状的空间聚类。

② 缺点：由于它直接对整个数据库进行操作且进行聚类时使用了一个全局性的表征密度的参数，因此也具有两个比较明显的弱点，即当数据量增大时，要求较大储存量的内存支持，I/O 消耗也很大；当空间聚类的密度不均匀、聚类间距相差很大时，聚类质量较差。

3. 关联规则分析

关联规则分析是在大量数据实例中挖掘项集之间的关联或相关联系，它的典型应用是购物篮分析，通过关联规则分析帮助我们发现交易数据库中不同商品（项）之间的联系，找到顾客购买行为模式，如购买某一种商品对其他商品的影响，进而将挖掘结果应用于超市货品摆放、库存安排，电子商务网站的导航安排、产品分类，根据购买模式对用户进行分类、相关产品推荐，等等。

关联规则分析主要包括 Apriori 算法和 TF-Growth 算法。

（1）Apriori 算法。

Apriori 算法是关联规则分析中较为典型的频繁项集算法。超过某一支持度最小值的项集称为频繁项集。Apriori 算法的主要实现过程：首先生成所有频繁项集，然后由频繁项集构造出满足最小置信度的规则。

Apriori 算法的特点如下。

① 优点：简单、易理解、数据要求低。

② 缺点：在每一步产生候选项目集时循环产生的组合过多，没有排除不应该参与组合的元素；每次计算项集的支持度时，都要对数据库中的全部记录进行一遍扫描比较，如果是一个大型的数据库的话，这种扫描比较会大大增加计算机系统的 I/O 开销，而且开销随着数据库的记录的增加呈现出几何级数的增加，效率较低。

（2）TF-Growth 算法。

为了改进 Apriori 算法的低效问题，提出了基于 FP（Frequent Pattern，频繁模式）树生成频繁项集的 TF-Growth 算法。该算法只进行两次数据集扫描且不使用候选项集，直接按照支持度来构造一个频繁模式树，用这棵树生成关联规则，在处理比较大的数据集时效率比 Apriori 算法快一个数量级，对于大数据，可以通过数据划分、样本采样等方法进行再次改进和优化。

4. 回归分析

回归分析是一种研究自变量和因变量之间关系的预测模型，分析当自变量发生变化时因变量的变化值，用于预测分析、时间序列模型及发现变量之间的因果关系。回归分析主要有线性回归和逻辑回归。

线性回归属于回归问题，而逻辑回归属于分类问题。虽然线性回归算法和逻辑回归算法都有"回归"一词，但是二者的理论内容是截然不同的。前者解决回归问题（当然也可以解决分类问题，但不建议），后者解决分类问题，所以不要因为逻辑回归算法中的"回归"一词就把逻辑回归算法当成解决回归问题的算法。

（1）线性回归。

线性回归（Linear Regression）是利用称为线性回归方程的最小平方函数对一个或多个自变量和因变量之间关系进行建模的一种回归分析。这种函数是一个或多个称为回归系数的模型参数的线性组合。只有一个自变量的情况称为一元线性回归，大于一个自变量的情况称为多元线性回归。线性回归的主要特点如下。

① 自变量和因变量之间呈线性关系。在线性回归中，结果（因变量）是连续的。

② 多重共线性、自相关和异方差对多元线性回归的影响很大。

③ 线性回归对异常值非常敏感，能影响预测值。

（2）逻辑回归。

逻辑回归（Logistic Regression，LR）是大数据分析的常用算法，常用于数据挖掘、疾病自动诊断、经济预测等领域。在逻辑回归中，结果（因变量）仅具有有限数量的可能值，即是离散值，所以逻辑回归算法主要应用于分类问题，比如垃圾邮件的分类（是垃圾邮件或不是垃圾邮件）。在二分类的问题中，我们经常用 1 表示正向的类别，用 0 或−1 表示负向的类别。

逻辑回归的特点如下。

① 优点：计算成本不高，易于理解和实现。

② 缺点：容易欠拟合，分类精度不高。

9.4 决策树分类

1. 决策树概述

给定一堆样本，每个样本都有一组属性和一个类别，这些类别是事先确定的，那么通过学习得到一个分类器（分类模型或分类函数），这个分类器能够对新出现的数据给出正确的分类。

如图 9.7 所示，决策树是一种倒立的树形结构，其中每个非叶子节点表示一个属性上的划分，称为决策节点，每个分支代表一个测试输出，每个叶节点代表一种类别。

从决策树的根节点出发，自顶向下移动，在每个决策节点都会进行一次划分，通过划分的结果将样本进行分类，得到不同的分支，最后到达一个叶节点，这个过程就是利用决策树进行分类的过程。

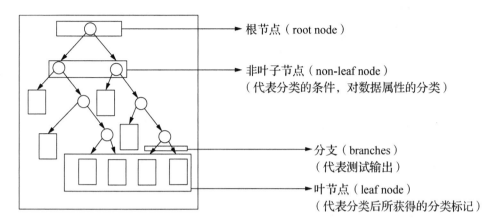

图 9.7　决策树——倒立的树形结构

例如，图 9.8 所示的一家五口人，从右上方头像按顺时针分别代表男孩（小明）、姐姐、妈妈、爷爷和奶奶（假设男孩和姐姐都小于或等于 15 岁）。现需要按年龄（Age）和性别（Is male，是男生吗）将一家五口人划分成两类：喜欢打篮球和不喜欢打篮球。

如图 9.9 所示的决策树，小明年龄小于或等于 15 岁并且是男生，喜欢打篮球；姐姐年龄小于或等于 15 岁但她是女生，不喜欢打篮球；妈妈、爷爷、奶奶年龄大于 15 岁，不喜欢打篮球。

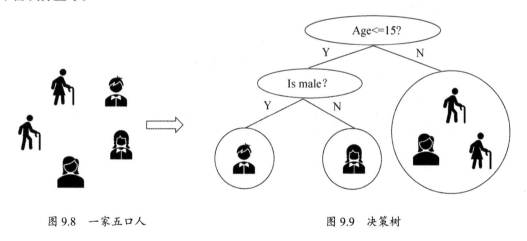

图 9.8　一家五口人　　　　　　图 9.9　决策树

2. ID3算法

针对一个数据集，如何根据数据的属性特点构造合适的、能够有效地将数据进行分类的决策树，是决策树算法学习中的重要问题。常用的决策树算法有 ID3（Iterative Dichotmizer 3，迭代二叉树 3 代）、C4.5、C5.0、CART（Classification and Regression Tree，分类与回归树）等，这里主要讲解 ID3 算法。

对于一个决策树，最重要的部分在于分支处理，即确定在每个决策节点处的分支属性。分支属性的选取是指选择决策节点上哪一个属性来对数据集进行划分，要求每个分支中样本的纯度尽可能高，而且不要产生样本数量太少的分支。不同算法对于分支属性的选取方法有所不同，下面介绍 ID3 算法的分支处理过程。

ID3 算法用于从数据集中生成决策树，其思想是在每个决策节点处选取能获得最大信息增益值的分支属性进行分裂。所以在介绍 ID3 算法之前，先介绍一下信息增益值的概念。

在每个决策节点处划分分支并选取分支属性的目的是将整个决策树的样本纯度提升，而衡量样本集合纯度的指标则是熵（entropy，熵是纯净度的一种度量，越纯熵值越小）。熵在信息论中被用来度量信息量，熵越大，所含的有用信息越多，其不确定性就越大；而熵越小，所含的有用信息越少，确定性越大。在决策树中，用熵来表示样本集的纯度，如果某个样本集中只有一种类别，其确定性最高，熵为 0；反之，熵越大，越不确定，表示样本集中类别的种类越多。

决策树分裂的基本原则是，数据集被分裂为若干个子集后，要使每个子集中的数据尽可能"纯"，也就是说子集中的数据要尽可能属于同一个类别，即要使分裂后各子集的熵尽可能小。

S 是一个训练样本的数据集合，该样本中每个集合的类别已知。每个样本为一个元组（行）。假设 S 中有 m 个类别，总共 s 个训练样本，每个类别 C_i 有 s_i 个样本（$i=1$，2，3，$\cdots$，m），那么任意一个样本属于类别 C_i 的概率是 s_i / s，则其熵的计算公式为

$$E(S) = I(s_1, s_2, \cdots, s_m) = -\sum_{i=1}^{m} \frac{s_i}{s} \log_2 \frac{s_i}{s}$$

熵 $E(S)$ 也可以表示为信息增益值 $I(s_1, s_2, \cdots, s_m)$。

一个有 v 个值的属性 $A\{a_1, a_2, \cdots, a_v\}$ 可以将 S 分成 v 个子集 $\{S_1, S_2, \cdots, S_v\}$，其中 S_j 包含 S 中属性 A 上的值为 a_j 的样本。假设 S_j 包含类别 C_i 的 s_{ij} 个样本，则根据属性 A 进行划分（分裂）的熵

$$E(A) = \sum_{j=1}^{v} \frac{s_{1j} + \dots + s_{mj}}{s} I(s_{1j}, \cdots, s_{mj})$$

此处的 $E(A)$ 也可以写成 $E(S, A)$，表示数据集 S 按属性 A 分裂后的熵值。

构造决策树的基本思想就是随着决策树深度的增加，节点的熵迅速降低。熵降低的速度越快越好，这样就能得到一颗高度最矮的决策树。

按照 A 分裂后，可获得的信息增益值（ID3 算法）为

$$\text{Gain}(S, A) = E(S) - E(A)$$

具体选择分裂属性时，选择信息增益值最大（即熵值最小）的那个属性。

【例 9-1】　某银行提供表 9-1 所示的样本数据集，共 14 个样本。其中第一列表示序

号（不是属性），中间四列（年龄、收入水平、有固定收入、VIP）是属性（也称特征），最后一列（提供贷款）是类别。该银行需要根据这 14 个样本数据集构造一棵用于分类的决策树，以便以后用该决策树对是否为新客户提供贷款进行判断（实际应用中，样本数远远多于 14 个）。

表 9-1　某银行样本数据集

No.	年龄	收入水平	有固定收入	VIP	提供贷款
1	<30	高	否	否	否
2	<30	高	否	是	否
3	[30,50]	高	否	否	是
4	>50	中	否	否	是
5	>50	低	是	否	是
6	>50	低	是	是	否
7	[30,50]	低	是	是	是
8	<30	中	否	否	否
9	<30	低	是	否	是
10	>50	中	是	否	是
11	<30	中	是	是	是
12	[30,50]	中	否	是	是
13	[30,50]	高	是	否	是
14	>50	中	否	是	否

（1）计算原有数据集 S（14 个样本）的熵值。

类别"提供贷款"有两种值，令 C_1 对应"是"，C_2 对应"否"。那么 C_1 有 9 个样本（$s_1=9$），C_2 有 5 个样本（$s_2=5$），所以数据集 S 的熵为

$$E(S) = I(s_1, s_2) = I(9,5) = -\frac{9}{14}\log_2\left(\frac{9}{14}\right) - \frac{5}{14}\log_2\left(\frac{5}{14}\right) = 0.9403$$

其中，$s=14$，$m=2$，$s_1=9$，$s_2=5$。

（2）计算以"年龄"作为分裂属性后的信息增益值。

以"年龄"作为分裂属性，因为该属性有三个不同的取值：<30、[30,50]、>50，所以 $v=3$，会产生图 9.10 所示的三个子集。图 9.10 中三个矩形框中的"是"和"否"，是指类别"提供贷款"的值。以下同此。

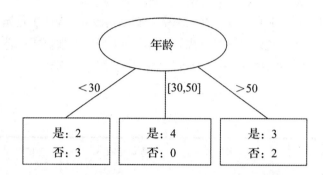

图 9.10 按属性"年龄"分裂后的三个子集

原有数据集 S 按照属性"年龄"划分出三个子集后的熵为

$$E(S,年龄) = \sum_{j=1}^{v} \frac{s_{1j}+\cdots+s_{mj}}{s} I(s_{1j},\cdots,s_{mj})$$

$$= \frac{s_{11}+s_{21}}{s} I(s_{11},s_{21}) + \frac{s_{12}+s_{22}}{s} I(s_{12},s_{22}) + \frac{s_{13}+s_{23}}{s} I(s_{13},s_{23})$$

$$= \frac{5}{14}\left(-\frac{2}{5}\log_2\frac{2}{5}-\frac{3}{5}\log_2\frac{3}{5}\right) + \frac{4}{14}\left(-\frac{4}{4}\log_2\frac{4}{4}\right) + \frac{5}{14}\left(-\frac{3}{5}\log_2\frac{3}{5}-\frac{2}{5}\log_2\frac{2}{5}\right)$$

$$= 0.3468 + 0 + 0.3468 = 0.6936$$

其中，$s_{11}=2, s_{21}=3, s_{12}=4, s_{22}=0, s_{13}=3, s_{23}=2$。

可以看出，第二个子集中类别"提供贷款"的值都是"是"，非常纯，所以第二个子集的熵为 0。

最后求出以"年龄"作为分裂属性后的信息增益值

$$Gain(S,年龄) = E(S) - E(S,年龄) = 0.9403 - 0.6936 = 0.2467$$

（3）计算以"收入水平"作为分裂属性后的信息增益值。

以"收入水平"作为分裂属性，因为该属性有三个不同的取值：高、中、低，所以 $v=3$，会产生图 9.11 所示的三个子集。

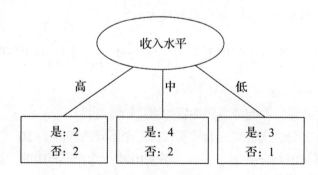

图 9.11 按属性"收入水平"分裂后的三个子集

原有数据集 S 按照属性"收入水平"划分出三个子集后的熵为

$$E(S,收入水平) = \sum_{j=1}^{v} \frac{s_{1j} + \cdots + s_{mj}}{s} I(s_{1j}, \cdots, s_{mj})$$

$$= \frac{s_{11} + s_{21}}{s} I(s_{11}, s_{21}) + \frac{s_{12} + s_{22}}{s} I(s_{12}, s_{22}) + \frac{s_{13} + s_{23}}{s} I(s_{13}, s_{23})$$

$$= \frac{4}{14}(-\frac{2}{4}\log_2\frac{2}{4} - \frac{2}{4}\log_2\frac{2}{4}) + \frac{6}{14}(-\frac{4}{6}\log_2\frac{4}{6} - \frac{2}{6}\log_2\frac{2}{6}) +$$

$$\frac{4}{14}(-\frac{3}{4}\log_2\frac{3}{4} - \frac{1}{4}\log_2\frac{1}{4})$$

$$= 0.2857 + 0.3936 + 0.2318 = 0.9111$$

其中，$s_{11} = 2, s_{21} = 2, s_{12} = 4, s_{22} = 2, s_{13} = 3, s_{23} = 1$。

最后求出以"收入水平"作为分裂属性后的信息增益值

$$\text{Gain}(S,收入水平) = E(S) - E(S,收入水平) = 0.9403 - 0.9111 = 0.0292$$

（4）计算以"有固定收入"作为分裂属性后的信息增益值。

以"有固定收入"作为分裂属性，因为该属性有两个不同的取值：否、是，所以 $v=2$，会产生图 9.12 所示的两个子集。

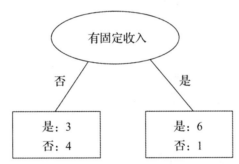

图 9.12　按属性"有固定收入"分裂后的两个子集

原有数据集 S 按照属性"有固定收入"划分出两个子集后的熵为

$$E(S,有固定收入) = \sum_{j=1}^{v} \frac{s_{1j} + \cdots + s_{mj}}{s} I(s_{1j}, \cdots, s_{mj})$$

$$= \frac{s_{11} + s_{21}}{s} I(s_{11}, s_{21}) + \frac{s_{12} + s_{22}}{s} I(s_{12}, s_{22})$$

$$= \frac{7}{14}(-\frac{3}{7}\log_2\frac{3}{7} - \frac{4}{7}\log_2\frac{4}{7}) + \frac{7}{14}(-\frac{6}{7}\log_2\frac{6}{7} - \frac{1}{7}\log_2\frac{1}{7})$$

$$= 0.49261 + 0.29584 = 0.7885$$

其中，$s_{11} = 3, s_{21} = 4, s_{12} = 6, s_{22} = 1$。

最后求出以"有固定收入"作为分裂属性后的信息增益值

$$\text{Gain}(S,有固定收入) = E(S) - E(S,有固定收入) = 0.9403 - 0.7885 = 0.1518$$

（5）计算以"VIP"作为分裂属性后的信息增益值。

以"VIP"作为分裂属性，因为该属性有两个不同的取值：否、是，所以 $v=2$，会产生图 9.13 所示的两个子集。

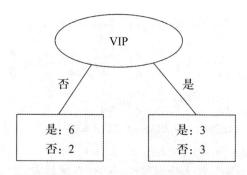

图 9.13　按属性"VIP"分裂后的两个子集

原有数据集 S 按照属性"VIP"划分出两个子集后的熵为

$$E(S, \text{VIP}) = \sum_{j=1}^{v} \frac{s_{1j} + \cdots + s_{mj}}{s} I(s_{1j}, \cdots, s_{mj})$$

$$= \frac{s_{11} + s_{21}}{s} I(s_{11}, s_{21}) + \frac{s_{12} + s_{22}}{s} I(s_{12}, s_{22})$$

$$= \frac{8}{14}(-\frac{2}{8}\log_2\frac{2}{8} - \frac{6}{8}\log_2\frac{6}{8}) + \frac{6}{14}(-\frac{3}{6}\log_2\frac{3}{6} - \frac{3}{6}\log_2\frac{3}{6})$$

$$= 0.4636 + 0.4286 = 0.8922$$

其中，$s_{11} = 2, s_{21} = 6, s_{12} = 3, s_{22} = 3$。

最后求出以"VIP"作为分裂属性后的信息增益值

$$\text{Gain}(S, \text{VIP}) = E(S) - E(S, \text{VIP}) = 0.9403 - 0.8922 = 0.0481$$

（6）选择作为根节点的分裂属性。

比较上面计算出的按四个属性分裂后获得的信息增益值，选出信息增益值最大的作为根节点。

以"年龄"作为分裂属性所得信息增益值为 0.2467，大于另外三个信息增益值（分别为：0.0292、0.1518、0.0481）。所以，选择"年龄"属性作为根节点，分裂得到三个子集 S_1、S_2、S_3，如图 9.14 所示。

其中，节点 3（子集 S_2）的类别均为"是"，非常纯，熵值为 0，已经为叶节点，无须再继续分裂。节点 2 和节点 4 按前面方法进一步分裂，实际上仔细观察节点 2 和节点 4，直接就可以得到分裂属性。

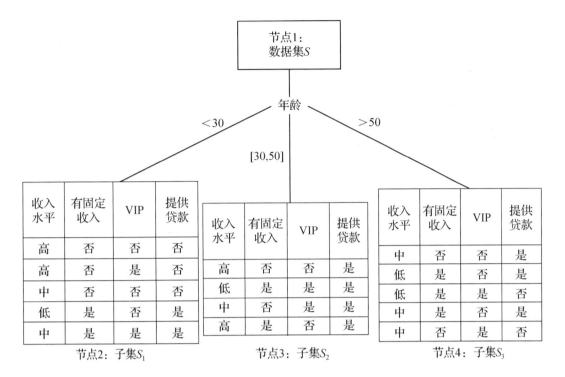

图 9.14 以 "年龄" 属性作为根节点分裂得到的三个子集

先看节点 2（子集 S_1），按照属性 "有固定收入" 划分，如图 9.15 所示。分裂后的两个子集 S_{11} 和 S_{12}，子集 S_{11} 中含 3 个 "否"，0 个 "是"；子集 S_{12} 中含 2 个 "是"，0 个 "否"，都非常纯，熵值为 0。说明这两个子集无须再进行分裂，节点 5 和节点 6 已经是叶节点。另外也说明节点 2 应该按属性 "有固定收入" 分裂，因为分裂后熵值为 0，即信息增益值最大。

再看节点 4（子集 S_3），按照属性 "VIP" 划分，如图 9.16 所示。分裂后的两个子集 S_{31} 和 S_{32}，子集 S_{31} 中含 3 个 "是"，0 个 "否"；子集 S_{32} 中含 2 个 "否"，0 个 "是"，都非常纯，熵值为 0。说明这两个子集无须再进行分裂，节点 7 和节点 8 已经是叶节点。另外也说明节点 4 应该按属性 "VIP" 分裂，因为分裂后熵值为 0，即信息增益值最大。

最后得到图 9.17 所示的决策树。其中，节点 1、节点 2、节点 4 为择优选出的 3 个决策节点，分别对应三个属性标签（属性名）：年龄、有固定收入、VIP；节点 3、5、6、7、8 为叶节点，分别代表类别 "提供贷款" 的值（"是" 或 "否"）。

图 9.17 就是使用 ID3 算法，对表 9-1 中的 14 个样本数据集进行学习得到的决策树，即一个二分类模型（因为类别 "提供贷款" 有两种取值 "是" 和 "否"，所以是二分类）。以后该银行业务员就可以根据该决策树，对申请贷款的新用户进行判断，是否为其提供

贷款。比如，用户甲，年龄 28 岁、有固定收入、不是 VIP 会员，业务员根据该决策树，决定给他提供贷款。又如，用户乙，年龄 51 岁、无固定收入、是 VIP 会员，业务员根据该决策树，决定不给他提供贷款。

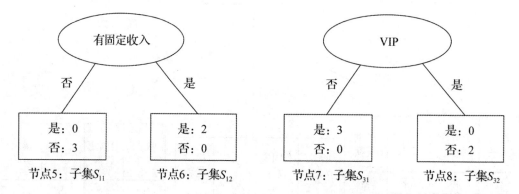

图 9.15　按属性"有固定收入"分裂后的两个子集　　图 9.16　按属性"VIP"分裂后的两个子集

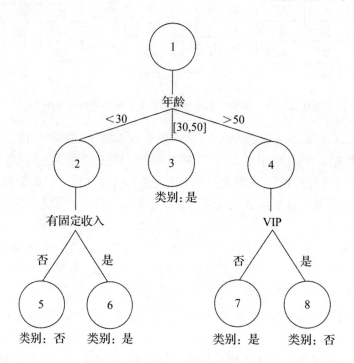

图 9.17　某银行是否提供贷款决策树

细心的读者会发现，本例生成的决策树（图 9.17）中决策节点丢失了属性"收入水平"，这是正常现象。也就是说，无论属性"收入水平"取什么值，都对最后决策是否给新用户贷款没有影响。

实际应用中，这样的决策树在银行系统是不能用的，因为 14 个样本太少，生成的决策树分类模型非常不准确，根据该决策树进行判断决策，可能会给那些没有能力偿还贷款的客户发放了贷款，会造成银行因为收不回贷款而产生损失。所以，实际应用中，银行真正使用的决策树分类模型是根据成千上万的样本数据集训练而成的。

3. ID3代码

例 9-1 的某银行是否提供贷款决策树，可以用如下 Python 代码实现。

下列 ID3 算法程序是在决策树各个节点上对应信息增益值最大准则选择属性，递归地构建决策树。具体方法：从根节点开始，对节点计算所有属性的信息增益值，选择信息增益值最大的属性作为节点的属性，由该属性的不同取值建立子节点；再对子节点递归地调用以上方法，构建决策树；直到所有属性的信息增益值均很小或没有属性可以选择为止，最后得到一个决策树。

对表 9-1 中样本数据集进行标注，即对数据集中的各属性值进行数字化。

- 年龄：0 代表<30，1 代表[30,50]，2 代表>50。
- 收入水平：0 代表高，1 代表中，2 代表低。
- 有固定收入：0 代表否，1 代表是。
- VIP：0 代表否，1 代表是。
- 提供贷款（类别）：no 代表否，yes 代表是。

（1）按照 ID3 算法构建决策树的代码。

```python
from math import log
import operator
def createDataSet():
    dataSet = [ [0, 0, 0, 0, 'no'],          # 创建训练数据集
               [0, 0, 0, 1, 'no'],
               [1, 0, 0, 0, 'yes'],
               [2, 1, 0, 0, 'yes'],
               [2, 2, 1, 0, 'yes'],
               [2, 2, 1, 1, 'no'],
               [1, 2, 1, 1, 'yes'],
               [0, 1, 0, 0, 'no'],
               [0, 2, 1, 0, 'yes'],
               [2, 1, 1, 0, 'yes'],
               [0, 1, 1, 1, 'yes'],
               [1, 1, 0, 1, 'yes'],
               [1, 0, 1, 0, 'yes'],
               [2, 1, 0, 1, 'no']]
    labels = ['年龄', '收入水平', '有固定收入', 'VIP'] #分类属性（特征）
    return dataSet, labels          #返回数据集和分类属性
def calcEnt(dataSet):               #该函数功能:计算给定数据集(dataSet)的熵(ent)
    numEnt = len(dataSet)           #返回数据集的行数
```

```
    lc = {}                              #保存每个标签(Label)出现次数的字典
    for featVec in dataSet:        #对每组特征向量（每行样本数据）进行统计
        curLabel = featVec[-1]
                #提取标签(Label)信息，即类别"提供贷款"的取值: "no"或"yes"
        if curLabel not in lc.keys(): #如果标签(Label)没有放入统计次数的字典,
                                             #添加进去
            lc[curLabel] = 0
        lc[curLabel] += 1                    #Label 计数
    ent = 0.0
    for key in lc:                           #计算熵
        prob = float(lc[key]) / numEnt   #选择该标签(Label)的概率
        ent -= prob * log(prob, 2)           #利用公式计算
    return ent                           #返回熵

def splitDS(dataSet, axis, value):   #该函数功能: 按照给定属性（axis）划分数据集
    retDataSet = []                      #创建返回的数据集列表
    for featVec in dataSet:              #遍历数据集
        if featVec[axis] == value:           #value 表示需要返回的特征的值
            reducedFeatVec = featVec[:axis]    #去掉 axis 属性
            reducedFeatVec.extend(featVec[axis+1:])
                                           #将符合条件的添加到返回数据集
            retDataSet.append(reducedFeatVec)
    return retDataSet                        #返回划分后的数据集

def chooseBestF(dataSet,labels):             #选择最优特征
    numFeatures = len(dataSet[0]) - 1        #特征数量
    baseEntropy = calcEnt(dataSet)           #计算数据集的熵
    bestInfoGain = 0.0                       #信息增益值
    bestFeature = -1                         #最优特征的索引值
    for i in range(numFeatures):             #遍历所有特征
        #获取 dataSet 的第 i 个所有特征
        featList = [example[i] for example in dataSet]
        uniqueVals = set(featList)           #创建 set 集合{},元素不可重复
        newEntropy = 0.0                     #经验条件熵
        for value in uniqueVals:             #计算信息增益值
            subDS = splitDS(dataSet, i, value)      #subDS 划分后的子集
            prob = len(subDS) / float(len(dataSet))   #计算子集的概率
            newEntropy += prob * calcEnt(subDS)     #根据公式计算经验条件熵
        infoGain = baseEntropy - newEntropy       #信息增益值
        print("第%d个属性(%s)的信息增益值为%.4f" % (i,labels[i], infoGain))
                                           #打印每个属性的信息增益值
        if (infoGain > bestInfoGain):     #计算信息增益值
            bestInfoGain = infoGain       #更新信息增益值，找到最大的信息增益值
```

```
            bestFeature = i                      #记录信息增益值最大的属性的索引值
    return bestFeature                           #返回信息增益值最大的属性的索引值
def majorityCnt(classList): #统计 classList 中出现此处最多的元素(类标签)
    classCount = {}
    for vote in classList:  #统计 classList(类标签列表)中每个元素出现的次数
        if vote not in classCount.keys():
            classCount[vote] = 0
        classCount[vote] += 1
    sortedClassCount = sorted(classCount.items(), key =\
        operator.itemgetter(1), reverse = True)  #根据字典的值降序排序
    return sortedClassCount[0][0]    #返回 classList 中出现次数最多的元素
def cTree(dataSet,labels,featLabels):
    #递归构建决策树，labels 表示分类属性标签，featLabels 表示存储选择的最优特征标签
    classList = [example[-1] for example in dataSet]
                        #取分类标签(类别"提供贷款"的值:yes or no)
    if classList.count(classList[0]) == len(classList):
                        #如果类别完全相同则停止继续划分
        return classList[0]
    if len(dataSet[0]) == 1:         #遍历完所有属性时返回出现次数最多的类标签
        return majorityCnt(classList)
    bestFeat = chooseBestF(dataSet,labels)  #选择最优特征
    bestFeatLabel = labels[bestFeat]         #最优特征的标签
    print("上述属性中信息增益值最大的是"%s"，于是选择"%s"为本轮用于分裂的属性" %
(bestFeatLabel,bestFeatLabel))
    featLabels.append(bestFeatLabel)
    myTree = {bestFeatLabel:{}}               #根据最优特征的标签生成树
    del(labels[bestFeat])                     #删除已经使用(已分裂过的)特征标签
    featValues = [example[bestFeat] for example in dataSet]
                                 #得到训练集中所有最优特征的属性值
    uniqueVals = set(featValues)              #去掉重复的属性值
    for value in uniqueVals:
        subLabels=labels[:]
        myTree[bestFeatLabel][value] = cTree(splitDS(dataSet, bestFeat,
value), subLabels, featLabels) #递归调用函数 cTree()，遍历特征，创建决策树
    return myTree
if __name__ == '__main__':
    dataSet, labels = createDataSet()
    featLabels = []
    myTree = cTree(dataSet, labels, featLabels)
    print("选择的最优特征标签(属性名):",featLabels)
                        #输出: 选择的最优特征标签(属性名)，列表
    print("构建的决策树:",myTree)  #输出: 决策树，嵌套的字典
```

运行结果如下。

```
第 0 个属性(年龄)的信息增益值为 0.2467
第 1 个属性(收入水平)的信息增益值为 0.0292
第 2 个属性(有固定收入)的信息增益值为 0.1518
第 3 个属性(VIP)的信息增益值为 0.0481
上述属性中信息增益值最大的是"年龄",于是选择"年龄"为本轮用于分裂的属性
第 0 个属性(收入水平)的信息增益值为 0.5710
第 1 个属性(有固定收入)的信息增益值为 0.9710
第 2 个属性(VIP)的信息增益值为 0.0200
上述属性中信息增益值最大的是"有固定收入",于是选择"有固定收入"为本轮用于分裂的属性
第 0 个属性(收入水平)的信息增益值为 0.0200
第 1 个属性(有固定收入)的信息增益值为 0.0200
第 2 个属性(VIP)的信息增益值为 0.9710
上述属性中信息增益值最大的是"VIP",于是选择"VIP"为本轮用于分裂的属性
选择的最优特征标签(属性名): ['年龄', '有固定收入', 'VIP']
构建的决策树: {'年龄': {0: {'有固定收入': {0: 'no', 1: 'yes'}}, 1: 'yes', 2:
{'VIP': {0: 'yes', 1: 'no'}}}}
```

（2）用 Matplotlib 库实现决策树可视化的代码。

```python
import matplotlib.pyplot as plt
from matplotlib.font_manager import FontProperties
from matplotlib.font_manager import FontProperties
import matplotlib.pyplot as plt
plt.rc("font",family="SimHei",size="12")      #解决标签中文乱码问题
def getNumLeafs(myTree):    #函数功能:获取决策树叶子节点的数目,myTree 表示决策树
    numLeafs = 0                              #初始化决策树的叶子节点的数目
    firstStr = next(iter(myTree))
    secondDict = myTree[firstStr]             #获取下一组字典
    for key in secondDict.keys():
        if type(secondDict[key]).__name__=='dict':
            #测试该节点是否为字典,如果不是字典,代表此节点为叶子节点
            numLeafs += getNumLeafs(secondDict[key])   #不是叶子节点,则递归
        else:
            numLeafs +=1            #如果是叶子节点,则叶子节点数目+1
    return numLeafs                #决策树的叶子节点的数目
def getTreeDepth(myTree):          #函数功能:获取决策树的层数,myTree 表示决策树
    maxDepth = 0                   #初始化决策树深度
    firstStr = next(iter(myTree))
    secondDict = myTree[firstStr]     #获取下一个字典
    for key in secondDict.keys():
```

```
        if type(secondDict[key]).__name__=='dict':
                #测试该节点是否为字典，如果不是字典，代表此节点为叶子节点
            thisDepth = 1 + getTreeDepth(secondDict[key])
        else:
            thisDepth = 1
        if thisDepth > maxDepth:
            maxDepth = thisDepth    #更新层数
    return maxDepth                 #返回：决策树的层数
def plotNode(nodeTxt, centerPt, parentPt, nodeType):
    #函数功能：绘制节点，nodeTxt 表示节点名，centerPt 表示文本位置
    #parentPt 表示标注的箭头位置，nodeType 表示节点格式
    arrow_args = dict(arrowstyle="-")                 #定义箭头格式
    font       =       FontProperties(fname=r"c:\windows\fonts\simsun.ttc",
size=18)#设置中文字体
    createPlot.ax1.annotate(nodeTxt, xy=parentPt,    #绘制节点
                    xycoords='axes fraction',
                    xytext=centerPt, textcoords='axes fraction',
                    va="bottom", ha="center",
                    bbox=nodeType, arrowprops=arrow_args,
                    fontproperties=font)
    """
函数说明：标注属性值
Parameters:
    cntrPt、parentPt - 用于计算标注位置
    txtString - 标注的内容
    """
def plotMidText(cntrPt,parentPt,txtString,x_py):
    xMid = (parentPt[0]-cntrPt[0])/2.0 + cntrPt[0]-x_py     #计算标注位置
    yMid = (parentPt[1]-cntrPt[1])/2.0 + cntrPt[1]
    createPlot.ax1.text(xMid, yMid, txtString, va="center", ha="center",
rotation=0)
    """
函数说明：绘制决策树
Parameters:
    myTree - 决策树(字典)
    parentPt - 标注的内容
    nodeTxt - 节点名
    """
def plotTree(myTree, parentPt, nodeTxt):
    decisionNode = dict(boxstyle="sawtooth", fc="0.9")  #设置节点格式
    leafNode = dict(boxstyle="round4", fc="0.9")        #设置叶节点格式
```

```
    numLeafs = getNumLeafs(myTree)          #获取决策树叶节点数目，决定了树的宽度
    depth = getTreeDepth(myTree)            #获取决策树层数
    firstStr = next(iter(myTree))          #下一个字典
    cntrPt = (plotTree.xOff + (1.0 + float(numLeafs))/2.0/plotTree.totalW,
plotTree.yOff)                              #中心位置
    plotMidText(cntrPt, parentPt,nodeTxt,0.056)        #标注有向边属性值
    plotNode(firstStr, cntrPt, parentPt, decisionNode) #绘制节点
    secondDict = myTree[firstStr]          #下一个字典，也就是继续绘制子节点
    plotTree.yOff = plotTree.yOff - 1.0/plotTree.totalD    #y偏移
    for key in secondDict.keys():
        if type(secondDict[key]).__name__=='dict':
                #测试该节点是否为字典，如果不是字典，代表此节点为叶子节点
            plotTree(secondDict[key],cntrPt,key) #不是叶节点，递归调用继续
                                                 #绘制
        else:                    #如果是叶节点，绘制叶节点，并标注有向边属性值
            plotTree.xOff = plotTree.xOff + 1.0/plotTree.totalW
            plotNode(secondDict[key],  (plotTree.xOff,  plotTree.yOff),
cntrPt, leafNode)
            if key=="[30,50]":
                plotMidText((plotTree.xOff, plotTree.yOff), cntrPt,
str(key),0.065)          #标注有向边属性值
            else:
                plotMidText((plotTree.xOff, plotTree.yOff), cntrPt,
str(key),0.03)
    plotTree.yOff = plotTree.yOff + 1.0/plotTree.totalD  #y偏移
def createPlot(inTree):        #函数说明:创建绘制面板, inTree表示决策树(字典)
    fig = plt.figure(1, facecolor='white')          #创建面板fig
    fig.clf()                                        #清空fig
    axprops = dict(xticks=[], yticks=[])
    createPlot.ax1 = plt.subplot(111, frameon=False, **axprops)
                                                     #去掉x、y轴
    plotTree.totalW = float(getNumLeafs(inTree))     #获取决策树叶节点数目
    plotTree.totalD = float(getTreeDepth(inTree))    #获取决策树层数
    plotTree.xOff = -0.5/plotTree.totalW; plotTree.yOff = 1.0;  #x偏移
    plotTree(inTree, (0.5,1.0), '')                  #绘制决策树
    plt.show()
if __name__=='__main__':
    myTree2={'年龄': {"<30": {'有固定收入': {"否": '否', "是": '是'}},
"[30,50]": '是',">50": {'VIP': {"否": '是', "是": '否'}}}}
    createPlot(myTree2)
```

运行结果即决策树如图 9.18 所示。虚线矩形框表示决策节点，方框表示叶节点。

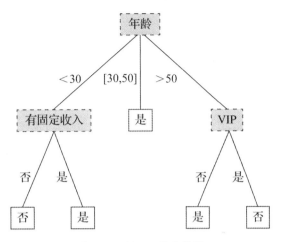

图 9.18　例 9-1 的决策树

（3）使用上面生成的决策树进行分类，即根据该决策树，对申请贷款的新用户进行判断，得出是否为其提供贷款。代码如下。

```
def classify(inputTree, featLabels, testVec):
    #函数功能:使用决策树进行分类, inputTree 表示已经生成的决策树
    #featLabels 表示存储选择的最优特征标签（属性名）
    #testVec 表示测试数据列表（数字化后的属性值），顺序对应最优特征标签
    firstStr = next(iter(inputTree))          #获取决策树节点
    secondDict = inputTree[firstStr]          #下一个字典
    featIndex = featLabels.index(firstStr)
    for key in secondDict.keys():
        if testVec[featIndex] == key:
            if type(secondDict[key]).__name__ == 'dict':
                classLabel = classify(secondDict[key], featLabels, testVec)
            else:
                classLabel = secondDict[key]
    return classLabel                         #返回: 分类结果


if __name__ == '__main__':
    testVec = [0,1,0]   #测试数据: 用户甲, 年龄 28 岁、有固定收入、不是 VIP 会员
    result = classify(myTree, featLabels, testVec)
    if result == 'yes':
        print('用户甲,年龄 28 岁、有固定收入、不是 VIP 会员。决策结果:提供贷款')
    if result == 'no':
        print('用户甲,年龄 28 岁、有固定收入、不是 VIP 会员。决策结果:不提供贷款')
    testVec = [2,0,1]     #测试数据: 用户乙, 年龄 51 岁、无固定收入、是 VIP 会员
    result = classify(myTree, featLabels, testVec)
    if result == 'yes':
        print('用户乙,年龄 51 岁、无固定收入、 是 VIP 会员。决策结果:提供贷款')
    if result == 'no':
        print('用户乙,年龄 51 岁、无固定收入、 是 VIP 会员。决策结果:不提供贷款')
```

运行结果如下。

> 用户甲，年龄 28 岁、有固定收入、不是 VIP 会员。决策结果：提供贷款
> 用户乙，年龄 51 岁、无固定收入、是 VIP 会员。决策结果：不提供贷款

9.5 逻辑回归分类

逻辑回归是一种预测分析，解释因变量与一个或多个自变量之间的关系，与线性回归不同之处是它的因变量是离散值，有几种类别，所以逻辑回归主要用于解决分类问题。与线性回归相比，逻辑回归用概率的方式，预测属于某一分类的概率值。如果概率值超过 50%，则属于某一分类。此外，逻辑回归的可解释性强、可控性高，并且训练速度快，特别是经过特征工程之后效果更好。

1. 理解逻辑回归

线性回归解决的是回归问题，而逻辑回归解决的是分类问题，但是如果深究算法的本质，它们还是有很多共通的地方，比如它们都是通过梯度下降算法寻找最优的拟合模型。但是，线性回归拟合的目标是尽量让数据点落在直线上，而逻辑回归的目标则是尽量将不同类别的点落在直线的两侧。下面我们通过直线分割平面完成一个分类器，来进一步认识逻辑回归。

2. 逻辑回归分类器

在平面中有直线 $x_0+x_1=0$，该直线将平面分割成两部分，一部分是直线的上方部分，另一部分是直线的下方。x_0 代表了我们通常意义上的 x 轴，而 x_1 则代表了 y 轴，如图 9.19 所示。如图 9.20 所示，直线上方的部分可以表示为 $x_0+x_1\geqslant0$。

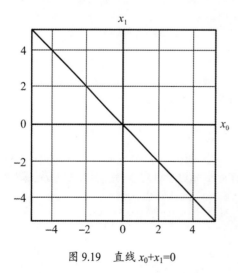

图 9.19　直线 $x_0+x_1=0$

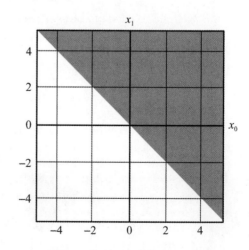

图 9.20　直线上方的部分 $x_0+x_1\geqslant0$

分割后，我们就可以判断一个点是在直线的上方，还是在直线的下方。例如，有一个点$(2,-1)$，将其代入方程可得 $x_0+x_1=2-1=1>0$，说明该点在直线的上方，如图 9.21 所示。

同样地，直线下方的部分可以表示为 $x_0+x_1<0$，如图 9.22 所示。

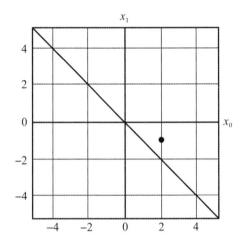

图 9.21　点$(2,-1)$在直线上方

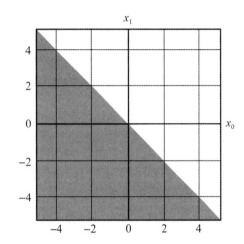

图 9.22　直线下方的部分 $x_0+x_1<0$

同样有一个点$(-2,1)$，将其代入方程可得 $x_0+x_1=-2+1=-1<0$，说明该点在直线的下方，如图 9.23 所示。

其实这条直线就是一个简单的分类器，分类算法模型的原理就是这样的。例如，现在有两类点（第 1 类是圆形，第 2 类是三角形），如图 9.24 所示。

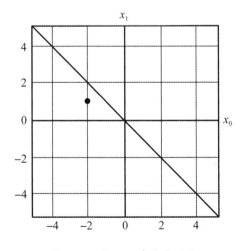

图 9.23　点$(-2,1)$在直线下方

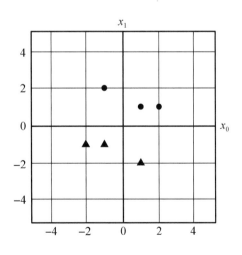

图 9.24　平面内一些点

我们可以用直线 $x_0+x_1=0$ 将两类点分开，其中圆形的点在直线的上方，代入直线方程结果大于 0；而三角形的点在直线的下方，代入直线方程结果小于 0，如图 9.25 所示。

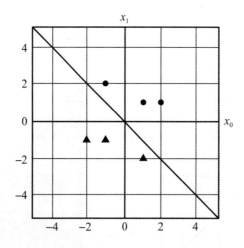

图 9.25　用直线将两类点分开

这样，就完成了一个简单的分类器。我们已经明白了分类器的原理，但是如何使用算法找到这样的直线呢？这就需要在线性回归算法的基础上，再使用一个逻辑函数。下面介绍如何将一个线性回归问题转换为逻辑回归问题。

3. 逻辑函数详解

逻辑函数（Logistic Function）又称 Sigmoid 函数，表示为

$$g(z) = \frac{1}{1+e^{-z}}$$

它的特性是所有值都在（0,1）之间，如图 9.26 所示。

逻辑函数的作用是判断不同属性的样本属于某个类别的概率。在二分类过程中，用 1 表示正向的类别，用 0 表示负向的类别。也就是说，经过逻辑函数转换，如果值越靠近 1，则其属于正向类别的概率越大；如果值越靠近 0，则其属于负向类别的概率越大。

如图 9.27 所示，点（2,）经过逻辑函数激活后的值为 0.88。

$$g(z) = \frac{1}{1+e^{-z}} = \frac{1}{1+e^{-2}} = 0.88$$

从图 9.27 中可以明显看到，该值靠近直线 $y=1$，也就是说它属于类别 1 的概率大。

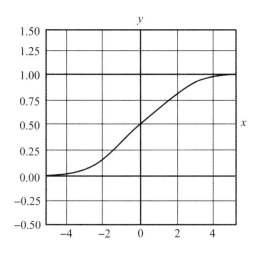

图 9.26　逻辑函数

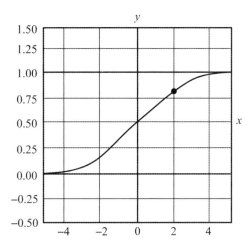

图 9.27　点（2,　）

如图 9.28 所示，点（-2,　）经过逻辑函数激活后的值为 0.12。从图 9.28 中可以明显看到，该值靠近直线 $y=0$，也就是说它属于类别 0 的概率大。也就是说，该点属于 $y=1$ 的概率很小，只有 0.12。相反，该点属于 $y=0$ 的概率有 0.88。

最后，我们来看 0 值，如图 9.29 所示。点（0,0）经过逻辑函数激活后的值为 0.5。从图 9.29 中可以明显看到，该点与直线 $y=0$ 和直线 $y=1$ 的距离相同，说明该点属于两者的可能性相同，也可以说该点既可能属于类别 1，也可能属于类别 0。

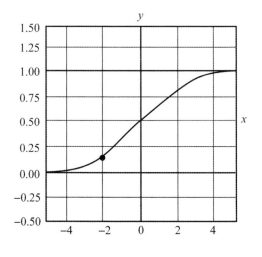

图 9.28　点（-2,　）

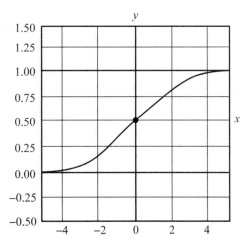

图 9.29　点（0, 0）

还可以看到当 x 的绝对值大于 5 时，函数值将无限接近直线 y=1 和直线 y=0，如图 9.30 所示。

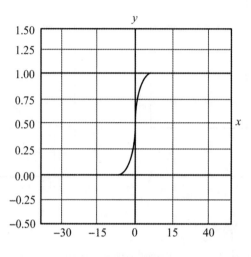

图 9.30　无限接近直线

逻辑回归就是将逻辑函数作用在线性回归函数上层，将回归问题转换成分类问题。

4. 逻辑回归的一般流程

① 收集数据：采用任意方法收集数据。

② 准备数据：由于需要进行距离计算，因此要求数据类型为数值型。

③ 分析数据：采用任意方法对数据进行分析。

④ 训练模型：大部分时间将用于训练，训练的目的是找到最佳的分类回归系数。

⑤ 测试模型：一旦训练步骤完成，分类将会很快完成。

⑥ 使用模型：需要先输入一些数据，并将其转换成对应的结构化数值，然后基于训练好的回归系数可以对这些数值进行简单的回归计算，判定它们属于哪个类别，最后在输出的类别上做一些其他分析工作。

【例 9-2】　使用逻辑回归分类算法为三种类别的鸢尾花进行分类。

数据文件 iris.data 中存有 30 个样本数据，每个样本数据都包含 5 列数据，分别对应花萼长度、花萼宽度、花瓣长度、花瓣宽度和种类，其中种类分别为 Iris-setosa（山鸢尾花）、Iris-versicolor（可变色鸢尾花）和 Iris-virginica（维吉尼亚鸢尾花）三个类别。30 个鸢尾花样本数据如图 9.31 所示。

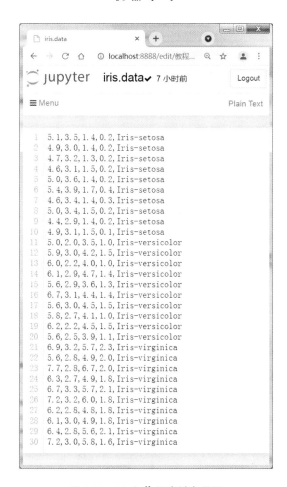

图 9.31　30 个鸢尾花样本数据

（1）程序代码如下。

```
import numpy as np
import pandas as pd
from sklearn import preprocessing
from sklearn.linear_model import LogisticRegression    #导入逻辑回归模型
from sklearn.preprocessing import StandardScaler, PolynomialFeatures
from sklearn.pipeline import Pipeline
import matplotlib as mpl
import matplotlib.pyplot as plt
import matplotlib.patches as mpatches
path='./iris.data'                      #数据文件路径，与代码文件在同一个文件夹
data=pd.read_csv(path, header=None)
data[4]=pd.Categorical(data[4]).codes
x,y=np.split(data.values,(4,),axis=1)
                            #对 data 数组进行分割，前 4 列分别给 x，后面剩下的 1 列分别给 y
```

```
x=x[:,:2]                     #仅使用前两列特征，切片出前 2 列，重新赋值给 x
lr=Pipeline([('sc',StandardScaler()),
            ('poly',PolynomialFeatures(degree=1)),
            ('clf',LogisticRegression()) ])
            #PolynomialFeatures 调整 degree 的取值，取值为 1 时，分界面是直线；
            #取值大于 1 时；分界面是曲线
lr.fit(x,y.ravel())                #ravel() 完成扁平化操作，y 是标签（类别）数据
y_hat=lr.predict(x)
y_hat_prob=lr.predict_proba(x)
        #model.predict() 返回的预测值是某类别的值（本例为 0、1 或 2）
        #model.predict_proba(x) 返回的预测值为获得所有结果的概率
        #有多少个分类结果，每行就有多少个概率，对每个结果都有一个概率值，每行和值为 1
        #本例中每行有三个概率值，因为是三分类，标签（类别）是
        #三种（Iris-setosa、Iris-versicolor、Iris-virginica）
np.set_printoptions(suppress=True)   #suppress：对很大/小的数不使用科学记数
                                     #法（True）
print('准确度: %.2f%%' % (100*np.mean(y_hat == y.ravel())))
N, M = 200,200              #横纵各采样多少个值，值太小的话，分割线有锯齿
x1_min, x1_max = x[:,0].min(), x[:,0].max()   #第 0 列的范围
x2_min, x2_max = x[:,1].min(), x[:,1].max()   #第 1 列的范围
t1 = np.linspace(x1_min, x1_max, N)
                    #产生从 x1_min 到 x1_max 的等差数列，N 为元素个数
t2 = np.linspace(x2_min, x2_max, M)
x1, x2 = np.meshgrid(t1, t2)         #生成网格采样点
x_test = np.stack((x1.flat, x2.flat), axis=1)    #生成测试点
#axis=1: 看第二层（从外往里数）的 [ ]，对两个第二层 [ ] 里的对应元素进行行堆叠
y_hat = lr.predict(x_test)           #预测值，用训练好的模型对测试点进行预测
y_hat = y_hat.reshape(x1.shape)
                #使之与输入的形状相同（为了画图，把预测值调整为与 x1 一样）
mpl.rcParams['font.sans-serif'] = ['simHei']    #用来正常显示中文标签
cm_light = mpl.colors.ListedColormap(['#77E0A0','#FF8080','#A0A0FF'])
plt.figure(facecolor='w')
plt.pcolormesh(x1, x2, y_hat, cmap=cm_light)
        #预测值的显示，此处 x1 和 x2 必须是网络采样点
        #plt.pcolormesh() 会根据 y_hat 的结果自动在 cmap 里选择颜色，
        #作用是能够直观表现出分类边界
markers=['o','^','s']
col = ['g','r','b']
index=0
for i in y:
    xx=x[index,0]
    yy=x[index,1]
    index=index+1
    plt.scatter(xx, yy, edgecolors='k',marker=markers[int(i[0])],s=50,
c=col[int(i[0])])
```

```
    #样本的显示，用散点图把样本点画上去
patchs = [mpatches.Patch(color='#77E0A0', label='Iris-setosa'),
        mpatches.Patch(color='#FF8080', label='Iris-versicolor'),
        mpatches.Patch(color='#A0A0FF', label='Iris-virginica')]
plt.legend(handles=patchs, fancybox=True, framealpha=0.8)    #显示图例
plt.xlabel('花萼长度',fontsize=15)                            #设置 X 轴标签
plt.ylabel('花萼宽度',fontsize=15)                            #设置 Y 轴标签
plt.xlim(x1_min,x1_max)                                      #设置 X 轴的坐标值范围
plt.ylim(x2_min,x2_max)
plt.grid()                                                  #设置网格线
plt.title('鸢尾花逻辑回归分类图', fontsize=16)               #设置标题
plt.show()
```

（2）运行结果。

运行结果即鸢尾花逻辑回归分类如图 9.32 所示。

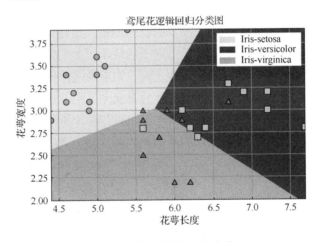

图 9.32　鸢尾花逻辑回归分类

在图 9.32 中，圆形表示 Iris-setosa（山鸢尾花），三角形表示 Iris-versicolor（可变色鸢尾花），正方形表示 Iris-virginica（维吉尼亚鸢尾花）。

可以从图 9.32 中看出，3 个可变色鸢尾花被划分到了维吉尼亚鸢尾花，1 个可变色鸢尾花被划分到了山鸢尾花，2 个维吉尼亚鸢尾花被划分到了可变色鸢尾花，共划分错 6 个。样本一共 30 个，划分对的是 24 个，所以，24 除以 30，准确度是 80.00%。

9.6　支持向量机

支持向量机（Support Vector Machine，SVM）是一种对数据进行二分类的广义线性分

类器，其分类边界是对学习样本求解的最大间隔超平面，即寻找最大化样本间隔的边界。

支持向量机是一种二分类模型（也可以用于多分类），处理的数据可以分为以下三种情况。

① 线性可分，通过硬间隔最大化，学习线性分类器。

② 近似线性可分，通过软间隔最大化，学习线性分类器。

③ 线性不可分，通过核函数及软间隔最大化，学习非线性分类器。

线性分类器，在平面上对应直线；非线性分类器，在平面上对应曲线。

硬间隔对应于线性可分数据集，可以将所有样本正确分类，也正因为如此，受噪声样本影响很大，不推荐。

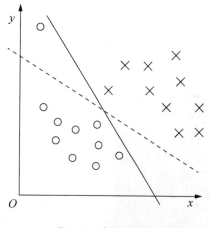

图 9.33　线性分类器

软间隔对应于通常情况下的数据集（近似线性可分或线性不可分），允许一些超平面附近的样本被错误分类，从而提升了泛化性能。如图 9.33 所示，实线是由硬间隔最大化得到的，预测能力显然不及由软间隔最大化得到的虚线。

对于线性不可分的数据集，如图 9.34 所示，直观上看，如果用线性分类器，也就是直线，不能很好地分开叉"×"和圆"○"。

但是可以用一个介于叉"×"和圆"○"之间的类似圆的曲线将二者分开，如图 9.35 所示。

假设这个曲线就是圆，不妨设其方程为 $x^2+y^2=1$。将 x^2 映射为 X，y^2 映射为 Y，则超平面变成了 $X+Y=1$。原空间的线性不可分问题就变成了新空间的（近似）线性可分问题。此时就可以运用处理（近似）线性可分问题的方法去解决线性不可分数据集的分类问题。

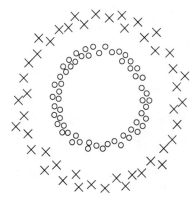

图 9.34　线性不可分的数据集

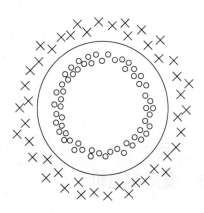

图 9.35　非线性分类器

【例 9-3】 使用支持向量机进行数字模式识别。

支持向量机识别 MNIST（Mixed National Institute of Standards and Technology data base）算法过程：先获取大量的手写数字（常称作训练样本），然后开发出一个可以从这些训练样本中进行学习的系统。换言之，支持向量机使用样本自动推断出识别训练样本的规则。随着样本数量的增加，算法可以学到更多关于训练样本的知识，这样就能够提升自身模型的准确性。

本例采用的数据集就是"MNIST 数据集"。"MNIST 数据集"包括 7 万个带标签的数据。本例取其中的 42000 个数据作为训练数据集和测试集，放在 MNIST.train.csv 文件中（其中 20% 用于测试集）（第一列是标签），剩余 28000 个预测用数据放在 MNIST.prediction.csv 文件中（去掉了标签）。直接调用 sklearn 库中的 svm，进行模型训练、测试和预测。

1. 载入带标签的训练和测试用数据

从 MNIST.train.csv 文件中载入带标签的训练和测试用数据，并显示前 8 张训练用数据的数字照片。

（1）代码如下。

```
from time import time
import pandas as pd
import numpy as np
from sklearn.model_selection import train_test_split
import matplotlib.pyplot as plt
import matplotlib.colors
from sklearn import svm          #导入支持向量机模型
from sklearn.metrics import accuracy_score
print('载入训练和测试用数据（带标签）...')
t = time()
data = pd.read_csv('MNIST.train.csv', header=0, dtype=np.int)
print('载入完成，耗时%f秒' % (time() - t))
x, y1 = data.iloc[:10000 , 1:], data.iloc[:10000 ,:1]
    #iloc是基于位置索引的，为了加快训练速度，只取10000个（0～9999）
    #如果想使用全部42000个训练数据样本，只需把上面代码中的两个10000去掉即可
    #训练样本数量大，会大幅增加训练时间，但会提高模型的准确率
y=y1['label']
x_train, x_valid, y_train, y_valid = train_test_split(x, y, test_size=0.2,
random_state=1)
    #train_test_split随机划分训练集和测试集的函数，0.2指测试集占20%
print('训练图片个数：%d, 图片像素数目：%d' % x_train.shape)
    #输出训练数据个数、像素值
print('测试图片个数：%d, 图片像素数目：%d' % x_valid.shape)
    #输出测试数据个数、像素值
print('显示8张训练用数据的图片：')  #显示8张训练用数据的图片
matplotlib.rcParams['font.sans-serif'] = ['SimHei']
plt.figure(figsize=(8, 8), facecolor='w')
```

```
for index in range(8):
    image = x.iloc[index, :]
    plt.subplot(4, 4, index + 1)  #4 行子图，每行 4 个子图，当前是第 index+1 个
    plt.imshow(image.values.reshape(28, 28), cmap=plt.cm.gray_r,
interpolation= 'nearest')
        #reshape(28, 28): 784 个像素转换成 28*28，nearest 附件像素显示成一种颜色
    plt.title('训练图片: %i' % y[index])
plt.tight_layout(2)
plt.show()
```

（2）运行结果如下。

载入训练和测试用数据（带标签）...
载入完成，耗时 3.694211 秒
训练图片个数：8000，图片像素数目：784
测试图片个数：2000，图片像素数目：784

显示 8 张训练用数据的图片，如图 9.36 所示。

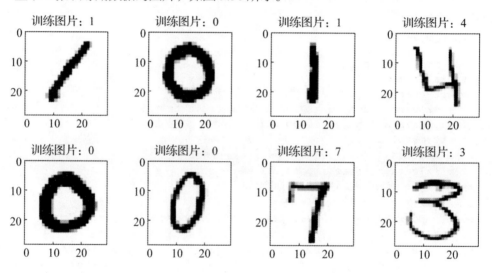

图 9.36　8 张训练用数据的图片

2．使用支持向量机训练模型

使用支持向量机训练模型，并计算训练集准确率和测试集准确率。

（1）代码如下。

```
model = svm.SVC(C=1000, kernel='rbf', gamma=1e-10)  #对模型进行初始化
print('SVM 开始训练...')
t = time()
model.fit(x_train, y_train)
    #fit()方法用于训练支持向量机模型，具体参数已经在 SVC 方法中给出
    #这里只需要给出训练集 x_train 和 x_train 对应的标签 y_train 即可
```

```
t = time() - t
print('SVM训练结束, 耗时%d分钟%.3f秒' % (int(t/60), t - 60*int(t/60)))
t = time()
y_train_pred = model.predict(x_train)
    #predict()方法: 基于以上 fit()方法的训练, 对训练样本 x_train 进行类别预测
    #返回一组预测出来的标签类别
t = time() - t
print('SVM训练集准确率:%.3f%%,耗时%d分钟%.3f秒' % (accuracy_score(y_train,
y_train_pred)*100, int(t/60), t - 60*int(t/60)))
    #accuracy_score()是将预测出来的标签 ( y_train_pred ) 和
    #真实标签 ( y_train ) 进行比较, 得到准确率
t = time()
y_valid_pred = model.predict(x_valid)
t = time() - t
print('SVM测试集准确率:%.3f%%,耗时%d分钟%.3f秒' % (accuracy_score(y_valid,
y_valid_pred)*100, int(t/60), t - 60*int(t/60)))
```

（2）运行结果如下。

```
SVM 开始训练...
SVM 训练结束, 耗时 0 分钟 12.220 秒
SVM 训练集准确率: 94.412%, 耗时 0 分钟 19.009 秒
SVM 测试集准确率: 92.850%, 耗时 0 分钟 4.746 秒
```

（3）说明。

① 本代码训练样本数据是 8000 个 (10000 的 80%)，如果增加训练样本数，准确率还会提高一些。

② svm.SVC()方法的几个重要参数解释如下。

a. C：浮点型，可选，默认值为 1.0，错误项的惩罚系数。C 越大，即对分错样本的惩罚程度越大，因此在训练样本中准确率越高，但是泛化能力降低，也就是对测试数据的分类准确率降低。相反，C 减小，允许训练样本中有一些错误样本，但是泛化能力强。对于训练样本带有噪声的情况，一般采用后者，把训练样本集中错误分类的样本作为噪声。

b. kernel：字符串型，可选，默认值为 rbf。指定核函数类型，可选参数如下。

rbf：高斯核函数。

linear：线性核函数。

poly：多项式核函数。

sigmod：sigmod 核函数。

precomputed：核矩阵。使用自己定义的核函数，需要预先计算核矩阵。

c. degree：整型，可选，默认值为 3。这个参数只对多项式核函数有用，是指多项式核函数的阶数 n。使用其他核函数时，这个参数可忽略。

d. gamma：可选，默认值为 auto。rbf、poly 和 sigmod 核函数的系数。如果 gamma 是默认值，实际将使用特征维度的倒数值进行运算。也就是说，如果特征是 10 个维度，实际的 gamma 是 1/10。

③ 可以适当调整上述参数值。不同的参数组合，训练时间和训练精度都会受到很大的影响。在实际项目中，将这几个参数按一定的步长多试几次，一般就能得到比较好的分类效果。

3. 载入不带标签的预测用数据

从 MNIST.prediction.csv 文件中载入不带标签的预测用数据，并显示前 8 张预测用数据的数字图片，图片上的数字不是预测出来的，而是根据各像素点的值描绘出来的。

（1）程序代码如下。

```python
from time import time
import pandas as pd
import numpy as np
import matplotlib.pyplot as plt
import os
from PIL import Image
def save_result(model):
    data_test_pred = model.predict(data_test)
                                #用训练好的模型对预测数据进行判断（分类）
    data_test['Label'] = data_test_pred
    data_test.to_csv('Prediction.csv', header=True, index=True, columns=
['Label'])
  def save_image(im, i):
    im = 255 - im.values.reshape(28, 28)
    a = im.astype(np.uint8)
    output_path = '.\\HandWritten'
    if not os.path.exists(output_path):
        os.mkdir(output_path)
    Image.fromarray(a).save(output_path + ('\\%d.png' % i))
print('载入预测用数据（不带标签）...')
t = time()
data_test = pd.read_csv('MNIST.prediction.csv', header=0, dtype=np.int)
print('载入完成，耗时%f秒' % (time() - t))
print('前8张预测用数据的图片如下：')
plt.figure(figsize=(8, 8), facecolor='w')
for index in range(8):                              #显示几张预测用数据的图片
    image = data_test.iloc[index, :]
    plt.subplot(4, 4, index + 9)
    plt.imshow(image.values.reshape(28, 28), cmap=plt.cm.gray_r,
interpolation='nearest')
```

```
    save_image(image.copy(), index)
                #将预测用数据以图片形式存入文件夹 "HandWritten" 中
    plt.title('预测图片')
plt.tight_layout(2)
plt.show()
save_result(model)
    #用训练好的模型, 对预测数据 (不带标签的数字) 进行判断, 究竟是哪个数字
    #并将预测结果存入文件 "Prediction.csv" 中
```

（2）运行结果如下。

```
载入预测用数据（不带标签）...
载入完成, 耗时 2.568147 秒
```

前 8 张预测用数据的图片如图 9.37 所示。

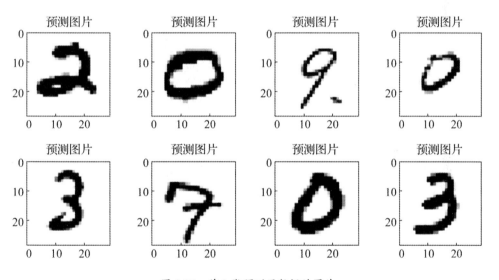

图 9.37 前 8 张预测用数据的图片

4. 显示测试集中被错分的8张数字图片

（1）程序代码如下。

```
err = (y_valid != y_valid_pred)
err_images = x_valid[err]
err_y_hat = y_valid_pred[err]
err_y = y_valid[err]
plt.figure(figsize=(8, 8), facecolor='w')
for index in range(8):
    image = err_images.iloc[index, :]
    plt.subplot(3, 4, index + 1)
```

```
        plt.imshow(image.values.reshape(28, 28), cmap=plt.cm.gray_r,
interpolation='nearest')
        plt.title('错分为: %i, 真实值: %i' % (err_y_hat[index], err_y.values
[index]), fontsize=12)
    plt.suptitle('数字图片手写体识别: 分类器 SVM', fontsize=15)
    plt.tight_layout(rect=(0, 0, 1, 0.95))
    plt.show()
```

（2）运行结果。

运行结果如图 9.38 所示。

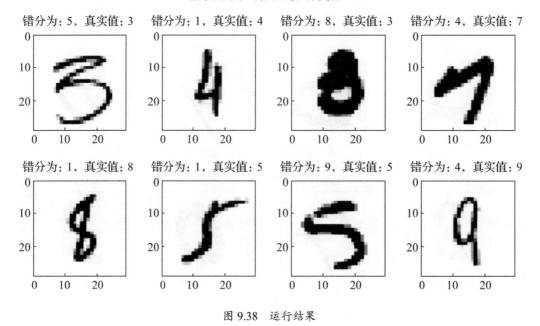

图 9.38　运行结果

9.7　聚类

在自然科学和社会科学中，存在大量的分类问题。所谓类就是指相似元素的集合。把一些没有标签的数据分成一个个组合，就是聚类。

聚类是将随机现象归类的统计学方法，在事物分类面貌尚不清楚（聚类属于无监督学习），甚至在总共分几类也不能确定的情况下，通过直接比较样本间的性质，将性质相近的归为一类，性质差别较大的归在不同类，使得各类内的差异较小，类间差异较大。如图 9.39 所示，按距离远近将 8 个圆（〇）聚成了两类。每个虚线圆是一类。

1. 聚类的应用

聚类的应用非常广泛，常见的应用领域如下。

（1）市场细分。在市场细分领域，消费同一种类的商品或服务时，不同的客户有不同的消费特点，通过研究这些特点，企业可以制定出不同的营销组合，从而获取最大的消费能力剩余，这就是客户细分的主要目的。在销售片区划分中，只有合理地将企业所拥有的子市场归成几个大的片区，才能有效地制定符合片区特点的市场营销战略和策略。如金融领域，对基金或者股票进行分类，以选择分类投资风险。

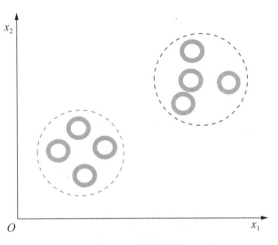

图 9.39 聚类图示

（2）图像分割。利用图像的灰度、颜色、纹理、形状等特征，通过聚类算法把图像分成若干个互不重叠的区域，并使这些特征在同一区域内呈现相似性，在不同的区域之间存在明显的差异性。然后就可以将分割的图像中具有独特性质的区域提取出来用于不同的研究。图 9.40（a）所示为原图，图 9.40（b）所示为基于聚类的图像分割后的图像。

（a）原图 （b）基于聚类的图像分割后的图像

图 9.40　基于聚类的图像分割

（3）景区提取。对大量游客的微博定位点进行聚类，能够自动提取不同景点的位置分布，如图 9.41 所示。

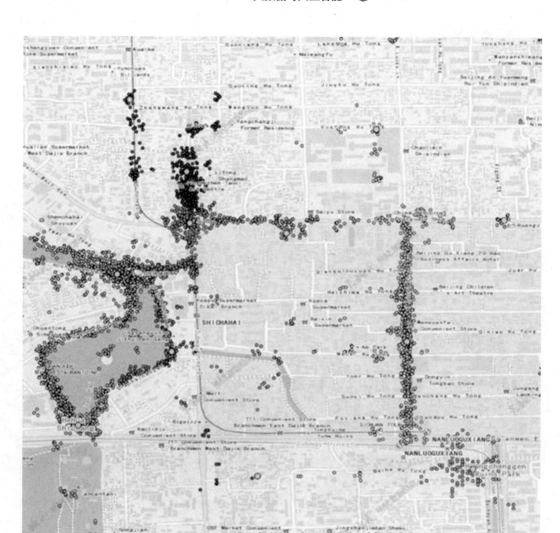

图 9.41 景区提取

2. K 均值(K-Means)聚类算法

在聚类分析中，我们希望有一种算法能够自动地将相同元素分为紧密关系的子集或簇，K-Means 算法就是使用最广泛的一种算法。K-Means 算法是硬分类，一个点只能分到一个类。

K-Means 算法的原理：利用相似性度量方法来衡量数据集中所有数据之间的关系，将关系比较密切的数据划分到一个集合中。

（1）选择 K 个初始化聚类中心。

（2）计算每个数据对象到 K 个初始化聚类中心的距离，将数据对象分到距离聚类中心最近的那个数据集中，当所有数据对象都划分以后，就形成了 K 个数据集（即 K 个簇）。

（3）计算每个簇的数据对象的均值。

（4）计算每个数据对象到新的 K 个初始化聚类中心的距离，并重新划分。

（5）每次划分以后，都需要重新计算初始化聚类中心，一直重复这个过程，直到所有的数据对象无法更新到其他的数据集中。

K-均值聚类算法详解如下。

（1）假设整个集合中有 9 个数据对象，选择 K 个初始化聚类中心（这里选择 3 个，也就是将整个集合的数据对象，先分成 3 个小集合），如图 9.42 所示，其中 3 个黑色圆代表随机选取的初始化聚类中心。

（2）计算其他数据对象（白圆）到 3 个黑圆的距离，并选择距离最近的，组成一个集合，如图 9.43 所示。

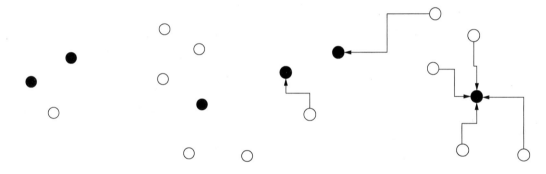

图 9.42　9 个圆组成的数据集　　　　图 9.43　根据距离近原则划分集合

（3）计算每个集合中的数据对象的均值，将均值作为全新的聚类中心，图 9.44 中的菱形即全新的聚类中心。

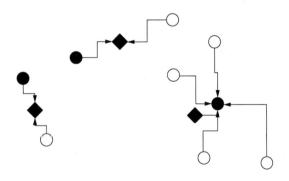

图 9.44　计算新的聚类中心

（4）对整个数据对象重新计算到聚类中心的距离，重新分簇，如图 9.45 所示。

（5）再次计算均值和分簇，一直不停地迭代，直至所有的数据对象无法更新到其他的数据集中，算法结束，如图9.46所示。

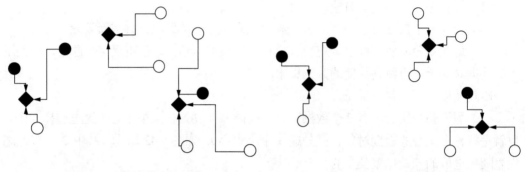

图9.45　重新计算重新分簇　　　　　图9.46　迭代完成

【例9-4】　使用K-Means算法，并根据经度和纬度值进行聚类，把10个上海的经纬度聚集在一起，把6个天津的经纬度聚集在一起。

10个上海的和6个天津的经纬度数据存储在city.txt文件中，具体数据如图9.47所示。

图9.47　上海和天津的经纬度数据

用K-Means算法，对图9.47中的经纬度数据进行聚类，并画图，程序代码如下。

```
import numpy as np
import matplotlib.pyplot as plt
from sklearn.cluster import KMeans       #导入K-Means聚类算法模型
plt.rcParams['font.sans-serif']=['SimHei']   #用来正常显示中文标签
```

```
f=open('city.txt')        #从磁盘读取城市的经纬度数据
X=[]
for v in f:
    X.append([float(v.split(',')[1]), float(v.split(',')[2])])
X=np.array(X)             #转换成 numpy array(数组)
n=5                       #类簇的个数
km=KMeans(n_clusters=n)
km.fit(X)                 #把数据和对应的分类数据放入聚类函数中进行聚类
km.labels_                #X中每项所属分类的一个列表
markers = ['^', 'x', 'o', '*', '+']
for i in range(n):        #循环5次（共5个类簇），画出14个点
    m=(km.labels_==i)
    plt.scatter(x=X[m,0],y=X[m,1],s=60,marker=markers[i],c='b',
alpha=0.5)
    #x,y为输入数据，s为点大小；c为点颜色；marker为点形状；alpha为透明度（0~1）
plt.xlabel("经度")              #X 轴标签
plt.ylabel("纬度")              #Y 轴标签
plt.title('上海天津经纬度聚类 ')  #标题
plt.show()                    #显示图形
```

运行结果如图 9.48 所示。

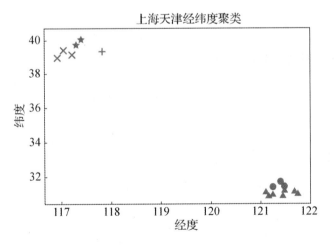

图 9.48　上海天津经纬度聚类

从图 9.48 可以看出，左上角用 3 种符号（叉号、星号和加号）标注的是 6 个天津的经纬度值，由于这 6 个经纬度值接近，被聚集在一起；右下角用 2 种符号（圆形和三角形）标注的是 10 个上海的经纬度值，由于这 10 个经纬度值接近，被聚集在一起。

9.8　关联规则

数据关联规则是数据挖掘算法中使用较早的一种数据分析方法，用于在大数据中挖掘出具有价值的信息，通常在商业中用数据与数据之间的关系来产生更大的价值。

1．关联规则案例

关联规则反映一个事物与其他事物之间的相互依存性和关联性，如果两个事物或者多个事物之间存在一定的关联关系，那么其中一个事物就能够通过其他事物预测到。典型的例子就是"啤酒与纸尿裤"和"中草药"。

（1）啤酒与纸尿裤。

世界零售连锁企业沃尔玛拥有世界上最大的数据仓库系统之一，里面存放了各个门店的详细交易信息。为了能够准确了解顾客的购买习惯，沃尔玛对顾客的购物行为进行了购物车分析，结果他们有了意外的发现：跟纸尿裤一起购买最多的商品竟是啤酒。

这是数据挖掘技术对历史数据进行分析的结果，它符合现实情况吗？经过大量的实际调查和分析，揭示了一个隐藏在"纸尿裤与啤酒"背后的美国人的一种行为模式：一些年轻的父亲下班后经常要到超市去给婴儿买纸尿裤，而他们中有 30%～40% 的人同时为自己买一些啤酒。产生这一现象的原因是：美国的太太们常叮嘱她们的丈夫下班后为小孩买纸尿裤，而丈夫们在买纸尿裤后又随手带回了他们喜欢的啤酒。

既然纸尿裤与啤酒一起被购买的机会很多，于是沃尔玛就将纸尿裤与啤酒并排摆放在一起，结果纸尿裤与啤酒的销售量双双增长。

按照常规思维，纸尿裤与啤酒风马牛不相及，若不是借助人工智能、数据挖掘技术对大量交易数据进行挖掘分析，沃尔玛不可能发现数据内在的这一有价值的规律。

（2）中草药。

众所周知，我国中草药的研究和应用历史悠久，不同的中草药组合会产生不同的药效，各种中草药之间有着千丝万缕的联系的，如图 9.49 所示。

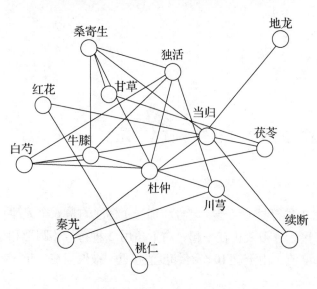

图 9.49　中草药间的联系

有学者对收集的上千件中草药化妆品专利，借用数据挖掘算法中的关联规则算法进行数据分析，探究化妆品中主要组成成分及其之间的关联、配伍规则。分析结果表明，高频数单味中草药有珍珠粉、白芷和芦荟等，中草药对有芦荟-甘草、芦荟-珍珠粉和芦荟-蜂蜜等，中草药组有芦荟-甘草-丁香、芦荟-蜂蜜-珍珠粉和芦荟-甘草-海藻等。最后得出基于置信度的关联规则，根据置信度大小，排前四位的见表 9-2。

表 9-2　几味中草药基于置信度的关联规则

关联规则	置信度
丁香，芦荟=>甘草	96.2963%
丁香，甘草=>芦荟	89.65517%
海藻=>芦荟	77.14286%
白芍=>薏仁	62.16216%

2. 关联规则分析中的主要概念

（1）支持度。

设 T 为一组交易数据的集合，记为 $T=\{t1,t2,\cdots,tm\}$，m 是交易数据的数目。其中，$ti(1\leq i\leq m)$ 是每笔交易的数据编号，每笔交易中包含若干数据项，I 是交易数据集合 T 中数据项的集合，记为 $I=\{i1,i2,\cdots,in\}$，n 是数据项的数目。

设有数据项集 X 和 $Y(X,Y\in I$，且 $X\cap Y=\phi)$。如果存在一笔交易中既含 X 数据项集又含 Y 数据项集，则称 $X=>Y$ 在此交易中成立，定义支持度为

$$\text{Support}(X{=}{>}Y)=\frac{|\{t\,|\,X,Y\in t\}|}{|T|}\times 100\%=s\%$$

支持度表示 $X=>Y$ 在 T 笔交易数据中同时包含 X、Y 的百分比，即概率。

（2）置信度。

定义置信度为

$$\text{Confidence}(X{=}{>}Y)=\frac{|\{t\,|\,X,Y\in t\}|}{|\{t\,|\,X\in t\}|}\times 100\%=\frac{\text{Support}(X=>Y)}{\text{Support}(X)}\times 100\%=c\%$$

一个规则 $X=>Y$ 的置信度是指"既包含了 X 又包含了 Y 的事务的数量占所有包含了 X 的事务的百分比"，即条件概率。如果置信度大，说明购买 X 的客户很大概率也会购买 Y 商品。

同时满足最小支持度阈值和最小置信度阈值，称作强关联规则。这些阈值是根据数据挖掘需要人为设定的。

如表 9-3 所示，假设有 5 笔交易数据，编号是 $t1\sim t5$。求四个关联规则 $\Lambda{-}{>}B$、$B{=}{>}A$、$B{=}{>}C$ 和 $C{=}{>}B$ 的支持度和置信度，结果见表 9-4。

表9-3　5笔交易数据

交易数据编号	数据项
*t*1	A、B、C、D
*t*2	A、B
*t*3	C、D、E
*t*4	B、C
*t*5	B、C、E

表9-4　四个关联规则的支持度和置信度

关联规则	支持度	置信度
A=>B	40%	100%
B=>A	40%	50%
B=>C	60%	75%
C=>B	60%	75%

3. Apriori算法举例

Apriori 算法是关联规则分析中较为典型的频繁项集算法，具体步骤如下。

① 对数据中每一项数据进行频率次数统计。

② 构成候选项集 $C1$，计算每一项的支持度（频率次数/总数）。

③ 根据给定的最小支持度值，对候选项集进行筛选，得到频繁项集 $L1$，即去掉支持度小于最小支持度的候选项集。

④ 连接频繁项集 $L1$，生成候选项集 $C2$，重复上述步骤，最终形成频繁 K 项集或者最大的频繁项集。

【例 9-5】　表 9-5 是交易数据集，假设最小支持度为 50%，最小置信度为 50%，通过 Apriori 算法求关联规则。

表9-5　交易数据集

交易数据编号	商品项
*t*1	牛奶、面包、鸡蛋、啤酒
*t*2	面包、鸡蛋、啤酒
*t*3	牛奶、鸡蛋、黄油
*t*4	面包、啤酒

应用 Apriori 算法的计算过程如图 9.50 所示，牛奶、面包、鸡蛋、黄油、啤酒的出现次数分别为 2、3、3、1、3，交易总数为 4。

① 找出所有 1-项集（单个商品），并扫描数据集计算 1 候选项集的出现次数，从而得到其支持度，计算后的结果形成 L1 集合，其中黄油的支持度为 25%（1/4），低于 50% 的支持度阈值，将其除去得到集合 K1。

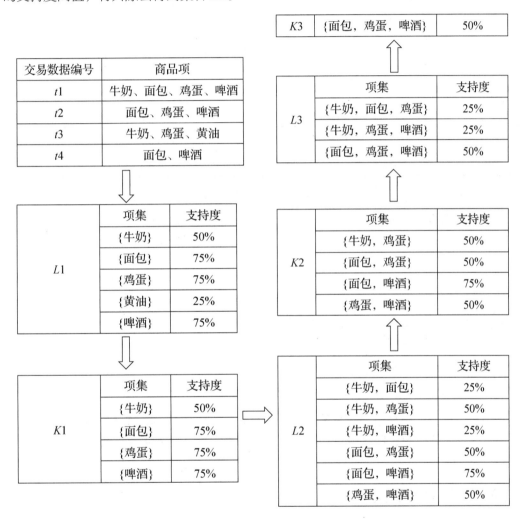

图 9.50 应用 Apriori 算法的计算过程

② 将集合 K1 中元素进行组合形成 2-项集，并计算这个候选项集中各项集的支持度，得到 L2 集合，将低于支持度阈值的{牛奶、面包}和{牛奶、啤酒}除去，得到 K2 集合。

③ 将集合 K2 中元素进行组合形成 3-项集，并计算这个候选项集中各项集的支持度，得到 L3 集合，并将低于支持度阈值的{牛奶、面包、鸡蛋}和{牛奶、鸡蛋、啤酒}除去，最后只有一个频繁项集 K3：{面包、鸡蛋、啤酒}，算法到此结束。

对于频繁项集{面包、鸡蛋、啤酒}，它的非空真子集有{面包}、{鸡蛋}、{啤酒}、{面包、鸡蛋}、{面包、啤酒}、{鸡蛋、啤酒}，据此生成关联规则并计算其置信度，结果见表 9-6。

表9-6 置信度计算结果

规则	置信度
{面包}—{鸡蛋，啤酒}	0.50/0.75=66.70%
{鸡蛋}—{面包，啤酒}	0.50/0.75=66.70%
{啤酒}—{面包，鸡蛋}	0.50/0.75=66.70%
{鸡蛋，啤酒}—{面包}	0.50/0.50=1
{面包，啤酒}—{鸡蛋}	0.50/0.75=66.70%
{面包，鸡蛋}—{啤酒}	0.50/0.50=1

从表 9-6 可以看到，置信度的值都超过了阈值 50%，所以，{面包、鸡蛋、啤酒}就是最终得到的关联规则。

Python 的第三方库已经实现了 Apriori 算法，可以使用 pip install apyori 命令安装库 apyori。然后执行下列代码。

```
from apyori import apriori
transactions=[ ['牛奶','面包','鸡蛋','啤酒'] ,
        ['面包','鸡蛋','啤酒'] ,
        ['牛奶','鸡蛋','黄油'] ,
        ['面包','啤酒'] ]
result=list(apriori(transactions))
print(result)
```

运行后输出结果将包含所有项集的集合及对应的支持度、置信度和提升度（用于度量关联规则是否有效，即是否具有提升效果）的值，可以根据业务需求进行筛选。

9.9 人工神经网络

人工神经网络（Artificial Neural Network，ANN）是一种应用类似于大脑神经突触连接结构进行信息处理的数学模型，是在人类对自身大脑组织结构和思维机制的认识、理解基础上模拟出来的，是根植于神经科学、数学、思维科学、人工智能、统计学、物理学、计算机科学及工程科学的一门技术。

1. 人工神经网络概述

（1）生物神经网络。

人工神经网络的生物原型是拥有千亿数量级的生物神经元细胞的人脑生物神经网络，即人工神经网络是在"模仿"生物神经网络的基础上发展起来的机器学习算法（如果隐藏层多的话，可以称为深度学习算法）。

组成生物神经网络的每个生物神经元细胞结构如图 9.51 所示。

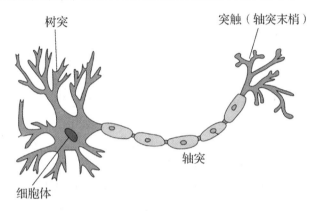

图 9.51　组成生物神经网络的每个生物神经元细胞结构

树突：神经元的输入通道，将从其他生物神经元接收的电信号传送至细胞体。

细胞体：处理信息。

轴突、突触：将处理过的信号传递到下一个生物神经元。

人脑包含数千亿个生物神经元细胞，这些生物神经元类似一个个小的处理单元，它们按照某种方式连接，接受外部刺激，任何一个神经元产生的生物电信号，平均要传递给上万个与之相连的其他生物神经元。生物神经元之间的信息传递，属于化学物质层面的传递。当它"兴奋"时，就会向与它相连的生物神经元发送化学物质（神经递质），从而改变这些生物神经元的电位。如果某些生物神经元的电位超过一个阈值，它就会被"激活"，也就是"兴奋"起来，接着向其他生物神经元发送化学物质，犹如涟漪，一层接着一层传播，所有生物神经元做出响应处理的过程也就是大脑对信息处理的过程。

赫布理论阐明生物神经网络的学习过程最终发生在生物神经元之间的突触部位，突触的连接强度会随着突触前后生物神经元的活动而变化，变化的幅度与两个神经元之间的活动性成正比。在学习过程中，生物神经元的数量、形状都没发生变化，但是生物神经元之间的联系强度（也称权值）发生了变化。这种变化才是学习的微观本质。

在这种学习中，由于重复刺激生物神经元，使得生物神经元之间的突触强度增加。赫布理论也成了神经网络学习的生物学基础。生物神经网络的工作原理给了人工智能领域的科研人员极大的启发，他们在此基础上提出了人工神经网络。

（2）人工神经网络的定义。

在生物神经网络中，人类大脑通过增强或者弱化突触进行学习，最终会形成一个复杂的网络，形成一个分布式特征表示。

人工神经网络是一种基于生物学神经网络的基本原理，在理解和抽象人脑结构和外界刺激响应机制后，以网络拓扑知识为理论基础，模拟人脑的神经系统对复杂信息进行处理的数学模型。该模型以并行分布的处理、高容错性、智能化和自学习等能力为特征，将信息的加工和存储结合在一起，以其独特的知识表示方式和智能化的自适应学习能力，引起各学科领域的关注。它实际上是一个由大量神经元节点相互连接而成的复杂网络，具有高度的非线性，能够进行复杂的逻辑操作和实现非线性关系的系统。

人工神经网络是一种运算模型，由大量的人工神经元节点（简称神经元或节点）之间相互连接构成。每个节点都代表一种特定的输出函数，称为激活函数。每两个节点间的连接都代表一个对于通过该连接信号的加权值，称为权重，人工神经网络就是通过这种方式来模拟人类的记忆。网络的输出则取决于网络的结构、网络的连接方式、权重和激活函数。而网络自身通常都是对自然界某种算法或者函数的逼近，也可能是对一种逻辑策略的表达。神经网络的构筑理念是受到生物神经网络运作启发而产生的。人工神经网络则是把对生物神经网络的认识与数学统计模型相结合，借助数学统计工具来实现。另外，在人工智能学的人工感知领域，通过数学统计学的方法，使人工神经网络能够具备类似于人的决定能力和简单的判断能力，这种方法是对传统逻辑学演算的进一步延伸。

人工神经网络中，神经元处理单元可表示不同的对象，如特征、字母、概念，或者一些有意义的抽象模式。网络中神经元处理单元的类型分为三类：输入单元、输出单元和隐单元。输入单元接收外部世界的信号与数据；输出单元实现系统处理结果的输出；隐单元是处在输入单元和输出单元之间，不能从系统外部观察的单元。神经元间的连接权值反映了单元间的连接强度，信息的表示和处理，体现在网络神经元的连接关系中。

人工神经网络的定义有很多，没有国际统一的标准。这里给出芬兰计算机科学家科霍宁给出的定义：人工神经网络是一种由具有自适应性的简单单元构成的广泛并行互联的网络，它的组织结构能够模拟生物神经系统对真实世界做出交互反应。

作为处理数据的一种新模式，人工神经网络的强大之处在于，它拥有很强的学习能力。在得到一个训练数据集之后，它能通过学习提取所观察事物的各个部分的特征，将特征用不同网络节点连接，通过训练连接的网络权重，改变每一个连接的强度，直到输出节点，得到正确的答案。

2. 人工神经网络模型

人工神经网络模型是一种灵感来源于人脑生物神经网络处理信息的计算模型，就是模拟生物神经网络模型，从生物模型到数学模型的一次转变。如图 9.52 所示，生物神经元演变成人工神经元。

输入信号：x_1, x_2, $\cdots$, x_n。

权重值：w_1, w_2, $\cdots$, w_n。

偏置值：b。

输出信号：$y = w_1 x_1 + w_2 x_2 + \cdots\cdots + w_n x_n + b$。

处理单元：每个输入 x_1, $x_2\cdots$, x_n，都要乘上相应的权重值 w_1, w_2, $\cdots$, w_n，乘上每个权重值的作用可以视为对每个输入的加权，也就是对每个输入的神经元的重视程度是不一样的。接下来神经元将对乘上权重的每个输入求和（也就是加权求和），并加上偏置值 b，最后由激活函数（如 ReLU 线性整流函数、Sigmoid、softmax 等）非线性转换为最终输出值。

神经元阈值 θ：当外界刺激达到一定的阈值时，神经元才会受刺激，影响下一个神经元，即超过阈值，就会引起某一变化；不超过阈值，无论是多少，都不产生影响。这里需要强调一下，激活函数（以 ReLU 为例）有分段时，阈值才有意义，类似于触发神经元的信号传递；如果激活函数（以 Sigmoid 为例）没有分段，则阈值没有意义。

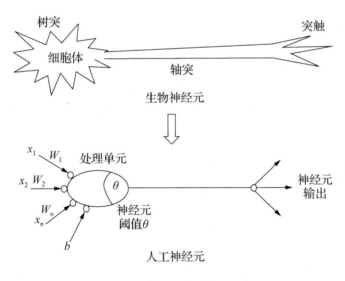

图 9.52　生物神经元演变成人工神经元

人工神经网络模仿生物神经元在人脑中的结构连接。一个人工神经网络可以由几个甚至几百万个人工神经元构成，这些人工神经元排列在一系列的层中，每个层之间彼此相连。

一个完整的神经网络由一个输入层、多个隐藏层、一个输出层构成，如图 9.53 所示。

（1）输入层：数据特征输入层，输入数据特征个数对应着网络的神经元个数。

（2）隐藏层：网络的中间层，隐藏层层数可以为 0 或者很多层（可以是成千上万层），其作用是接收前一层网络输出作为当前的输入，并计算输出当前结果到下一层。隐藏层是神经网络性能的关键，通常由含激活函数的神经元组成，以进一步加工出高层次抽象的特征，增强网络的非线性表达。隐藏层层数直接影响模型的拟合效果。

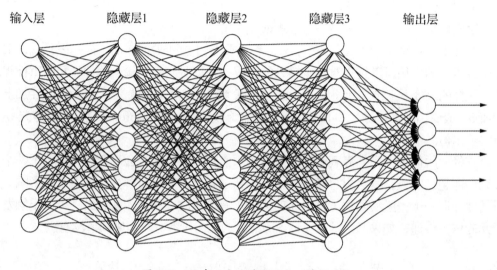

图 9.53　具有三个隐藏层的人工神经网络

（3）输出层：最终结果输出的网络层。输出层的神经元个数代表了分类标签的个数。在做二分类时，如果输出层的激活函数采用 Sigmoid，输出层的神经元个数为 1；如果采用 softmax 分类器，输出层神经元个数为 2。如果是一个手写数字识别的问题，最终输出结果是判断数字是 0～9 中的哪个，这是十分类问题，输出层神经元的个数就是 10。

数据特征（x）从输入层输入，每层的计算结果由前一层传递到下一层，最终到输出层输出计算结果。每个网络层由一定数量的神经元组成，神经元可以视为一个个的计算单元，对输入进行加权求和，故其计算结果由神经元包含的权重（即模型参数 w）直接控制，神经元内还可以包含激活函数，可以对加权求和的结果进一步做非线性的计算，如 Sigmoid($wx + b$)。

3. 前馈型神经网络

前馈型神经网络是单向多层结构，即各神经元从输入层开始，只接收前一层的输出，并输出给下一层，直至输出层，数据正向流动。输出仅由当前的输入和网络权重值决定，各层间没有反馈。前馈型神经网络比较简单、成熟，整个网络中无反馈，信号从输入层向输出层单向传播，可用一个有向无环图表示。前馈型神经网络拓扑结构如图 9.54 所示。

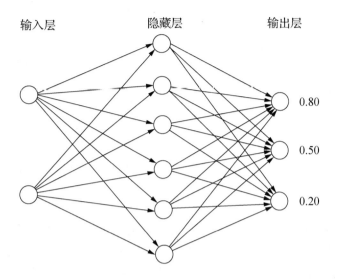

图 9.54　前馈型神经网络拓扑结构

前馈型神经网络结构简单，应用广泛，能够以任意精度逼近任意连续函数及平方可积函数，而且可以精确实现任意有限训练样本集。从系统的观点看，前馈型神经网络是一种静态非线性映射，通过简单非线性处理单元的复合映射，可获得复杂的非线性处理能力。大部分前馈型神经网络都是学习网络，其分类能力和模式识别能力一般都强于反馈型神经网络。前馈型神经网络常用于图像识别、图像检测和图像分割等。

4. 反馈型神经网络

反馈型神经网络又称自联想记忆网络，是一种从输出到输入具有反馈连接的神经网络，当前的结果受到先前所有结果的影响，输出不仅与当前输入和网络权重值有关，而且与网络之前的输入有关。反馈型神经网络的目的是设计一个网络，存储一组平衡点，使得当给定网络一组初始值时，网络通过自行运行而最终收敛到这个设计的平衡点上。反馈型神经网络包括 Hopfield、Elman 等网络，它的结构比前馈型神经网络复杂得多，如图 9.55 所示。反馈型神经网络常用于语音、文本处理、问答系统等。

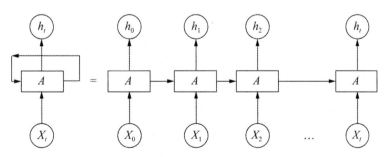

图 9.55　反馈型神经网络

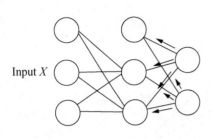

图 9.56　以误差为主导的反向传播算法

实际上，人工神经网络训练算法就是以误差为主导的反向传播算法。其本质是通过前向传递输入信号直至输出产生误差，再将误差信息反向传播去更新网络权重矩阵，如图 9.56 所示。

通过这种反馈机制，反馈越多，神经网络学习的结果越准确。不断修改网络参数（权重值）使得分类效果越来越好。

以误差为主导的反向传播算法的基本思想是，学习（训练）过程由信号的正向传播与误差的反向传播两个过程组成。

（1）正向传播：输入样本→输入层→各隐藏层（处理）→输出层。若输出层实际输出与期望输出（标签数据）不符，则转入过程（2）（误差反向传播过程）。

（2）误差反向传播：输出误差（某种形式）→隐藏层（逐层）→输入层。误差反向传播的主要目的是通过反传输出误差，将误差分摊给各层所有神经元，从而获得各层神经元的误差信号，进而修正各神经元的权重值。误差反向传播过程是一个权重值调整的过程，也是人工神经网络的学习训练过程，步骤如下。

① 初始化，比如随机产生各权重值。

② 输入训练样本，计算各层输出。

③ 计算网络输出误差。

④ 计算各层误差信号。

⑤ 调整各层权重值。

⑥ 检查网络总误差是否达到精度要求。满足，则训练结束；不满足，则返回步骤②。

以误差为主导的反向传播算法的缺点如下。

① 易形成局部极小（属贪婪算法，局部最优），而得不到全局最优。

② 训练次数多造成学习效率低下，收敛速度慢（需做大量运算）。

③ 隐藏层神经元节点的选取缺乏理论支持。

5. 典型实例

【例 9-6】　使用人工神经网络算法识别手写数字。

目前，基于人工神经网络识别手写数字的正确率可达 99.8%。通过本实例讲解人工神经网络的工作原理，包括人工神经网络模型的构建、训练、测试、验证手写数字及隐藏层的主要功能等。

2010—2017 年举办了世界 ImageNet 图像分类比赛。比赛设置：1000 类图像分类问题，训练集 126 万张图像，验证集 5 万张，测试集 10 万张（标注未公布）。2012 年、2013 年、2014 年均采用了该数据集。评价标准采用 top-5 错误率，即对一张图像预测 5 个类别，只要有一个和人工标注类别相同就算对，否则算错。

如图 9.57 所示，历届参赛成绩错误率最低的 7 个成绩（Human 是人类的成绩），2016
年各种基于人工神经网络算法的错误率低至 3.1%，人类分类错误率为 5%；2015 年基于
人工神经网络的分类结果（3.6%）已经优于人类。

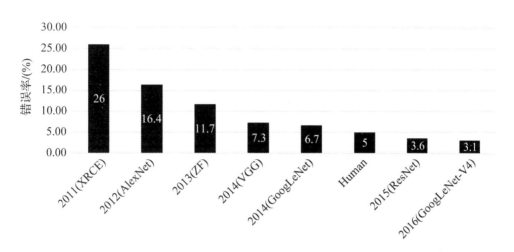

图 9.57　ImageNet 图像分类比赛成绩排行榜

MNIST 是一个著名的手写体数字识别数据集，是开源的，可以免费下载。该数据集
共包含 70000 个样本和标签，其中训练集包含 60000 个样本和标签，测试集包含 10000
个样本和标签。实际应用中，具体训练集的样本数和测试集的样本数，可以根据不同的
任务和算法进行调整。本实例的训练集包含 60000 个样本和标签，测试集包含 10000 个
样本和标签。如图 9.58 所示，后两个文件分别是训练用的 60000 个样本数据及对应的
60000 个标签，前两个文件分别是测试用的 10000 个样本数据及对应的 10000 个标签。4 个
文件均在 "MNIST_data" 文件夹下。

名称	修改日期	类型	大小
t10k-images-idx3-ubyte.gz	2021/11/27 10:45	360压缩	1,611 KB
t10k-labels-idx1-ubyte.gz	2021/11/27 10:45	360压缩	5 KB
train-images-idx3-ubyte.gz	2021/11/27 10:45	360压缩	9,681 KB
train-labels-idx1-ubyte.gz	2021/11/27 10:45	360压缩	29 KB

图 9.58　MNIST 数据集

训练集类似于我们在学习中使用的各种学习资料、习题、作业等，帮助我们获得知
识及提升学习能力；测试集类似于考试试卷，检测我们的学习成绩；标签可以认为是习
题和考试的标准答案。

由于本实例人工神经网络模型训练使用的是带标签的数据集，因此属于监督学习。

① 构建、训练、保存人工神经网络模型，并输出训练及测试准确率。

代码如下。

```
from tensorflow.examples.tutorials.mnist import input_data
import tensorflow as tf
mnist = input_data.read_data_sets("MNIST_data/", one_hot=True)
            #读取MNIST手写数字识别数据集，其中训练集60000个，测试集10000个
in_x = tf.placeholder(tf.float32, [None, 784], name='x-input')
                                    #tensorflow变量占位符，在执行运算时才传入数据
in_y = tf.placeholder(tf.float32, [None, 10], name='y-input')
def init_weights(shape):            #使用服从正态分布的随机值来初始化参数矩阵
    return tf.Variable(tf.random_normal(shape, stddev=0.01))
h1 = init_weights([784, 16])    #从输入层到隐藏层1，28*28=784维转化为16维
h2 = init_weights([16, 16])     #从隐藏层1到隐藏层2，16维
out = init_weights([16, 10])    #从隐藏层2到输出层，16维转化为10维
def model(X, h1, h2, out):      #构建神经网络训练模型
    h = tf.nn.relu(tf.matmul(X, h1))
            #隐藏层1由输入层和权重矩阵1进行矩阵乘法后经过激活函数得到
    h2 = tf.nn.relu(tf.matmul(h, h2))
            #隐藏层2由隐藏层1和权重矩阵2进行矩阵乘法后经过激活函数得到
    return tf.matmul(h2,out)    #返回隐藏层2和权重矩阵3的矩阵乘法，即输出层
mod = model(in_x,h1,h2,out)     #初始化一个神经网络训练模型
cost = tf.reduce_mean(tf.nn.softmax_cross_entropy_with_logits
(logits=mod, labels=in_y))
                            #设置用于修改模型参数的损失函数
train_op = tf.train.RMSPropOptimizer(0.001, 0.9).minimize(cost)
                            #设置优化算法，这里是改进后的梯度下降算法
predict_acc = tf.reduce_mean(tf.cast(tf.equal(tf.argmax(mod, 1),
                    tf.argmax(in_y, 1)), tf.float32))
                            #计算预测的准确率
train_num =1000                 #需要训练的次数，该值后面要求从键盘输入
figure_num = 64                 #每次读入一批图片的数量
saver = tf.train.Saver()        #保存和加载模型
sess=tf.Session()
sess.run(tf.global_variables_initializer())     #初始化各种变量
train_num = int(input('请输入需要训练的次数：'))
for step in range(1,train_num+1):               # step是训练次数
    batch_x, batch_y = mnist.train.next_batch(figure_num)
                        #读取相应一批（64个）的图片和标签数量
    sess.run(train_op, feed_dict={in_x: batch_x, in_y: batch_y})
                        #训练神经网络模型
```

```
        if step % 1000 == 0:           #每隔1000次输出一次训练数据
            loss, acc = sess.run([cost, predict_acc],\
                            feed_dict={in_x: batch_x, in_y: batch_y})
            print("第%5d次训练"%step, "  损失值: {:.6f}".format(loss),\
                   "  训练准确率: {:.3f}%".format(acc*100))
                                    #显示训练步数、损失值及训练准确率
            saver.save(sess, './mnist_models/model.ckpt', global_step=step)
                                    #保存训练好的模型
    print("测试准确率: {:0.3f}%".format(sess.run(predict_acc,\
            feed_dict={in_x: mnist.test.images, in_y:\
                mnist.test.labels})*100))  #显示测试准确率
```

运行结果如下。

```
请输入需要训练的次数: 10000
第 1000 次训练    损失值: 0.862708    训练准确率: 71.875%
第 2000 次训练    损失值: 0.413903    训练准确率: 85.938%
第 3000 次训练    损失值: 0.322886    训练准确率: 90.625%
第 4000 次训练    损失值: 0.260888    训练准确率: 92.188%
第 5000 次训练    损失值: 0.203623    训练准确率: 93.750%
第 6000 次训练    损失值: 0.252538    训练准确率: 92.188%
第 7000 次训练    损失值: 0.194190    训练准确率: 90.625%
第 8000 次训练    损失值: 0.342815    训练准确率: 93.750%
第 9000 次训练    损失值: 0.203690    训练准确率: 90.625%
第 10000 次训练   损失值: 0.067287    训练准确率: 98.438%
测试准确率: 94.790%
```

说明:

a. 本实例输入层有 784 个人工神经元节点,因为样本集中的每个数字都是 28 像素 × 28 像素存储的,所以 28 × 28=784 个像素点,输入层的每个神经元接收一个像素点的值。

b. 两个隐藏层,每个隐藏层各有 16 个人工神经元节点。隐藏层的层数及隐藏层节点个数没有具体规定,也没有任何理论支撑(有人把隐藏层称为黑盒子),开发人员根据经验及实际任务自行定义,当然后期根据训练的效果,还可以随时调整隐藏层的层数及每个隐藏层的节点个数。目前,隐藏层可以达到几百层甚至成千上万层,但平时用得最多的还是几层、十几层。

c. 本实例输出层是 10 个节点,这是因为本实例是通过人工神经网络进行手写数字识别,而阿拉伯数字一共是 10 个(0 ~ 9),最后输出层的 10 个节点的值分别是识别出的 0 ~ 9 的概率值,最后预测结果,以概率值最高的为准。

② 用测试集进行预测。"mnist_images" 文件夹下的 10000 个数字图片与 10000 个测试数据是一一对应的,这些图片可以让人更直观看到数字本身,肉眼能直观地对照预测

的结果。程序中并没有用到这些图片。与前 35 个测试数据对应的数字图片如图 9.59 所示。

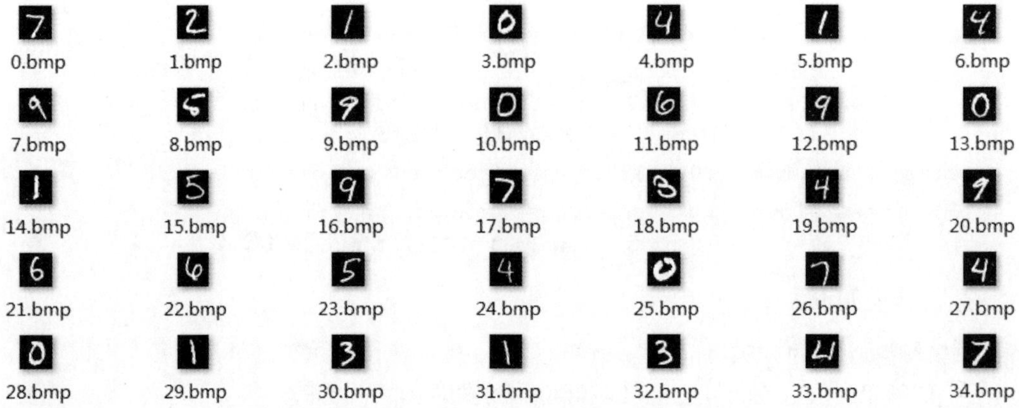

7	2	1	0	4	1	4
0.bmp	1.bmp	2.bmp	3.bmp	4.bmp	5.bmp	6.bmp
9	5	9	0	6	9	0
7.bmp	8.bmp	9.bmp	10.bmp	11.bmp	12.bmp	13.bmp
1	5	9	7	3	4	9
14.bmp	15.bmp	16.bmp	17.bmp	18.bmp	19.bmp	20.bmp
6	6	5	4	0	7	4
21.bmp	22.bmp	23.bmp	24.bmp	25.bmp	26.bmp	27.bmp
0	1	3	1	3	4	7
28.bmp	29.bmp	30.bmp	31.bmp	32.bmp	33.bmp	34.bmp

图 9.59　与前 35 个测试数据对应的数字图片

代码如下。

```python
import matplotlib.pyplot as plt
import numpy as np
%matplotlib inline
plt.rc("font",family="SimHei",size="12")        #解决标签中文乱码问题
def display_compare(num):
    x_train = mnist.test.images[num, :].reshape(1, 784)
                                                #载入指定编号的测试用数字

    y_train = mnist.test.labels[num, :]
    np.set_printoptions(precision=1)
    np.set_printoptions(suppress=True)
    label = y_train.argmax()                    #获得标签
    prediction = sess.run(mod, feed_dict={in_x: x_train}).argmax()
                                                #计算预测值

    if(prediction==label):
        plt.title('预测值：%d, 标签: %s, 预测正确! ' % (prediction, label))
    else:
        plt.title('预测值：%d, 标签: %s, 预测错误! ' % (prediction, label))
    plt.imshow(x_train.reshape([28, 28]), cmap=plt.get_cmap('gray_r'))
    plt.show()
module_file = tf.train.latest_checkpoint('./mnist_models/')
saver.restore(sess, module_file)
```

```
while True:
    n = int(input('请输入想要查看的图像编号: '))
    display_compare(n)
```

运行结果（见图 9.60）。

请输入想要查看的图像编号： [   ]

图 9.60　运行结果

在文本框中输入 0，并按 Enter 键，结果如图 9.61 所示。该运行结果图说明，预测值和标签值一致，预测正确。

在文本框中输入 33，并按 Enter 键，结果如图 9.62 所示。该运行结果图说明，预测值和标签值不一致，预测错误。

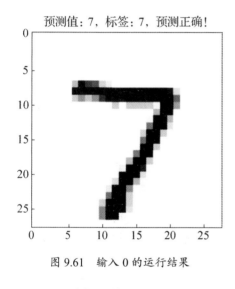

图 9.61　输入 0 的运行结果

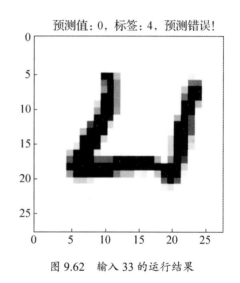

图 9.62　输入 33 的运行结果

6. 人工神经网络工作原理

通过上面基于人工神经网络的手写数字识别的实例，我们可以看到神经网络的强大，也可以更好地理解它是如何运行的。接下来以上述实例说明人工神经网络的工作原理，主要讲解隐藏层的各层功能、激活函数、损失函数和梯度下降算法等主要知识点。

（1）认识数据集的本质。

上述实例中用到的 MNIST 手写数字数据集（60000 个训练集和标签，10000 个测试集和标签），就是每个数字的不同的写法。其中，每一个样本为代表 0 ~ 9 中的一个数字灰度图片，对应一个所代表数字的标签，图片大小 28 像素 × 28 像素（分辨率，28 行 28 列），且数字出现在图片正中间，如图 9.63 所示。

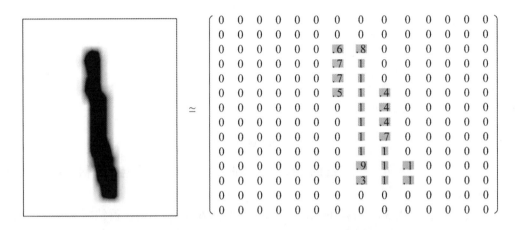

图 9.63 分辨率为 28 像素×28 像素的数字灰度图片

对于一幅样本图像，人类肉眼只要一看到数字，大脑不需要去做任何判断，也不需要按照一定的规则去进行分析，只需根据画面的黑白结构就能很轻松地判断数字是几。如图 9.64 所示的数字 3，不管数字是什么样的写法，大脑都能认出是数字 3，而不是 7 或其他数字。

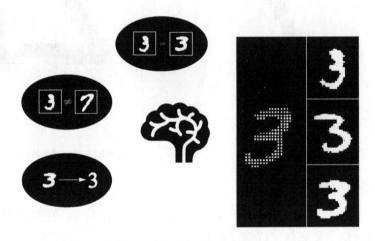

图 9.64 人类大脑看到的数字

计算机（其实是 AI 算法）"看到"样本图像时其实是得到了一系列的像素点的灰度值数据，如图 9.65 所示，笔画经过的白色的地方是 1，黑色的地方是 0（反过来也可以），笔画的边缘笔墨较轻，这种灰度用 0~1 中的小数表示，共 784（28×28）个[0,1]之间的数，这 784 个数如何能对应到 3 这个标签？这就是人工神经网络算法所要做的事情。

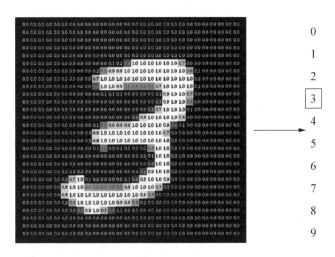

图 9.65 AI "看到" 的样本图像

（2）构建神经网络。

向量就是多个数字按顺序排成一组，其中数字的个数称为向量的维数。每个样本图像的输入都是一组 784 个数值，称为一个 784 维向量，28×28=784。

每个标签数据中，把数字 n 表示成一个只有在第 $n+1$ 维度数字为 1 的 10 维向量，其他维度数字为 0。比如，数字 2 的标签将表示为

[0, 0, 1, 0, 0, 0, 0, 0, 0, 0]

表示该图片被标注为 2，这些 0 和 1 对应相应位置上的数字的标注概率。和数字 2 对应的位置，即第 3（2+1）个位置上的概率值为 1，其他位置上的概率值为 0（0%），说明该图片 100%是 2。

数字 5 的标签将表示为

[0, 0, 0, 0, 0, 1, 0, 0, 0, 0]

表示该图片被标注为 5，因为和数字 5 对应的位置，即第 6（5+1）个位置上的概率值为 1（100%），说明该图片 100%是 5。

784 维向量输送给输入层，再经过中间两个隐藏层计算后，输出层为一个 10 维向量，每个维的值代表该数字的概率。

如图 9.66 所示，输入层接收到的是 "2" 这个数字的 784 个像素值，经过隐藏层 1 和隐藏层 2 的计算后，在输出层会产生一个 10 维向量的值，如[0,0,0.8,0,0.1,0,0,0.1,0,0]，说明该神经网络判别的结果：是数字 "2" 的概率为 80%；是数字 "4" 的概率为 10%；是数字 "7" 的概率为 10%。最后取最大概率值为本次识别的结果，显然本次预测的结果为数字 "2"。

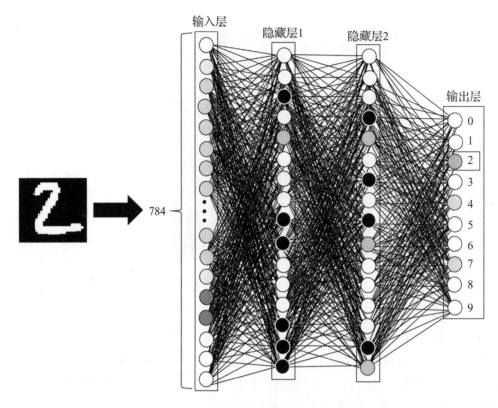

图 9.66　人工神经网络预测数字 "2" 的过程

（3）隐藏层功能。

如图 9.67 所示，对于人类而言，我们看一眼图片就能够在大脑中形成图片的各种特征，从而对图片做出正确的、综合性的判断。人类大脑会根据图片中眼睛、鼻子、嘴巴的位置和形态等特征，马上就可以判断出这是一只猫的图片。

图 9.67　人类和 AI 识别图片的视角

对于计算机（AI）而言，要从一串数据（0、1 串表示的像素颜色值）中提取不同特征，就要依靠不同的隐藏层来实现，然后各特征之间再进行组合，最后在输出层中得出结论，这是一只猫的图像。

隐藏层主要包括卷积层、全连接层、池化层、激活层、归一化指数层等。

通过多个顺序连接的隐藏层的组合，神经网络可以将原始图像变换为高层次抽象的图像特征及特征之间的各种组合，从而能够 "认识" 图像中的东西。

① 卷积层。卷积层的作用是提取图像的二维特征,通过不同的算子(不同的卷积层)处理,可以检测图像不同边缘,如图 9.68 所示。

(a)原始图像

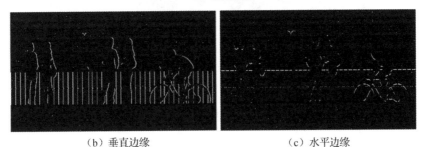

(b)垂直边缘　　　　　　　　　　(c)水平边缘

图 9.68　卷积层的特征提取

一个个大色块中并没有有价值的特征,特征往往存在于色块的边缘和一些线条,包括垂直边缘和水平边缘。可以专门设计针对垂直边缘特征提取的卷积层,同理也可以设计针对水平边缘特征提取的卷积层。

本实例中采用两个隐藏层来对图像特征进行提取。隐藏层 2 以隐藏层 1 提取的特征作为输入,从而可以得到更加复杂的特征,如图 9.69 和图 9.70 所示。

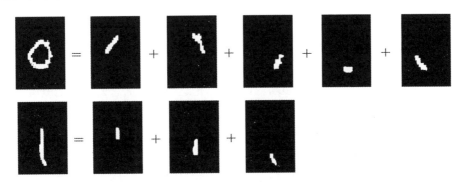

图 9.69　隐藏层 1:小结构特征提取

如图 9.69 所示,隐藏层 1 提取出一些小的结构特征,如圆圈由图中的 5 个笔画,也就是 5 个小特征构成;长的竖线由图中的 3 个笔画,也就是 3 个小特征构成。

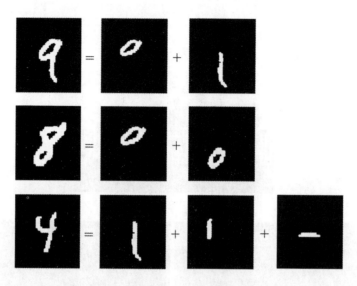

图 9.70　隐藏层 2：大结构特征提取

如图 9.70 所示，隐藏层 2 根据隐藏层 1 提取出来的圆圈和竖线等特征，进一步提取大结构特征，如果识别出一个圆圈和一条竖线，组合在一起应该是 "9"；如果识别出两个圆圈，组合在一起应该是 "8"；如果识别出两条竖线和一条横线，组合在一起应该是 "4"。

② 全连接层。全连接就是每一层的每个节点都与下一层所有节点连接。全连接层的作用是通过神经元把提取到的特征通过不同的权重值融合到一起。倒数第二层负责把计算得到的蕴含特征的大维度向量转换成与输出层维度相同的向量（信息压缩）。

实际应用中，全连接层也可以不是物理上的全连接。卷积层卷积提取到的是局部特征，全连接就是把这些局部特征重新通过权值矩阵输送到整个神经网络。因为用到了所有的局部特征，所以叫 "全连接"。

图 9.71 所示为物理意义上的全连接。

③ 池化层。池化层的作用是减少训练参数，是对原始特征信号进行采样，也称特征降维。我们知道一幅图像含有的信息是很多的，特征也很多，但是有些信息对于我们做图像任务时没有太大用途或者有重复，我们可以把这些冗余信息去除，把最重要的特征抽取出来，这也是池化操作的主要作用。

当输入数据过大时，卷积层的计算量就会很大，这时需要减少参数（但不丢失有效数据），因此池化层常出现在卷积层之后。通过卷积层提取特征之后，由于特征数量巨大，需要池化层对大量特征数据进行缩减，经过池化层后，训练参数大幅度减少，提高了模型计算、训练的速度。

图 9.72 所示为最大值池化（max-pooling），图 9.73 所示为最小值池化（min-pooling），图 9.74 所示为平均值池化（average-pooling），将 4×4（16 维）向量压缩成 2×2（4 维）向量，缩减到原来的 1/4。

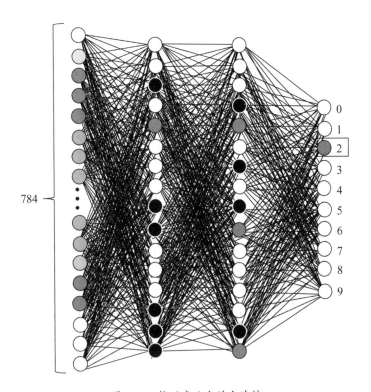

图 9.71 物理意义上的全连接

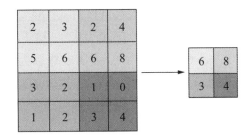

图 9.72 最大值池化

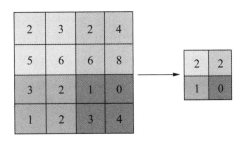

图 9.73 最小值池化

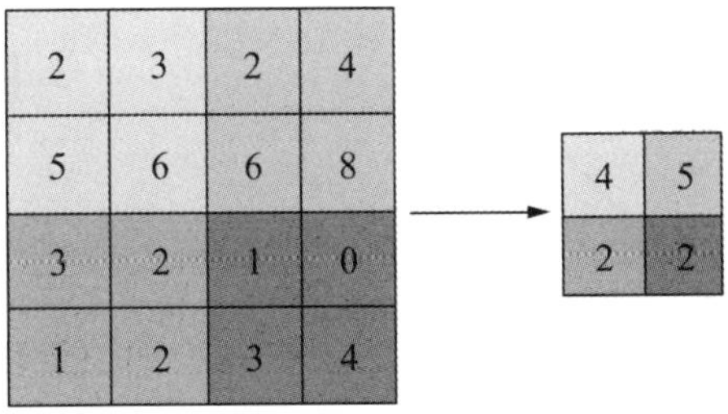

图 9.74 平均值池化

最大值池化对特征采样时，采样出一组数据中的最大值。最小值池化对特征采样时，采样出一组数据中的最小值。平均值池化对特征采样时，采样出一组数据平均值。

实际应用中，最小值池化很少使用，因为太小的值，尤其是负数被采样后，很容易被激活函数（如 ReLU 线性整流函数）抑制掉。

④ 激活层。生物神经元有两种状态：兴奋和抑制。事实上处于不同程度"兴奋"的神经元传播化学物质也不尽相同。非线性激活层决定哪些神经元的活跃程度高，哪些神经元的活跃程度低。

如图 9.75 所示，用 ReLU 线性整流函数作为激活函数，若输入<0，则抑制，输出 0；否则，原样输出，表示激活。ReLU 线性整流函数是经常被采用的激活函数，其他可用的激活函数还有 Sigmoid 函数、Tanh 函数等。

引入激活函数是为了增加神经网络模型的非线性。如果不采用激活函数，每一层输出都是上层输入的线性函数，无论神经网络有多少层，输出都是输入的线性组合，这种情况就是最原始的感知机，只适合线性应用的场合。如果采用激活函数，激活函数给神经元引入了非线性因素，使得神经网络可以任意逼近任何非线性函数，这样神经网络就可以应用到众多的非线性模型中。

⑤ 归一化指数层。归一化指数层的作用是完成最后输出分类时每个类别概率的计算。通过"归一化"函数，使得最后输出的 10 维向量的每个值加起来总和为 1（100%）。每个单独的数值就可以理解为人工智能认为图像是该类型的概率。

如图 9.76 所示，上述判别手写数字的实例中，输入的是数字"2"图片的 784 个像素值，最后输出的是 10 维向量的值[0, 0, 0.89, 0.01, 0.02, 0.01, 0, 0.05, 0, 0.02]，这 10 个数值的和为 1（100%），分别表示输入值数字"2"是 0 的概率为 0，是 1 的概率为 0，是 2 的概率为 0.89（89%），是 3 的概率为 0.01（1%），依此类推，最后，是 9 的概率为 0.02（2%）。10 个数值中的概率最大值是 0.89，最终该神经网络模型判别该手写数字是 2。

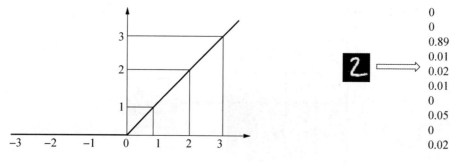

图 9.75　ReLU 线性整流函数　　　　　　　　图 9.76　归一化作用

（4）人工神经网络的训练。

在介绍了神经网络的主要模型并搭建一个人工神经网络之后，就要对它进行训练。对于一个两层的小网络，就可能有 13000 多个参数需要计算，如图 9.77 所示。

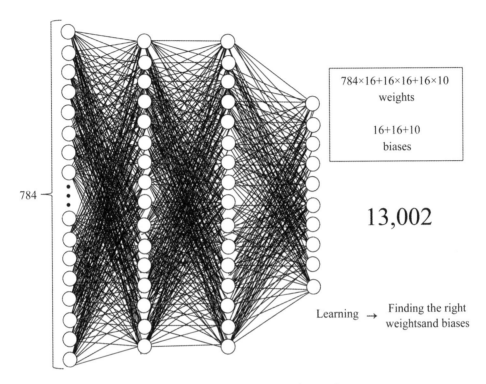

图 9.77　数字识别神经网络参数数量

对神经网络的训练是通过一系列带有标签的样本数据进行的，这种学习方式称为监督学习。既然样本数据带有标签，我们就可以把神经网络预测得到的结果与标签进行对比，从而判断预测的准确性。

如果发现预测结果不够好，那么我们将调整网络的参数（权重值），使得网络能够做出更好的预测。

如何评价预测结果的好坏？这就需要通过损失函数来定量计算。

① 损失函数。损失函数（Loss Function）又称代价函数（Cost Function），用来评估神经网络模型的预测值与真实值的误差大小。

神经网络训练的过程就是最小化损失函数的过程，即通过不断优化网络参数，使模型的预测值更加接近真实值（已经标记好的）。

a. 0-1 损失函数：一种常用于分类任务的损失函数。

预测值与真实值不同，就是预测错误，损失是 1。

预测值与真实值相等，就是预测正确，损失是 0，就是没有损失。

$$L(Y, f(x)) = \begin{cases} 1, Y \neq f(x) \\ 0, Y = f(x) \end{cases}$$

式中，Y 为真实值（标签）；$f(x)$ 为预测值。

在本实例中，神经网络的输出是一个 10 维向量，如图 9.78 中，输入层输入手写数字 "1" 的 784 个像素值，某次训练迭代过程中，输出层得到 10 维向量数据 [0.56, 0.01, 0.74, 0.51, 0.71, 0.39, 0.77, 0.74, 0.65, 0.00]，是预测 0~9 十个数字可能性的概率值，不是非 0 即 1，所以手写数字识别的神经网络不适用于 0-1 损失函数。

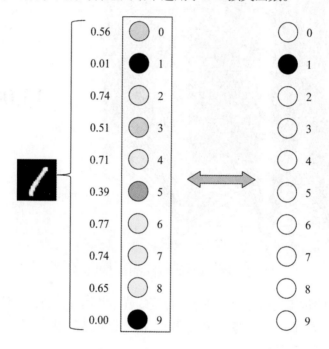

图 9.78　神经网络模型预测

b. 平方损失函数：预测值与真实值的差（有正有负）的平方和（平方是为了防止正负相互抵消）。

平方损失函数比 0-1 损失函数能够反映更多的信息，平方和越大，说明错误越大；平方和越小，说明错误越小。平方损失函数在手写数字识别实例中更有利于参数调整。通过不断减小平方损失函数的数值来提高分类的准确率。

$$L = (f(x) - Y)^2$$

式中，$f(x)$ 为预测值；Y 为真实值（标签）。

图 9.78 中,输出层得到 10 维向量数据[0.56, 0.01, 0.74, 0.51, 0.71, 0.39, 0.77, 0.74, 0.65, 0.00], 是 0~9 十个数字的预测值(概率),图中最后一列是真实值, 即标签值, 代表数字 "1" 的圆为黑色,其他数字的 圆均为白色, 意味着该数字图片的真实值是 "1", 对应的真实值的 10 维向量数据为[0.00, 1.00, 0.00, 0.00, 0.00, 0.00, 0.00, 0.00, 0.00, 0.00]。如图 9.79 所 示, 求预测值与真实值的差的平方和,从图中可以 看出, 预测值与真实值的差的平方和(损失函数值) 很大, 说明错误较大。从数据中也能看出, 本来该 数字图片是数字 "1", 但预测是 "1" 的概率值才为 0.01(1%), 所以误差较大。

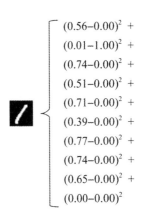

$$
\begin{cases}
(0.56-0.00)^2 + \\
(0.01-1.00)^2 + \\
(0.74-0.00)^2 + \\
(0.51-0.00)^2 + \\
(0.71-0.00)^2 + \\
(0.39-0.00)^2 + \\
(0.77-0.00)^2 + \\
(0.74-0.00)^2 + \\
(0.65-0.00)^2 + \\
(0.00-0.00)^2
\end{cases}
$$

图 9.79 平方损失函数的计算

损失函数总结如下。

● 通过损失函数来定量计算神经网络预测结果的好坏。

● 神经网络训练的过程就是最小化损失函数的过程。

● 损失函数值越小说明预测结果越接近真实结果(标签值)。

② 优化器。由前面可知, 通过损失函数能够定量分析神经网络预测结果的好坏, 但 需要根据这个预测结果来更改优化网络的参数, 使得优化后的参数在下次迭代时减小损 失函数。

神经网络中的参数是海量的, 如果修改方法不当, 就会耗费大量的计算时间, 甚至 无法收敛。

在损失函数确定情况下, 优化器可以完成优化网络的任务。优化器优化过程是反复 调整网络参数, 使损失函数达到最小(或满意的结果)的过程。不同的优化器有不同的 算法, 改变损失函数的过程和效率也各不相同。

a. 函数优化举例。如图 9.80 所示, 曲面表示具有两个参数(θ_0 和 θ_1)的损失函数, 可以把它想象成一个起起伏伏的山谷。假设小明现在处于图中最高点 a, 要去最低点 b, 那该如何选择最优路径呢? 优化算法具有两个要素: 一是可行性, 即要能够到达 b 点; 二是优化效率要高, 即要最快到达 b 点。

b. 梯度下降算法。梯度表示函数在某一点变化最快的方向。如图 9.81 所示, w 点 的梯度方向就是切线(直线)。

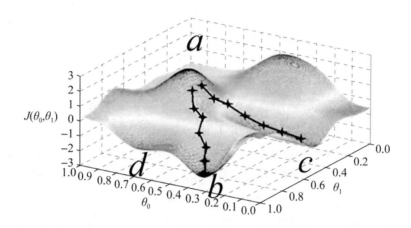

图 9.80　具有两个参数的损失函数

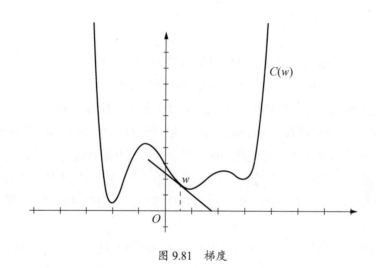

图 9.81　梯度

　　梯度下降算法的基本思想可以类比为一个下山的过程。假设小明被困在山上，浓雾很大，可见度低，下山的路径无法确定，他必须利用自己周围的信息找到下山的路径。这时，他可以利用梯度下降算法来帮助自己下山。具体来说就是，以他当前所处的位置（ a 点）为基准，寻找这个位置最陡峭（梯度最大）的地方，然后朝着山的高度下降的地方走，所以称为梯度下降。

　　只要往下走就保证损失函数一直在减小。小明每次沿着当前位置下山一小步，就能保证越来越接近山谷，即得到更小的损失函数，直到到达 b 点，得到损失函数最小值。

　　如果不小心进入 c、d 点，那么梯度下降的算法就无法再回到 b 点。c 点和 d 点是两个次优解，如果不能令人满意，这时就需要寻求其他优化算法。

对于只有两个参数的损失函数来说，梯度下降的过程（寻找最小损失函数的过程）是看得到的。对于 13000 多个参数，最低点出现在哪儿，是未知的，只能通过不停地试探找到最低点。当然，找到最低点是需要时间的，所以考虑效率问题，能找到一个令人满意的次优解就可以了。

梯度下降算法总结如下。

- 优化器的优化过程就是调整网络参数，使损失函数达到最小值的过程。不同的优化算法的优化效果和效率也各不相同。梯度下降算法是最常用也是最有效的优化算法。

- 如果单纯的梯度下降算法不能达到一个令人满意的结果，则可以再选择其他优化算法辅助梯度下降算法，使我们在短时间内找到损失函数的最小值（或相对满意的值），以完成整个神经网络的参数的优化调整。

③ 反向传播。通过多层神经网络得出的结果与实际标签的结果进行比较，得到了差值，即损失函数。根据梯度下降算法，将当前的损失函数反馈给之前各层的神经元节点，即从输出层往输入层方向进行反向传播，并调整各层网络参数的权重值 w，这个过程称为反向传播，如图 9.82 所示。

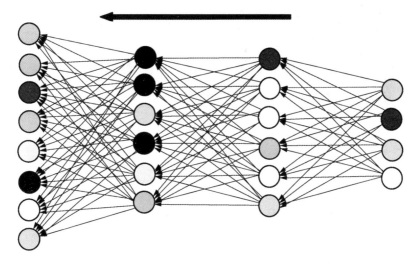

图 9.82　反向传播

下面举例说明反向传播的过程。如图 9.83 所示，输入层输入是数字"2"，未训练好的网络的某次训练迭代可能得到一个不理想的结果，输出层的 10 维向量值为[0.5, 0.8, 0.2, 1.0, 0.4, 0.6, 1.0, 0.0,0.2, 0.1]，预测是 2 的概率只有 0.2（20%），显然这不是想要的结果，我们想要的结果应该像图 9.79 的最后一列那样，2 的概率值是 1（100%），其他数字的概率值都是 0。当然不能直接调整输出的结果值，否则，对于其他数字图像的判别是无效的。能改的只有网络中前面各层的网络节点的参数值（x、w、b），一般只需改变权重值 w。

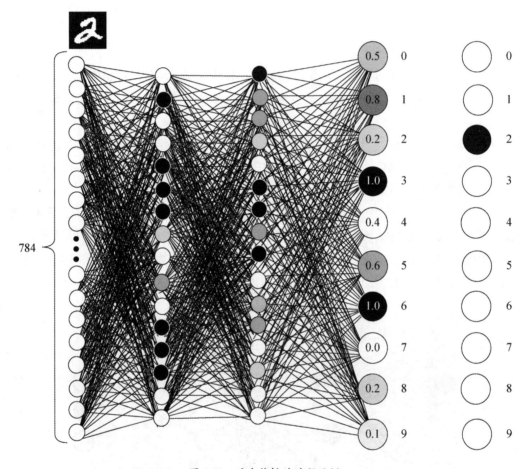

图 9.83　反向传播的过程示例

对于这个结果[0.5, 0.8, 0.2, 1.0, 0.4, 0.6, 1.0, 0.0, 0.2, 0.1]，希望代表 2 的神经元的值提高到 1（100%），而把其他的神经元值降低到 0，如图 9.84 所示。对于每个输出，提高和降低的程度与它现有的值成比例，如提高 2 的值（1−0.2=0.8）就比降低 8 的值（0.2−0.0=0.2）的调整幅度要大一些，更重要一些。

前面已经介绍过，一个神经元的输入-输出可以类比为一个多元一次的线性方程。比如二元一次方程：$y= w_1x_1+w_2x_2+b$，可以通过调整 w、x、b 的值来调整 y 的值。

根据梯度大小不同，调整不同的参数对损失函数影响不同。比如，梯度值为 3.6，调整它带来的影响大；梯度值为 0.1，调整它带来的影响就小多了。这也符合梯度下降越快，损失函数减小越快的原则。

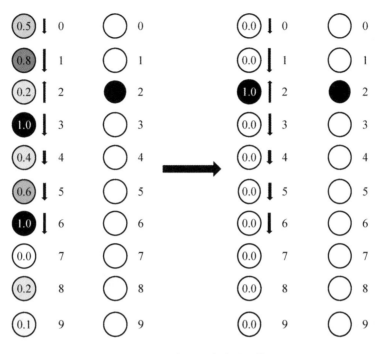

图 9.84　输出层输出值的调整

　　a. 调整系数 w。调整输出 y 的一个方法是调整系数（权重值）w。如图 9.85 所示，对于输出层中的对应神经元节点 "2" 的这个向量值 0.2（表示是 2 的概率为 20%），在上一层（隐藏层 2）共有 16 个神经元节点，也就是有 16 个 x，相应地就有 16 个 w，这16 个 w 中调整哪些效果好呢？显然是 x 值越大（图中神经元节点越白，表示 x 值越大），表示越有可能 "看到" 某些与 "2" 相关的特征。调整 x 值大的神经元的参数 w，比调整 x 值小的神经元的参数带来的影响大、效果好。

　　b. 调整输入 x。调整输出 y 的另一个方法是调整输入 x。如图 9.86 所示，对于输出层中的对应神经元节点 "2" 的这个向量值 0.2（表示是 2 的概率为 20%），在上一层（隐藏层 2）共有 16 个神经元节点，也就是有 16 个 x，相应地就有 16 个 w，调整哪些 x 值的效果好呢？考查这 16 个系数（权重值）w，增加 w 是正值的神经元的 x 值，因为是正值，所以输出 y 提高的幅度就大，就会使 0.2 往 1 的方向增加；减少 w 是负值的神经元的 x 值，因为是负值，所以减小了对提高 y 的值的影响，反过来，相当于提高了 y 的值，也就是会使 0.2 往 1 的方向增加；输出 y 增加和减少的程度与 w 大小相关。

　　上述只是考虑了一个神经元节点 "2" 对上一层提出的对 w 值或 x 值的改变量，实际上，如图 9.87 所示，输出层一共有 10 个节点，都会提出对隐藏层 2 的 16 个节点的 w 值或 x 值的改变量。将每个输出需要改变的大小叠加之后，能够得到一个对上一层希望的总的改变量。

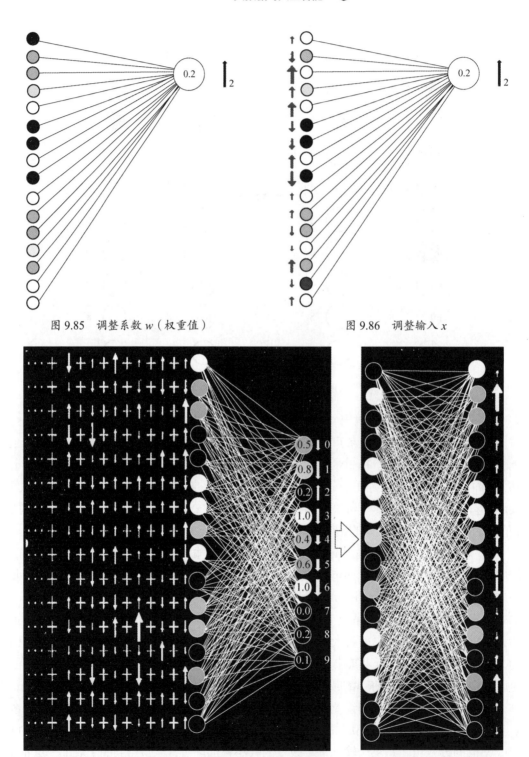

图 9.85　调整系数 w（权重值）　　　　图 9.86　调整输入 x

图 9.87　输出层的每个节点提出对上一层节点的 w 值和 x 值的改变量

通过刚才的过程，实现了从最后一层（输出层）到倒数第二层（隐藏层 2）的传播。同样，如图 9.88 所示，倒数第二层（隐藏层 2）对倒数第三层（隐藏层 1）也会提出类似的修改要求，这样一层一层不断地传播回去，再经过多轮的迭代，整个网络的参数就都被调整和优化了，最后就能获得训练好的模型。

从本实例前面代码运行结果看，13000 多个参数都是从随机数开始赋值的，经过梯度下降算法和反向传播训练，最终的手写数字识别准确率达到了 94% 以上。说明梯度下降算法和反向传播训练是一种非常有效的对神经网络参数进行优化的方式。

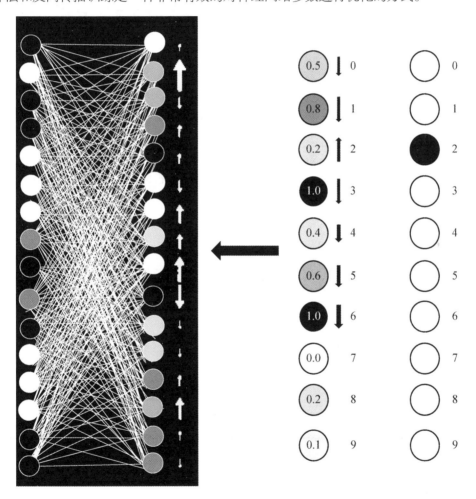

图 9.88　倒数第二层对倒数第三层提出修改要求

第 **10** 章 深度学习

本章导读

深度学习是机器学习的一种，而机器学习是实现人工智能的必经路径。如果把人工智能比喻为孩子大脑，那么机器学习是让孩子掌握认知能力的过程，而深度学习是这个过程中很有效率的一种教学体系。

本章主要介绍了几种主流的深度学习算法，包括卷积神经网络、循环神经网络、生成对抗网络、强化学习、迁移学习和对偶学习等算法。

课程知识点	1. 深度学习概述 2. 卷积神经网络 3. 循环神经网络 4. 生成对抗网络 5. 强化学习 6. 迁移学习 7. 对偶学习
课程重点	1. 卷积神经网络 2. 生成对抗网络 3. 强化学习
课程难点	1. 卷积神经网络 2. 强化学习

10.1　深度学习概述

深度学习是一种实现机器学习的技术，它适合处理大数据。深度学习使得机器学习能够实现众多应用，拓展了人工智能的领域范畴。从安防监控、自动驾驶、语音识别到生命科学等，深度学习快速应用到了各个行业。

深度学习的实质就是通过构建具有很多隐藏层的机器学习模型和海量的训练数据来

学习更有用的特征，从而提升分类或预测的准确性。深度学习具有很多的隐藏层节点，通过逐层特征变换将样本在原空间的特征表示变换到一个新特征空间，从而使分类或预测更加容易。

深度学习与机器学习的区别如下。

1. 特征提取方式（以识别狗和猫为例）

机器学习需要先人工定义一些特征。例如，有没有胡须，以及耳朵、鼻子、嘴巴的模样等。要确定相应的"面部特征"作为机器学习的特征，以此来对对象进行分类识别。

深度学习自动找出这个分类问题所需要的重要特征。首先，确定有哪些边和角（底层特征）等小元素与识别出猫、狗关系最大；然后，根据上一步找出的小元素（边、角等）构建层级网络，找出它们之间的各种组合，组合成鼻子、眼睛、耳朵（中间层特征）等；最后，对鼻子、眼睛、耳朵等进行组合，就可以组成各种各样的头像（高层特征），这个时候就识别出各种动物的头像，或者对各种动物的头像进行了分类。

众所周知，特征的好坏对泛化性能有至关重要的影响。在机器学习算法中，几乎所有描述样本的特征都需要通过行业专家来设计，然后手工对特征进行编码，称为特征工程。人类专家设计出好的特征也并非易事。

深度学习算法试图从数据中学习、发现好的特征，称为特征学习，这也是深度学习十分引人注目的一点，毕竟特征工程是一项十分烦琐，耗费人力、物力、财力的工作。深度学习的出现大大减少了发现特征的成本。特征学习使机器学习向"全自动数据分析"前进了一步。

2. 数据依赖

随着数据量的增加，深度学习和机器学习的表现有很大区别。深度学习适合处理大数据；而数据量比较小的时候，用传统的机器学习方法也许更合适。深度学习和机器学习的数据依据如图 10.1 所示。

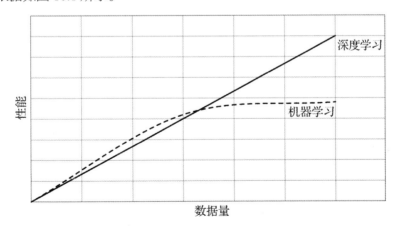

图 10.1　深度学习和机器学习的数据依据

3. 解决问题的方式

传统的机器学习通常先把问题分成几块，一个个地解决好之后，再重新组合起来。深度学习则是一次性地、端到端地解决问题。

图 10.2 所示为物体识别示例，任务是要识别出图片上有哪些物体，找出它们的位置。

图 10.2　物体识别示例

传统机器学习的做法是把问题分为两步：发现物体和识别物体。首先，用物体边缘检测算法，把所有可能的物体都框出来。然后，使用物体识别算法（如 SVM），识别这些物体分别是什么。

但是深度学习不同，给它一张图，它直接把对应的物体识别出来，同时还能标明对应物体的名字，这样就可以做到实时的物体识别。例如，百度视频识别基于深度学习的智能算法，提出图像和视频内容审核方案，可以准确地过滤掉图像和视频中的色情、暴恐、政治敏感、广告、恶心、违禁等违规内容，也能从美观、清晰等维度对图像进行筛选，选出人们需要的图像。

4. 人工神经网络隐藏层——神秘的黑盒

机器学习，比如决策树算法，可以明确地把规则列出来，每一个规则、每一个特征，你都可以理解。

深度学习，一个深层的神经网络，每一层都代表一个特征，而层数多了，我们也许根本就不知道它们代表的是什么特征，也无法把训练出来的模型用于预测任务。

　　例如，我们用深度学习方法来批改论文，也许我们训练出来的模型对论文评分都很准确，但是我们无法理解模型遵循的规则，无法解释论文低分的原因。因为深度学习模型太复杂，大量隐藏层内部的规则很难理解。

　　下面介绍几种主流的深度学习算法。

10.2　卷积神经网络

1.　卷积神经网络概述

　　卷积神经网络（Convolutional Neural Network，CNN）是一类包含卷积计算且具有深度结构的前馈型神经网络，是深度学习的代表算法之一。

　　对卷积神经网络的研究始于 20 世纪 80—90 年代，时间延迟网络和 LeNet-5 是最早出现的卷积神经网络。21 世纪后，随着深度学习理论的提出和数值计算设备的改进，卷积神经网络得到了快速发展，并被大量应用于计算机视觉、自然语言处理等领域。

　　卷积神经网络仿照生物的视知觉机制构建，可以进行监督学习和非监督学习，其隐藏层内的卷积核参数共享和层间连接的稀疏性使得卷积神经网络能够以较小的计算量对格点化特征（像素和音频等）进行学习。

2.　卷积神经网络模型结构

　　图 10.3 所示是人工神经网络模型结构，包括一个输入层、多个隐藏层和一个输出层。

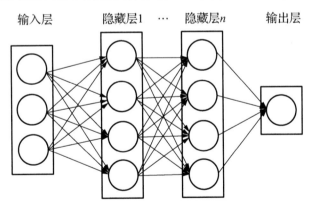

图 10.3　人工神经网络模型结构

3.　卷积神经网络特点

　　卷积神经网络是一种特殊的、深层的神经网络模型，它的特殊性体现在两个方面。

（1）相邻层的神经元间，物理上是非全连接的。

　　全连接神经网络如图 10.4（a）所示。如果我们有 1000 像素×1000 像素的图像，有

100万个隐藏层神经元，每个隐藏层的神经元都连接图像的每一个像素点，就有1000×1000×1000000=10^{12}个连接，也就需要10^{12}个权重值参数。

　　非全连接神经网络（局部连接网络），如图10.4（b）所示，每一个节点与上一层节点同位置附近10像素×10像素（过滤尺寸）的窗口相连接，则100万个隐藏层神经元就只有100万乘以100，即10^8个权重值参数，其权重值连接个数比原来减少了四个数量级。

　　（2）连接到同一层中某些神经元的权重值是共享的（即相同的），称为权值共享。

　　如图10.4（b）所示，为了实现了权值共享，也就是说所有由上一层同一个节点连接到下一层的连接权重值相同。

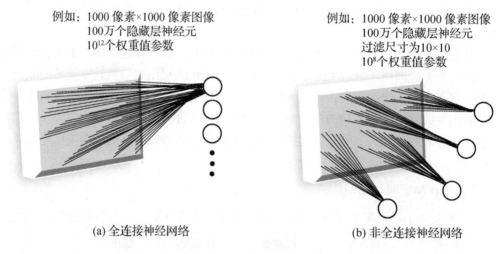

例如：1000像素×1000像素图像
100万个隐藏层神经元
10^{12}个权重值参数

例如：1000像素×1000像素图像
100万个隐藏层神经元
过滤尺寸为10×10
10^8个权重值参数

(a) 全连接神经网络　　　　　　　　　(b) 非全连接神经网络

图10.4　全连接和非全连接神经网络权值共享

　　卷积神经网络的非全连接和权值共享的网络结构使之更类似于生物神经网络,降低了网络模型的复杂度（对于很难学习的深层结构来说，这是非常重要的），减少了权重值 w 的数量。

10.3　循环神经网络

1. 循环神经网络概述

　　卷积神经网络的输出都是只考虑前一个输入的影响而不考虑其他时刻输入的影响，对于简单的猫、狗、手写数字等单个物体的识别具有较好的效果。

　　但现实世界中，很多元素都是相互连接的，且与时间先后有关。比如，股票随时间的变化、文档前后内容的预测。又如，一个人说：我喜欢旅游，其中最喜欢的地方是云南，以后有机会一定要去____（这里填空），人类应该都知道是填"云南"。因为我们是根据上下文的内容推断出来的，但机器要做到这一步就很困难了。

因此，循环神经网络（Recurrent Neural Network，RNN）就应运而生了。它的本质是像人一样拥有记忆的能力。因此，它的输出就依赖于当前的输入和记忆。

2．循环神经网络的应用领域

循环神经网络的应用领域如下。

① 自然语言处理（NLP）：主要有视频处理、文本生成、语言模型、图像处理。

② 机器翻译、机器写小说。

③ 语音识别。

④ 图像描述生成。

⑤ 文本相似度计算。

⑥ 音乐推荐、商品推荐、视频推荐等新的应用领域。

3．循环神经网络模型结构

前面讲过，RNN 具有时间记忆的功能，那么它是怎么实现所谓的记忆的呢？

图 10.5 所示为 RNN 模型结构，主要由输入层、隐藏层和输出层组成。在隐藏层有一个箭头表示数据的循环更新，这个就是实现时间记忆功能的方法，即神经元结构重复使用。

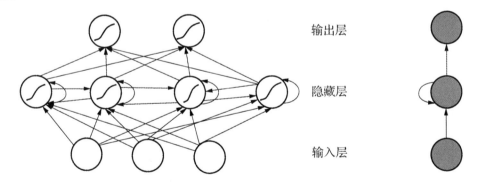

图 10.5　RNN 模型结构

图 10.6 所示为隐藏层的层级展开图。

- $t-1$，t，$t+1$ 表示时间序列；x 表示输入的样本；s_t 表示样本在时间 t 处的记忆。
- $s_t = f(W*s_{t-1}+U*x_t)$。
- f 是隐藏层的激活函数，处理来自上一层和此时输入层的数据。
- W 表示输入的权重，U 表示此刻输入的样本的权重，V 表示输出的样本权重。

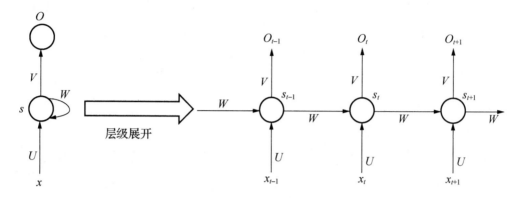

图 10.6　隐藏层的层级展开图

由于每一步的输出不仅依赖当前步网络的状态，并且还需要前面若干步网络的状态，也就是将输出端的误差值反向传递，运用梯度下降算法进行更新，找到损失函数的最小值。损失函数越小，模型就越好。

10.4　生成对抗网络

1. 生成对抗网络框架模型及工作原理

在生成对抗网络（Generative Adversarial Network，GAN）中有两个网络，一个网络用于生成数据，叫作生成器 G；另一个网络用于判别生成器生成的数据是否接近于真实，叫作判别器 D。

图 10.7 至图 10.11 展示了 GAN 的简单模型结构以及工作原理。

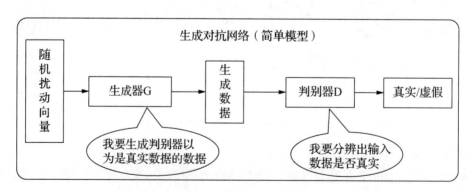

图 10.7　GAN 的简单模型

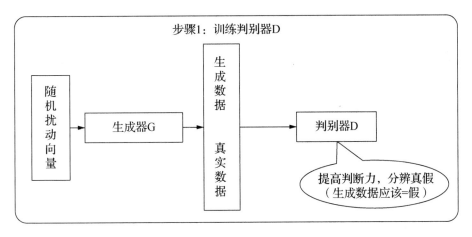

图 10.8　训练判别器 D

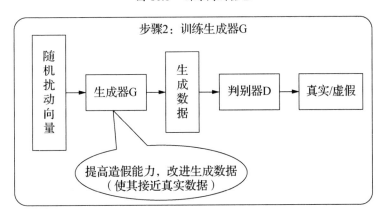

图 10.9　训练生成器 G

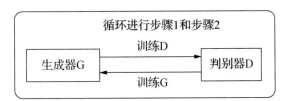

图 10.10　循环训练

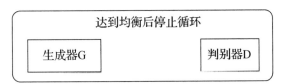

图 10.11　训练结束

2. GAN典型事例

AlphaGo Zero 的训练可以分为三个同时进行的阶段：自我对战阶段、训练网络阶段、评估网络阶段。

自我对战阶段：AlphaGo Zero 创建一个训练集合，自我完成对战 25000 次。棋局每变动一次，博弈、搜索可能性和胜出者的信息将被存储。

训练网络阶段：神经网络权重值得到优化的过程。在一次完整的训练循环中，AlphaGo Zero 将从 50 万局博弈中选取 2048 个移动位置作为样品，并对这些位置的神经网络进行训练。之后，通过损失函数来对比神经网络预测、搜索可能性和实际胜出方的信息。每完成 1000 次这样的训练循环，就对神经网络进行一次评估。

评估网络阶段：测试新的神经网络是否得到优化。在这个过程中，博弈双方都通过各自的神经网络的评估，并使用蒙特卡洛树搜索进行下一步棋路的选择。

10.5　强化学习

强化学习(Reinforcement Learning)，又称再励学习、评价学习，是一种重要的机器学习方法。过去十年，强化学习的大部分应用都在电子游戏方面。未来，强化学习将在直升机特技飞行、经典游戏、投资管理、发电站控制、智能控制机器人及分析预测等领域有着广泛的应用。

强化学习是智能体（Agent）以"试错"的方式进行学习，通过与环境进行交互获得的奖赏来指导行为，目标是使智能体获得最大的奖赏。强化学习示意如图 10.12 所示。

图 10.12　强化学习示意

强化学习把学习看作行动（试探）—评价的过程。Agent 选择一个动作用于环境，环境接受该动作后状态发生变化，同时产生一个强化信号（奖励或惩罚）反馈给 Agent；Agent 根据强化信号和环境当前状态再选择下一个动作，选择的原则是使受到正强化（奖励）的概率增大。选择的动作不仅影响立即强化值，而且影响环境下一时刻的状态及最终的强化值。

强化学习不同于监督学习（主要表现在教师信号上），强化学习中由环境提供的强化信号是 Agent 对所产生动作的好坏做出的一种评价（通常为标量信号），而不是告诉 Agent 如何去产生正确的动作。

由于外部环境提供了很少的信息（标签数据少，甚至没有），Agent 必须靠自身的经历进行学习。通过这种方式，Agent 在行动—评价的环境中获得知识，改进行动方案以适应环境。

强化学习非常类似于人类对狗的训练（图 10.13）。

图 10.13　人类对狗的强化训练

狗就是要被强化训练的智能体 Agent，环境就是驯犬员手里的狗粮和鞭子，状态 s 就是驯犬员训练狗的手势。例如，手指向地面，意思是让狗趴下；手指向天空，意思是让狗站立等，动作 a 就是狗根据驯犬员的手势所做出的反应。假如驯犬员的手指向了地面，如果狗做出站立的动作，这时驯犬员（环境）给出的惩罚就是打它一鞭子（惩罚就是负的奖励），狗吃了鞭子，下次驯犬员再做出指向地面的手势时，狗就可能做出趴下的动作，这时驯犬员（环境）给出的奖赏就是狗粮（正的奖励）。

10.6　迁移学习

在传统机器学习中，为了保证训练得到的分类模型具有准确性和高可靠性，给定两个基本假设：①用于学习的训练样本与新的测试样本满足独立同分布；②必须有足够可用的训练样本才能学习得到一个好的分类模型。

但是，在实际应用中，我们发现这两个假设条件往往无法满足。首先，随着时间的推移，原先可利用的有标签样本数据可能变得不可用，与新的测试样本产生语义、分布上的缺口。另外，有标签样本数据往往很缺乏，而且很难获得。这就引起了机器学习中另外一个重要问题：如何利用少量的有标签训练样本或者源领域数据，建立一个可靠的模型，对具有不同数据分布的目标领域进行预测。近年来，迁移学习已经引起了广泛的关注和研究。

迁移学习（Transfer Learning）是运用已存有的知识对不同但相关联领域问题进行求解的一种新的机器学习方法。它放宽了传统机器学习中的两个基本假设，目的是迁移已有的知识来解决目标领域中仅有的少量有标签样本数据（甚至没有）的学习问题。而新知识技能的获得也不断地使已有的知识、经验得到扩充和丰富，这就是我们常说的举一反三、触类旁通。

迁移学习广泛存在于人类的活动中，两个不同领域共享的因素越多，迁移学习就越容易，否则就越困难，甚至出现"负迁移"，产生副作用。比如，一个人要是学会了骑自行车，那他就很容易学会骑摩托车。但是有时候看起来很相似的事情，却有可能产生"负迁移"，比如，学会骑自行车的人学习骑三轮车反而不适应，因为它们的重心位置不同。

10.7 对偶学习

1. 对偶学习产生的原因

对偶学习（Dual Learning）的提出主要是为了应对一个挑战，即大数据的问题。例如，ImageNet 大赛中标注过的训练样本量，大概是 120 万张图片；语音识别领域需要成千上万小时的语音数据；机器翻译里面需要上千万双语句对；围棋，如 AlphaGo，需要上千万的职业棋手的比赛落子记录。

目前，大量的人工标注数据存在几个问题：首先是标注的费用高；其次是某些涉及个人隐私的应用领域很难拿到数据。我们可以估算一下机器翻译标注数据的费用。像微软这样的公司，通常提供的是几十种甚至上百种语言的互译。如果仅仅考虑 100 种语言的互译，标注数据的费用可能超过 1000 亿美元了。

互联网虽然非常发达，但是没有标注的数据量非常大，如何利用这些无标注的数据辅助机器学习呢？研究人员发现了一种新的机器学习视角，那就是对偶学习。

2. 对偶学习原理

我们采用一种新的视角来应对标注数据不足的问题，我们称其为人工智能的对称之美。大自然钟爱对称之美，如生物构造（蝴蝶、人脸）；人类也偏爱对称之美，如故宫、天安门、泰姬陵等。

我们注意到，很多人工智能的应用涉及两个互为对偶的任务。例如，在机器翻译中，从中文到英文的翻译和从英文到中文的翻译互为对偶；在语音处理中，语音识别和语音合成互为对偶；在图像理解中，基于图像生成文本和基于文本生成图像互为对偶；问答系统中，回答问题和生成问题互为对偶；在搜索引擎中，给检索词查找相关的网页和给网页生成检索词互为对偶。这些互为对偶的人工智能任务可以形成一个闭环，使在没有标注的数据中进行学习成为可能。

对抗生成网络实际上就属于一种对偶学习。

3. 对偶学习举例

对偶学习的最关键一点是，给定一个原始任务的模型，其对偶任务的模型可以给该原始任务的模型提供反馈；同样的，给定一个对偶任务的模型，其原始任务的模型也可以给该对偶任务的模型提供反馈；从而这两个互为对偶的任务可以相互提供反馈、相互学习、相互提高。

例如，一个对偶翻译游戏（图 10.14）中有两个玩家小明和爱丽丝。图左边的爱丽丝只会讲英文，图右边的小明只会讲中文，他们两个人都希望能够提高英文到中文的翻译模型 f 和中文到英文的翻译模型 g。

给定一个英文的句子 x，爱丽丝首先通过 f 把这个句子翻译成中文句子 $y1$，然后把这个中文的句子发送给小明。因为没有标注，所以小明不知道正确的翻译是什么，但是小明知道，这个中文的句子是不是语法正确、符不符合中文的语言模型，这些信息都能帮助小明判断翻译模型 f 是不是做得好。然后小明再把这个中文的句子 $y1$ 通过翻译模型 g 翻译成一个新的英文句子 $x1$，并发送给爱丽丝。通过比较 x 和 $x1$ 是不是相似，爱丽丝就能够知道翻译模型 f 和 g 是不是做得好，尽管 x 只是一个没有标注的句子。

通过这样一个对偶游戏的过程，我们能够从没有标注的数据上获得反馈，从而知道如何提高机器学习模型。

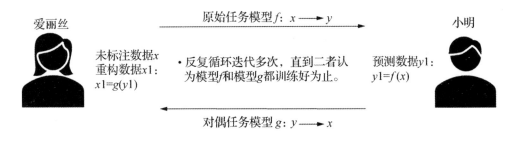

图 10.14　对偶翻译游戏

第 11 章

人工智能应用

本章导读

　　人工智能应用可划分为基础层、技术层和应用层三个层次方面的应用。基础层包括 AI 芯片、智能服务器、智能传感器及互联等基础设施、人工智能平台、框架与算法、大数据与云计算等。技术层包括机器学习、自然语言处理、人机交互、计算机视觉、生物特征识别、VR/AR 等。应用层包括机器人、无人驾驶、智能终端、智能服务、智慧安防和智能金融等。

　　本章将讲解几个主要的人工智能的应用场景。

课程知识点	1. 图像识别与分类 2. 语音识别 3. 人脸识别和情感计算 4. 自动驾驶 5. 智能家居 6. 专家系统 7. 机器人 8. 自然语言处理 9. 其他 AI 应用
课程重点	1. 图像识别与分类 2. 人脸识别和情感计算 3. 自动驾驶 4. 自然语言处理
课程难点	1. 人脸识别和情感计算 2. 自动驾驶

11.1 图像识别与分类

1. 图像识别流程

一般而言，传统图像识别系统主要由图像分割、图像特征提取以及图像识别分类构成。

图像分割将图像划分为多个有意义的区域，然后将每个区域的图像进行特征提取，最后根据提取的图像特征对图像进行分类。

图像识别流程如图 11.1 所示。

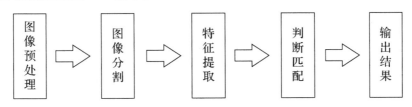

图 11.1　图像识别流程

2. 图像识别技术发展

从文字识别到数字图像处理与识别、物体识别，高性能芯片、摄像头和深度学习算法的进步都为图像识别技术发展提供了源源不断的动力。

利用卷积神经网络进行图像识别。卷积神经网络是一种为了处理二维输入数据而特殊设计的多层人工神经网络。卷积神经网络不仅关注了全局特征，更关注了图像识别领域非常重要的局部特征，并将局部特征抽取的算法融入神经网络中。

卷积神经网络的工作过程：神经网络对输入的真实图像运用不同的算子进行扫描，提取不同的特征，并通过池化层的采样进行压缩，然后进行多次特征提取和采样。全连接层为每个节点的输出都指定一个标签。

3. 图像识别技术的主要应用

日渐成熟的图像识别技术已在各类行业中应用。

（1）金融。

在金融领域，身份识别和智能支付将提高身份的安全性、支付的效率和质量。通过人脸识别进行一系列的验证、匹配和判定，从而快速完成身份核实。

（2）医疗。

将图像识别技术应用到医疗领域，可以更精准、更快速地分辨 X 光、MRI（核磁共振成像）和 CT 扫描等图片。既能提高诊断效率以预防癌症，又能加速发明治病的新药。

（3）交通。

图像识别技术被广泛应用于交通运输领域：交通违章监测、交通拥堵检测、信号灯识别。既提高了交通管理者的工作效率，又很好地解决了城市交通拥堵问题。

（4）医学影像。

在医学影像的基础上，有大量影像资料可供训练，图像识别与分类技术成熟。通过深度学习与大数据技术等，完成对影像的分类、目标检测、图像分割和检索工作。

医学影像包含来自不同组织、不同形态的人体器官，深度学习包含多层神经网络，可以通过组合低层特征形成更加抽象的高层特征，提取出图像背后的人体结构特征。图 11.2 列举了 AI 在医疗影像中的应用。

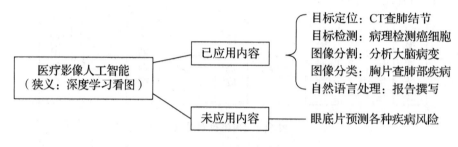

图 11.2　AI 在医疗影像的应用

① 计算机辅助诊断。病灶检测，对可疑病灶进行识别和勾画；病灶量化诊断，帮助医生鉴别疾病的情况等；治疗决策，通过相关性分析，支持临床医生进行科学合理的治疗决策。

② 图像分割。主要是对身体组织做明确分割，精度比医生手动分割更高，从而更加精准地定量评价治疗前后的效果。卷积神经网络自动将大脑灰质、脑白质和脑脊液自动分割，从而分析大脑的病变。

③ 图像配准。在对不同模式医学图像或多参数医学图像进行融合前，必须对图像进行精确配准。一般采用非监督学习方法提取图像特征，再采用卷积神经网络回归的方法进行 2D 或 3D 图像配准。

④ 图像融合。图像有结构性图像与功能性图像之分。结构性图像可以得到组织的结构性特征，但无法看到生物有机代谢的情况。功能性图像可以提示代谢的衰变与下降或功能性的疾病，但图像空间解析度差。将不同类型的图像融合在一起，这样可以了解到组织与器官的病变。

⑤ 图像重建。医学中常见的核磁机器是 1T（特斯拉，即磁场感应强度）和 1.5T。7T 的设备昂贵，但 7T 图像的信噪比强，通过深度学习可以将 3T 图像变成 7T 图像。

基于影像的医学诊断是目前人工智能关注较多的领域，"AI+医学影像"被多位业内人士认为是最有可能率先实现商业化。

（5）按图搜索。

百度识图、谷歌图片都提供了按图搜索功能，可以搜索出外观类似的图片，也可以搜索出与所搜索的图片相关的新闻网页，还可以分析图片关键词等。

（6）照片分类。

谷歌相册可以做到按不同场景或特色对照片进行分类，改变了传统管理相册的模式（现在照片非常多）。照片不用手动添加标签就可以自动分门别类。可以按人、事物标签搜索照片；可以通过人脸识别技术自动按人分类照片；可以搜索食物，自动搜索出所有食物照片；还可以按宠物、会议等搜索出相关的照片。

（7）面部识别。

面部解锁：现在中高端手机都可以提供最先进的人脸识别解锁方案。通过 3D 深感摄像头，搭配红外摄像头提升识别精度，安全性最高，并且不需要动用手指；而输入密码、手画图、指纹解锁等都需要动用手指。

实时美颜：现在手机都添加了美颜 AI 技术，可以静态拍照美颜，可以视频实时美颜。

（8）安防监控。

"AI+监控摄像头"可以录制现场视频，发现可疑人员和情况，第一时间报警。"AI+交通"可以自动分析车辆的违法行为，分析道路的交通流量，动态控制红绿灯。

11.2 语音识别

1. 语音识别的步骤

语音识别技术也称自动语音识别（Automatic Speech Recognition，ASR），其目标是将人类语音中的词汇内容转换为相应的文字。

语音识别的基本原理：声音其实是一种波，如果要对声音进行分析，就需要对声音进行分帧，也就是把声音按照时间切成若干个小段，每一小段称为一帧。

单词的发音由音素构成。音素是语音中的最小单位，依据音节里的发音动作来分析，一个动作构成一个音素。英语常用的音素集是卡耐基-梅隆大学的一套由 39 个音素构成的。汉语一般直接用全部声母和韵母作为音素集。

状态是比音素更细致的语音单位。通常把一个音素划分成 3 个状态。

图 11.3 所示是语音识别的一般步骤。

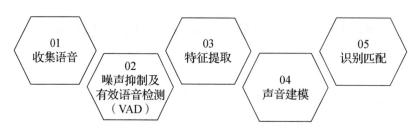

图 11.3 语音识别的一般步骤

（1）收集语音。

把将要进行识别的语音用相关的软硬件技术收集整理在一起，存储在计算机中备用识别。

（2）噪声抑制及有效语音检测。

把步骤（1）收集所得的语音进行分析和预处理，除去冗余信息，并将里面的噪声清洗掉，并对清洗后的语音进行有效性检测。

（3）特征提取。

从语音波形中提取出随时间变化的语音特征序列，即提取出影响语音识别的关键信息和表达语言含义的特征信息。

（4）声音建模。

声学模型是识别系统的底层模型，并且是语音识别系统中最关键的一部分。声学模型通常是将获取的语音特征通过学习算法产生的。人工神经网络不仅可以编码最近的几个词，还可以把前文中的所有词（称作"历史"）中的各种信息都作为输入特征。由于历史是一个序列，可以采用循环神经网络（RNN）来建立声学模型。在识别语音时，将输入的语音特征与声学模型进行匹配与比较，即可得到最佳的识别结果。

（5）识别匹配。

识别匹配又可细分为三步：把帧识别成状态；把状态组合成音素；把音素组合成单词，经过这些步骤后语音就变成文字了。

2. 语音识别技术的应用

语音识别技术的应用包括语音拨号、语音导航、智能家居设备控制等。语音识别技术与其他自然语言处理技术如机器翻译及语音合成技术相结合，可以构建出更复杂的应用，如同声传译。

（1）语音输入法。

通过语音识别输入文字，最高速度能够达到 1 分钟 400 个字，比普通键盘输入更高效。科大讯飞的语音输入，不仅支持中文录入、中文转英文等功能，而且支持广东话、四川话、东北话、上海话等多种方言输入。

（2）个人助理。

① 小冰是微软推出的一个人工智能聊天机器人，可以创作诗歌、撰写新闻、主持节目，已在北京人民广播电台开播节目。无论从用户数量、活跃度还是交互流量来看，微软小冰均是目前全球最大规模流量的对话式人工智能产品。

② Siri 是一款内置在苹果 iOS 系统中的人工智能助理软件。利用自然语言处理技术，用户可以使用自然的对话与手机进行交互，完成搜索数据、查询天气、设置手机日历、设置闹铃等服务。

③ 谷歌助手（Google Assistant）结合了谷歌积累多年的技术，其"持续性对话"功能让机器与人的交流更为自然。

智能语音助手和搜索引擎是相辅相成的，更好的搜索逻辑能够更快地帮助用户找到答案。

（3）在线客服。

现在，许多网站（如淘宝、京东）都提供用户与客服在线聊天的窗口，但其实并不是每个网站都有一个真人提供实时服务。在很多情况下，和用户对话的仅仅只是一个初级 AI。大多数聊天机器人无异于自动应答器，但是其中一些机器人能够从网站中学习知识，在用户有需求时将其呈现在用户面前。

这些聊天机器人必须善于理解自然语言。显然，与人沟通的方式和与计算机沟通的方式截然不同。所以这项技术十分依赖自然语言处理技术，一旦这些机器人能够理解不同的语言表达方式中所包含的实际目的，那么很大程度上就可以代替人工服务。

11.3　人脸识别和情感计算

1. 人脸识别的定义

人脸识别（Face Recognition）是一种依据人的面部特征（如统计或几何特征等），自动进行身份识别的一种生物识别技术。

2. 人脸识别的一般流程

人脸识别的一般流程如图 11.4 所示。

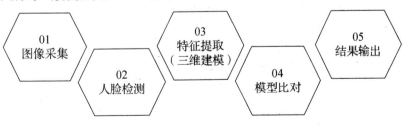

图 11.4　人脸识别的一般流程

（1）图像采集。

影响图像采集的因素有：图像大小、图像分辨率、光照环境、模糊程度、遮挡程度、采集角度。

（2）人脸检测。

基于检测出的特征采用综合分类学习算法（Adaboost 算法），挑选出代表性特征。按照加权的方式将弱分类器构造为一个强分类器，再将训练得到的若干强分类器串联组成一个层叠分类器，有效地提高了人脸检测速度。

（3）特征提取（三维建模）。

图像预处理是由于系统获取的原始图像受到各种条件的限制和随机干扰，往往不能直接使用，需要在图像处理的早期阶段对它进行灰度矫正、噪声过滤等操作。

人脸特征提取：传统基于知识表征方法是根据人脸器官的形状描述以及它们之间的距离特性来获得有助于人脸分类的特征数据。其特征分量通常包括特征点间的欧氏距离、曲率和角度等。

基于人工神经网络对人脸进行特征建模：使用深度卷积神经网络，将输入的人脸图像转换成一个向量表示。在理想的状况下，希望"向量表示"之间的距离就可以直接反映人脸的相似度。

（4）模型比对。

匹配与识别是将提取的人脸特征数据与数据库中存储的特征模板进行搜索匹配。通过设定一个阈值，将相似度与这一阈值进行比较，来对人脸的身份信息进行判断。

（5）结果输出。

根据上一步的模型比对，如果在阈值范围内，人脸识别搜索匹配成功，则可以通过人脸识别验证；否则验证失败。

3. 情感计算（人脸表情识别）

人类主要有六种基本情感：愤怒、高兴、悲伤、惊讶、厌恶、恐惧。情感表达包括言词、声音、面部表情，其中一半以上可以从面部表情看出。面部表情识别是基于以上六种情感及其拓展情绪实现的。

（1）表情识别。

表情识别的四个步骤中人脸检测、人脸配准、特征提取与人脸识别中的部分类似。最后的表情分类则要根据提取的图像特征判断该表情所属的基本情感类别。

表情的精细化程度划分：每种情绪最细微的表现是否需要分类。

表情类别的多样化：是否还需补充其他类别的情绪。

六种情感在一些场景下远不能识别人类的真实情绪，因此还要研究精细表情识别、混合表情识别、非基本表情识别等细致领域。

（2）表情分析工具。

人类在表达同一情感时，面部肌肉运动具有一定的规律，可以基于运动单元给出面部动作编码系统（Facial Action Coding System，FACS）。FACS 致力于通过特定的符号来详细描述内心情感与面部表情的关系。

（3）情感计算的应用场景。

情感计算将帮助自闭症的人更好地融入社会；可以迅速定位那些需要帮助或有学习障碍的学生，并可由此考核教师的素质；可用于心理医生判断病人是否明白其指示和病人的真实情况以便进行更好的治疗；还可用于测谎仪。

11.4　自动驾驶

当前人工智能的主要细分技术包括机器视觉、深度学习、强化学习、传感器技术等。人工智能在自动驾驶行业发挥着重要的作用。

自动驾驶行业发展的瓶颈主要在于这些人工智能底层技术能否实现突破。

1. 人类与AI驾驶对比

图 11.5 所示是人类驾驶与 AI 驾驶对比，包括传感器、控制器和执行器方面的比较。

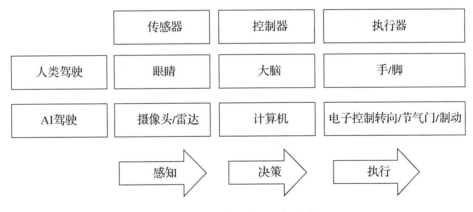

图 11.5　人类驾驶与 AI 驾驶对比

2. 自动驾驶现状

各大企业争相加大人工智能在汽车领域应用的研发投入，包括非传统的汽车厂商、各大 IT 和互联网公司，如 Google、Tesla（特斯拉）、Uber（优步）等。表 11-1 列出了代表性的公司及其主要产品。

表 11-1　代表性的公司及其主要产品

代表公司	时间	主要技术	主要产品
Google	最早在 2009 年曝光自动驾驶原型车	Google 无人驾驶汽车依靠激光测距仪、视频摄像头、车载雷达、传感器等获得环境感知和识别能力，确保行驶路径遵循谷歌街景地图预先设定的路线	Google 无人驾驶汽车
Tesla	2003 年	主要采用常规的雷达、相机、传感器、摄像头等进行环境感知和识别，通过基于车联网的协同式辅助驾驶技术进行智能信息交互	搭配 Autopilot 功能的 Tesla Model 系列车型
Uber	2016 年 5 月	自动驾驶汽车是由福特和沃尔沃 XC90 越野车改装而成的，汽车上配备了感应器、摄像头、激光、雷达和 GPS 信号接收器	Uber 测试自动驾驶系统应用于沃尔沃 SUV
奔驰	2016 年 8 月	利用 GPS、雷达，以及摄像头来识别交通信号、行人以及其他障碍物	自动公交 "Future Bus"
亚马逊	2013 年提出无人机送货服务	无人机	无人机送货
京东	2016 年 9 月	自动驾驶	无人配送车

3. 自动驾驶的SAE分类标准

SAE（国际汽车工程学会）将自动驾驶分为 Level 0——人工驾驶、Level 1——辅助驾驶、Level 2——半自动驾驶、Level 3——高度自动驾驶、Level 4——超高度自动驾驶、Level 5——全自动驾驶。

就目前来说，自动驾驶处于 Level 3、Level 4 的研发阶段。

4. 自动驾驶模块组成

自动驾驶模块主要包括：环境感知模块、行为决策模块、运动控制模块。其中，最重要、最具挑战的模块就是驾驶行为决策模块。

5. 自动驾驶系统

无人驾驶中的行为决策需要根据实时路网信息、交通环境信息和自身驾驶状态信息，生成安全、快速的自动驾驶决策。

深度学习可以用来做环境的感知，强化学习可以用来做控制行为的决策模型，这样就可以构成一个完整的自动驾驶系统。

6. 障碍物识别

障碍物识别的解决方案是传感器融合算法。其利用多个传感器获取全面的环境信息，通过人工智能的融合算法实现障碍物识别、跟踪和躲避。

7. 交通标志识别

无人车也要遵守交通规则。所以识别交通标志并根据标志的指示执行不同指令也非常重要。这是一个计算机视觉问题，可以用深度学习（卷积神经网络）的方法来完成。

8. 车道识别

车道识别也是计算机视觉问题，高级的道路线检测需要计算相机校准矩阵和失真系数，对原始图像的失真进行校正。这个过程可以使用神经网络的图像处理方法。

9. 未来趋势

就自动驾驶来说，诸如车载深度学习芯片开发、传感器的融合或替代方案、高精度地图的制作、决策与控制系统的研发、安全保障技术等是未来的研究热点。相信在可预见的将来，无人驾驶会把人类从低效、重复的驾驶中解放出来。

11.5　智能家居

智能家居的概念起源很早，但一直没有具体的案例出现，直到 1984 年美国联合科技公司将建筑设备信息化、整合化概念应用于美国康涅狄格州哈特福德市的 City Place Building（城市广场大厦）时，才出现了首栋"智能型建筑"，从此掀起了业内对智能家居的追逐热潮。

1. 智能家居的概念

智能家居是智慧家庭八大应用场景之一。随着物联网技术的发展以及智慧城市概念的出现，智能家居概念逐步有了清晰的定义并随之涌现出各类产品，软件系统也经历了若干轮升级。

智能家居是以住宅为平台，基于物联网技术，由硬件系统（智能家电、智能硬件、安防控制设备、家具等）、软件系统、云计算平台构成的家居生态圈，实现用户远程控制设备、设备间互联互通、设备自我学习等功能，并通过收集、分析用户行为数据为用户提供个性化生活服务，使家居生活安全、节能、便捷等。

智能家居（图 11.6）通过物联网技术将家中的各种设备，如音视频、照明系统、窗帘控制、空调控制、安防系统、数字影院系统、影音服务器、影柜系统、网络家电等连接到一起，提供家电控制、照明控制、电话远程控制、室内外遥控、防盗报警、烟雾报警、环境监测、暖通控制、红外转发以及可编程定时控制等多种功能和手段。

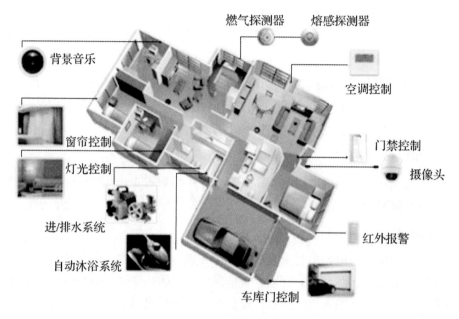

图 11.6　智能家居

2．智能家居分类

根据 2012 年中国室内装饰协会智能化装饰专业委员会和专业人员等共同编写的《智能家居系统产品分类指导手册》的分类依据，智能家居系统产品共分为 20 种。

控制主机（集中控制器）、智能照明系统、电器控制系统、家庭背景音乐、家庭影院系统、对讲系统、视频监控、防盗报警、电锁门禁、智能遮阳（电动窗帘）、暖通空调系统、太阳能与节能设备、自动抄表、智能家居软件、家居布线系统、家庭网络、智能家电、运动与健康监测、花草自动浇灌、宠物照看与动物管制。

3．智能家居主要功能

借助智能语音技术，用户可用自然语言实现对家居系统各设备的操控，如开关窗帘（窗户）、操控家用电器和照明系统、打扫卫生等操作；借助机器学习技术，智能电视可以从用户看电视的历史数据中分析其兴趣和爱好，并将相关的节目推荐给用户；通过应用声响识别、脸部识别、指纹识别等技术进行开锁等；通过大数据技术可以使智能家电实现对自身状态及环境的自我感知，具有故障诊断能力；通过收集产品运行数据，发现产品异常，主动提供服务，降低故障率；通过图像识别技术识别出摄像头获取的图像内容，若发现是可疑的人或物体，及时报警；如果图像和用户的面部匹配，则会主动为用户开门。

　　智能家居不仅能够使各种设备互相连接、互相配合、协调工作，形成一个有机的整体，而且可通过网关与住宅小区的局域网和外部的互联网连接，并通过网络提供各种服务，实现各种控制功能。智能家居的主要功能如图 11.7 所示。

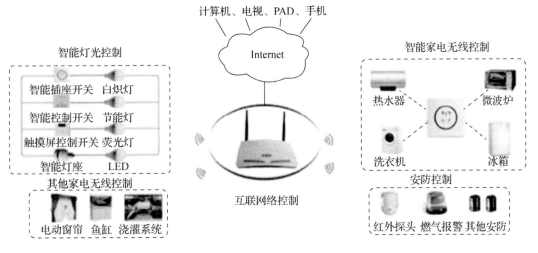

图 11.7　智能家居的主要功能

　　（1）智能灯光控制。

　　智能灯光控制可实现对全宅灯光的智能管理，可以用遥控等多种智能控制方式实现对全宅灯光的遥控开关、调光、全开全关及"会客、影院"等多种一键式灯光场景效果，可根据光线强度自动调节灯光亮度，并在有人时自动开灯，无人时自动关灯；可用定时控制、电话远程控制、计算机本地控制及互联网远程控制等多种方式实现控制功能，达到智能照明的节能、环保、舒适、方便的效果。

　　（2）智能家电控制。

　　根据住户要求对家电和家用电器设施进行智能控制，更大程度地把住户从家务劳动中解放出来。家电设施自动化主要包括两个方面：各种家电设施本身的自动化，以及各种设备进行相互协调、协同工作的自动化。

　　例如，全自动智能洗衣机可以辨别洗衣量、衣服的质地及干净程度，并根据这些信息自动确定洗衣液的用量、水位高低、水的温度、洗涤时间和洗涤强度。另外，它还能自动进行故障诊断，发现问题并给出处理建议。这样，洗衣服和洗衣机的保养问题都无须用户操心。

　　（3）安防控制。

　　随着人们居住环境的升级，人们越来越重视自己的个人安全和财产安全，对人、家庭以及住宅小区的安全提出了更高的要求。通过摄像头、红外探测、开关门磁性探测、玻璃破碎探测、煤气探测、火警探测等各种探测装置采集信息，可以全天 24 小时自动监控是否有陌生人入侵、是否有煤气泄漏、是否有火灾发生等；一旦发生紧急情况就立即进行自动处置和自动报警。

（4）信息服务自动化。

智能家居的通信和信息处理方式更加灵活、更加智能化，其服务内容也将更加广泛。住户的个人计算机和其他家电设施连接局域网和互联网，通过局域网可以实现社区信息服务、物业管理服务、小区住户信息交流，通过互联网可以实现接收证券行情、旅行订票服务、网上资料查询、网上银行服务、电子商务、远程医疗、远程看护、远程教学等各种网络服务。

4. 未来的智能家居

从你睡醒睁开眼的那一刻，就已经生活在一个智能的环境中：电子时钟会用一首轻快动听的乐曲唤醒你，自动窗帘缓缓拉开，智能卫浴会为你自动调整洗浴水温，智能厨房会为你自动烹饪早餐；等你出门上班时，交通工具会是一辆无人驾驶的机器人汽车；当你走进办公室时，你的智能桌子会立刻感应到，为你打开邮箱和一天的工作日程表……

未来的智能家居会更加智能化、更具人性化，给人们带来更多的方便和舒适。人们可以只用一个遥控器，通过无线技术，完成对所有家电、窗帘、浴室设施、报警监视器、照明系统等的控制。中央处理器可通过计算机视觉、语音识别、模式识别等技术，配合你的身体姿态、手势、语音及上下文等信息，判断出你的意图并做出合适的反应或动作，真正实现主动、高效的服务。

11.6　专家系统

专家系统（Expert System）就是对传统人工智能问题中智能程序设计的一个非常成功的近似解决方法，是人工智能从一般思维规律探索走向专门知识利用，从理论方法研究走向实际系统设计的转折点和突破口。作为典型的"知识工程"系统，专家系统既是知识表达、知识存储、知识推理、知识获取、知识管理技术的综合应用对象，也是研究和开发知识工程技术的工具。近年来，专家系统在理论研究和实际应用方面取得了令人瞩目的成就；在管理决策领域越来越受到人们的关注，取得了巨大的发展。

1. 专家系统的概念

专家系统是一个智能计算机程序系统，其内部含有大量的某个领域专家多年积累的知识与经验，能够利用人类专家的知识和解决问题的方法来处理该领域问题。它应用人工智能技术和计算机技术，根据某领域一个或多个专家提供的知识和经验，通过对人类专家的问题求解能力进行建模、推理和判断，模拟人类专家的决策过程，以便解决那些需要人类专家解决的复杂问题。

2. 专家系统组成

专家系统由知识获取、知识库、推理机和解释程序（解释器）等几个部分组成。专家系统的简化结构如图11.8所示。

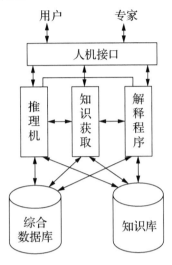

图 11.8 专家系统的简化结构

（1）知识库。

知识库的主要工作是搜集人类的知识，将搜集的知识有系统地表达或模块化，使计算机可以进行推论、解决问题。知识库包含两种形态：一是知识本身，即对物质及概念进行实体分析，并确认彼此之间的关系；二是人类专家所特有的经验法则、判断力与直觉。

（2）推理机。

推理机是由算法或决策策略进行知识库中各项专门知识的推论，依据使用者的问题推理得到正确的答案。

（3）人机接口。

人机接口的主要功能是提供相关数据的输入和输出。

（4）综合数据库。

综合数据库的主要功能是存放初始数据库、推理结果、控制信息、最终结论和管理数据。

（5）知识获取。

知识获取是专家系统知识库是否优越的关键，也是专家系统设计的"瓶颈"问题。通过知识获取，专家系统可以扩充和修改知识库中的内容，也可以实现自动学习功能。

（6）解释程序。

解释程序也称解释器，可以解答用户的问题、了解运行步骤、验证推理的合理性与正确性。解释器能够根据用户的提问，对结论、求解过程做出说明，因而使专家系统更具有人情味。

3. 专家系统的应用领域

专家系统应用计算机中储存的人类知识，解决一般需要专家才能处理的问题。专家系统能模仿人类专家解决特定问题时的推理过程，因而可供非专家用来增进问题解决的能力，同时专家也可把它视为具备专业知识的助理。在人类社会中，专家资源十分稀缺，有了专家系统，则可使专家知识获得普遍的应用。

近年来，专家系统技术逐渐成熟，广泛应用在工程、科学、医药、军事、商业等方面，而且成果丰硕，甚至在某些应用领域，还超过人类专家的智能与判断。

11.7　机器人

机器人（Robot）是一种能够半自主或全自主工作的智能机器。机器人具有感知、决策、执行等基本特征，可以辅助甚至替代人类完成危险、繁重、复杂的工作，提高工作效率与质量，服务人类生活，扩大或延伸人的活动及能力范围。

机器人是一种自动化的机器，所不同的是这种机器具备一些与人或生物相似的智能能力，如感知能力、规划能力、动作能力和协同能力，是一种具有高度灵活性的自动化机器。

1. 机器人的定义

随着人们对机器人技术智能化本质认识的加深，机器人技术开始源源不断地向人类活动的各个领域渗透。结合这些领域的应用特点，人们发明了各种各样的具有感知、决策、行动和交互能力的特种机器人和各种智能机器人。现在虽然还没有一个严格而准确的机器人定义，但被多数人认可的定义为：机器人是自动执行工作的机器装置。它既可以接受人类指挥，又可以运行预先编排的程序，也可以根据人工智能技术制定的原则纲领行动；它的任务是协助或取代人类的工作；它是高级整合控制论、机械电子、计算机、材料和仿生学的产物，在工业、医学、农业、服务业、建筑业甚至军事等领域中均有重要用途。

2. 机器人的发展

（1）第一代机器人：示教再现型机器人。1947 年，为了搬运和处理核燃料，美国橡树岭国家实验室研发了世界上第一台遥控的机器人。1962 年，美国又研制成功 PUMA通用示教再现型机器人，这种机器人通过一台计算机，控制一个多自由度的机械，通过示教存储程序和信息，工作时把信息读取出来并发出指令，这样机器人可以重复当时示教的结果，再现这种动作。例如，汽车的点焊机器人，它只要把这个点焊的过程示教完以后，它总是重复这个工作。

（2）第二代机器人：感觉型机器人。示教再现型机器人对于外界的环境没有感知，如点焊机器人并不知道操作力量的大小、工件存在不存在、焊接得好与坏。因此，在 20 世纪 70 年代后期，人们开始研究第二代机器人，即感觉型机器人。这种机器人拥有类似人的某种功能感觉，如力觉、触觉、视觉、听觉等，它能够通过感觉来感受和识别工件的形状、大小和颜色。

（3）第三代机器人：智能型机器人。20 世纪 90 年代以来发明的机器人。这种机器人带有多种传感器，可以进行复杂的逻辑推理、判断及决策，在变化的内部状态与外部环境中，自主决定自身的行为。

3. 机器人分类

（1）按控制方式分类，机器人可分为以下八类。

① 操作型机器人：能自动控制、可重复编程，具有几个自由度（可固定或运动），用于相关自动化系统中。

② 程控型机器人：按预先要求的顺序及条件，依次控制机器人的机械动作。

③ 示教再现型机器人：通过引导或其他方式，先教会机器人动作，输入工作程序，机器人则自动重复进行作业。

④ 数控型机器人：通过数值、语言等对机器人进行示教，机器人根据示教后的信息进行作业。

⑤ 感觉控制型机器人：利用传感器获取的信息控制机器人的动作。

⑥ 适应控制型机器人：机器人能适应环境的变化，控制其自身的行动。

⑦ 学习控制型机器人：机器人能"体会"工作的经验，具有一定的学习功能，并将所"学"的经验用于工作中。

⑧ 智能型机器人：以人工智能决定其行动的机器人。

（2）根据应用环境分类，可将机器人分为以下两大类。

① 工业机器人：指面向工业领域的多关节机械手或多自由度机器人。

② 特种机器人：指除工业机器人之外的、用于非制造业并服务于人类的各种先进机器人，包括服务机器人、水下机器人、娱乐机器人、军用机器人、微操作机器人、农业机器人、医用机器人等。

4. 机器人的应用

（1）医疗行业。

在医疗行业中，许多疾病都不能只靠口服或外敷药物治疗，只有将药物直接作用于病灶或者切除病灶才能达到治疗的效果。现代医疗手段最常使用的方法就是手术，然而人体生理组织有许多极为复杂、精细而又特别脆弱的地方，人的手动操作精度不足以安全地处理这些部位的病变，但是这些部位的疾病都是非常危险的，如果不加以干预，后果是致命的。

在外科手术领域，医用机器人的精确性高、可靠性强，微创手术创口小，系统定位误差小，受到越来越多医生和患者的信赖。如北京积水潭医院与天智航合作开发的骨科机器人在全国已累计完成好几千例手术。

随着科技的进展，微型机器人的问世为这些问题提供了解决的方法。微型机器人以高密度纳米集成电路芯片为主体，拥有不亚于大型机器人的运算能力和工作能力且可以远程操控，其微小的体积可以进入人的血管，并在不对人体造成损伤的情况下进行治疗和清理病灶；还可以实时地向外界反馈人体内部的情况，方便医生及时做出判断和制订医疗计划。有些疾病的检查和治疗手段会给患者造成大量的痛苦，如胃镜，利用微型机器人就可以在避免增加患者痛苦的前提下完成身体内部的健康检查。

（2）军事行业。

将机器人最早应用于军事行业的是第二次世界大战时期的美国，为了减少人员的伤亡，作战任务执行前都会先派侦察无人机到前方打探敌情。在两军作战的时候，能够先一步了解敌人的动向，要比单纯增加兵力有用得多。随着科技的进步，战争机器人在军事领域的应用越来越广泛，从最初的侦察探测逐渐拓展到战斗和拆除行动。利用无人机制敌于千里之外成为军事战略的首选；拆弹机器人可以精确地拆弹、排弹，避免了拆弹兵在战斗中的伤亡。

（3）教育行业。

教育机器人是一个新兴的概念，多年来，机器人领域的技术发展和研究方向都是它们在生活中代替人们完成体力或是危险工作，而教育机器人则是以机器人为媒介，对人进行教育或对机器人进行编程完成学习目标。教育机器人作为一个新兴产业，发展非常迅速，其主要形式为一些机器人启蒙教育工作室，对儿童到青年不同的人群进行机器人组装、调试、编程、控制等方面的教学。大型的教育机器人公司也会承办一些从小学到大学的机器人竞赛，通常包含窄足、交叉足场地竞步，体操表演比赛。对于机器人的推广有着极为重要的作用。

（4）生产生活。

对于产生有毒有害气体、粉尘或者爆炸和触电风险的工作场合，机械臂凭借着良好的仿生学结构可以代替人手完成几乎全部的动作。为了适应大规模的批量生产，零散的机械臂逐渐发展组合成完整的生产流水线，工人只需要进行简单的操作和分拣包装，其余的工作全部由生产流水线自动完成。

随着科学技术的成熟，机器人和人们生活的关系越来越密切，智能家居成为当下非常热门的话题，扫地机器人是智能家居推广的先行者，将机器人技术引入住宅可以使生活更加安全舒心，尤其家里有老人和儿童，智能家居可以起到自动操作调整模式并保障安全的作用。

11.8　自然语言处理

1.　自然语言处理概述

自然语言处理（Natural Language Processing，NLP）是人工智能领域中的一个重要方向，是指用计算机对自然语言的形、音、义等信息进行处理，即对字、词、句、篇章的输入、输出、识别、分析、理解、生成等的操作和加工。它研究实现人与计算机之间用自然语言进行有效通信的各种理论和方法。它是一门融语言学、计算机科学、数学于一体的科学。

2.　自然语言处理的发展

最早的自然语言处理方面的研究工作是机器翻译。1949 年，美国人威弗首先提出了机器翻译设计方案。其发展主要分为三个阶段。

（1）早期自然语言处理。

第一阶段（1960—1989 年）：基于规则建立词汇、句法语义分析、问答、聊天和机器翻译系统。

（2）统计自然语言处理。

第二阶段（1990—2008 年）：统计自然语言处理主要思路是利用带标注的数据，基于人工定义的特征建立机器学习系统，并利用数据经过学习确定机器学习系统的参数。运行时，利用这些学习得到的参数，对输入数据进行解码，得到输出结果。机器翻译、搜索引擎都是利用统计方法获得了成功。

（3）人工神经网络自然语言处理。

第三阶段（2009 年至今）：深度学习开始在语音和图像方面发挥作用。NLP 研究者开始把目光转向深度学习。先是把深度学习用于特征计算或者建立一个新的特征，然后在原有的统计学习框架下体验效果。比如，搜索引擎加入了深度学习的检索词和文档的相似度计算，以提升搜索的相关度。自 2014 年以来，人们尝试直接通过深度学习建模，进行端对端的训练。目前已在机器翻译、问答、阅读理解等领域取得了进展，出现了深度学习的热潮。

3.　自然语言处理应用

人类语言经过数千年的发展，已经成为一种微妙的交流形式，承载着丰富的信息，这些信息往往超越语言本身。自然语言处理将成为填补人类通信与数字数据鸿沟的一项重要技术。下面就介绍一下自然语言处理的几个常见应用。

（1）机器翻译。

机器翻译是指运用机器，通过特定的计算机程序将一种书写形式或声音形式的自然语言，翻译成另一种书写形式或声音形式的自然语言。机器翻译是一门交叉学科，组成它的三门子学科分别是计算机语言学、人工智能和数理逻辑，各自建立在语言学、计算机科学和数学的基础之上。

机器翻译因其效率高、成本低满足了全球各国多语言信息快速翻译的需求。机器翻译属于自然语言处理的一个分支，是能够将一种自然语言自动生成另一种自然语言又无须人类帮助的计算机系统。目前，谷歌翻译、百度翻译、搜狗翻译等人工智能行业推出的翻译平台逐渐凭借其翻译过程的高效性和准确性占据了翻译行业的主导地位。

（2）信息检索。

信息检索是从相关文档集合中查找用户所需信息的过程。信息检索的基本原理是将用户输入的检索关键词与数据库中的标引词进行对比，当二者匹配成功时，检索成功。

以百度、谷歌为代表的"关键词查询+选择性浏览"，用户采用简单的关键词作为查询提交给搜索引擎，搜索引擎并非直接把检索目标页面反馈给用户，而是提供给用户一个可能的检索目标页面列表，用户从该列表中选择能够满足其信息需求的页面加以浏览。

（3）自动问答。

自动问答是指利用计算机自动回答用户所提出的问题以满足用户知识需求的任务。自动问答系统在回答用户问题时，首先要正确理解用户所提出的问题，抽取其中关键的信息，然后在已有的语料库或者知识库中进行检索、匹配，将获取的答案反馈给用户。这一过程涉及包括词法、句法、语义分析的基础技术，以及信息检索、知识工程、文本生成等多项技术。

（4）过滤垃圾邮件。

当前，垃圾邮件过滤器已成为抵御垃圾邮件问题的第一道防线。不过，许多人在使用电子邮件时遇到过：不需要的电子邮件仍然被接收，或者重要的电子邮件被过滤掉等问题。事实上，判断一封邮件是不是垃圾邮件，首先用到的方法是"关键词过滤"，如果邮件存在常见的垃圾邮件关键词，就判定为垃圾邮件。但这种方法效果不是很理想，一是正常邮件中也可能有这些关键词，非常容易误判；二是将关键词进行变形，就很容易规避关键词过滤。

自然语言处理通过分析邮件中的文本内容，能够相对准确地判断邮件是否为垃圾邮件。目前，贝叶斯垃圾邮件过滤是备受关注的技术之一，它通过学习大量的垃圾邮件和非垃圾邮件，收集邮件中的特征词生成垃圾词库和非垃圾词库，然后根据这些词库的统计频数计算邮件属于垃圾邮件的概率，以此来进行判定。

11.9 其他 AI 应用

1．博弈

博弈是一种使用严格的数学模型来研究冲突和对抗条件下的最优决策问题的理论。博弈思维最初在人工智能方面的体现是计算机游戏。最早的计算机游戏指国际象棋。为了设计可以与人类竞争甚至击败人类的程序，人们开始研究如何使计算机学习人类的思维、模式，具有与人类相同的游戏能力。

目前，AI 在国际象棋、五子棋、围棋、跳棋等这几个博弈方面已经战胜了人类。战胜了人类的 AI 有 IBM 的 "深蓝"，DeepMind 的 AlphaGo、AlphaGo Master、AlphaGo Zero，OpenAI 的 Dota2 等。

2．机器视觉

机器视觉是用机器代替人眼进行测量和判断。机器视觉系统是指通过图像摄取装置将被摄取的目标转换成图像信号，传送给专用的图像处理系统，根据像素分布、宽度、颜色等信息，转换成数字信号，抽取目标的特征，再根据判别结果控制现场的设备动作。

机器视觉应用在半导体及电子、汽车、冶金、制药、食品饮料、印刷、包装、零配件装配及制造质量检测等。

3．智慧医疗

智慧医疗（WIT120）通过打造健康档案区域医疗信息平台，利用最先进的物联网技术，实现患者与医务人员、医疗机构、医疗设备之间的互动，逐步实现信息化。

智慧医疗 AI 可以为医生提供完整和有效的信息，从而为疾病的诊断和治疗提供科学、可靠的依据。人工智能可以极大地提高医学数据的测定和分析过程的自动化程度，从而大大提高医生的工作效率，减轻医生的工作强度、减少医生主观随意性。

智慧医疗 AI 可通过图形识别技术在影像识别方面发挥价值。根据已经确诊癌症患者前几年的 CT 片建立自我学习的模型，根据模型结果就可以判断各种结节到底是不是癌症。

4．智能个性化推荐

人工智能算法可以依据大数据和历史行为记录，汇总用户的兴趣爱好，预测用户对给定物品的评分或偏好，实现对用户意图的精准理解，达到精准匹配。

（1）新闻推送。

在新闻服务领域，通过用户阅读的内容、时长、评论等偏好，以及社交网络甚至是所使用的移动设备型号等，综合分析用户所关注的信息源及核心词汇，通过专业的细化分析，从而进行新闻推送，实现新闻的个人定制服务，最终提升用户黏性。

（2）购买预测。

如果京东、天猫和亚马逊等大型零售商能够提前预测客户的需求，那么其收入也有大幅度的增加。在用户下单之前就将商品运到送货车上，这样用户在下单几分钟内可能就收到了商品。

毫无疑问，这项技术需要人工智能来参与，需要对每一位用户的地址、购买偏好、购物车、浏览商品时长、已购买商品等数据进行深层次的分析，根据分析结果向用户推送 AI 认为相关程度大的产品。同时作为一种增加销量的思路，还可衍生许多其他的做法，包括送特定类型的优惠券、特殊的打折计划、有针对性的广告、在顾客住处附近的仓库存放他们可能购买的产品。

第三部分 实践篇

本篇内容主要介绍 Python 发展简史、特点、应用领域、Python 开发环境安装配置、Python 类库的导入；Python 语法基础，包括标识符、常量、变量、数据类型、运算符、表达式和函数等；几种常用的复合数据类型，包括列表（list）、字典（dictionary）、元组（tuple）和集合（set）；Python 控制结构，包括顺序结构、选择结构和循环结构及一些经典算法；文件与数据库，包括文件的打开、读/写与关闭、Access 数据库的访问、MySQL 数据库的访问和 MongoDB 数据库的访问；最后介绍几个 Python 常用类库，包括 NumPy 库、Matplotlib 库、Pandas 库、Scikt-learn 库和 Keras 库。

本篇重点内容是列表、字典，选择结构和循环结构，文件的打开、读/写与关闭；几个 Python 常用类库，包括 NumPy 库、Matplotlib 库、Pandas 库、Scikt-learn 库和 Keras 库。

第 **12** 章
Python概述

本章导读

Python 以快速解决问题著称，其特点在于提供了丰富的内置对象、运算符和标准库，而庞大的扩展库更是极大地增强了 Python 的功能，扩展了 Python 的应用领域，几乎已经渗透到所有领域和学科。本章将介绍 Python 的发展简史、特点、应用领域、开发环境安装配置、类库的导入。

课程知识点	1. Python 的发展简史 2. Python 的特点 3. Python 的应用领域 4. Python 的开发环境安装配置 5. pip 命令 6. Python 标准库与扩展库的导入和使用
课程重点	1. Python 开发环境安装配置 2. pip 命令 3. Python 标准库与扩展库的导入和使用
课程难点	1. pip 命令 2. Python 标准库与扩展库的导入和使用

12.1 Python 的发展简史

Python 的创始人为荷兰计算机程序员吉多·范罗苏姆。1989 年，他为了打发圣诞节的无趣，决心开发一个新的脚本解释程序，作为 ABC 语言的一种继承。之所以选中 Python 作为该编程语言的名字，是因为他是一位名叫 Monty Python 的喜剧团体的爱好者。

Python 入门非常简单，它的语法非常像自然语言，对非软件专业人士而言，选择

Python 的成本很低，因此某些医学甚至艺术专业背景的人，往往会选择 Python 作为编程语言。

1991 年，Python 第一个公开发行版本发行，它是一种面向对象的解释型计算机程序设计语言，是用 C 语言实现的，并且能够调用 C 语言的库文件。从诞生起，Python 就具有了类、函数、异常处理，包含列表和字典在内的核心数据类型，以及以模块为基础的拓展系统。

Python 将许多机器层面上的细节隐藏，交给编译器处理，并突显逻辑层面的编程思考。Python 程序员可以花更多的时间思考程序的逻辑，这一特征吸引了广大的程序员，Python 开始流行。2011 年 1 月，Python 成为 TIOBE 全球编程语言排行榜的年度编程语言。

目前，Python 广泛应用于 Web 开发、操作和维护自动化、测试自动化和数据挖掘等行业和领域。根据一项专业调查，75%的受访者认为 Python 是他们的主要开发语言，而另外 25%的受访者认为它是第二开发语言。以 Python 为主要开发语言的开发人员逐年增加，表明 Python 正成为越来越多开发人员选择的编程语言。

据了解，许多大型企业都使用了 Python，如豆瓣、搜狐、金山、腾讯、盛大、网易、百度、阿里巴巴、淘宝、土豆、新浪等；谷歌、美国国家航空航天局、YouTube、Facebook、红帽等也都使用 Python 来执行各种任务。

2008 年 12 月，Python 发布了 3.0 版本。Python 3.0 是一次重大的升级，为了避免引入历史包袱，它没有考虑与 Python 2.x 兼容。开发者逐渐发现 Python 3.x 更简洁、更方便。现在，绝大部分开发者已经从 Python 2.x 转移到 Python 3.x，但有些早期的 Python 程序可能依然使用 Python 2.x。本书使用的版本是 Python 3.6～3.7。

目前，由于大数据、人工智能的流行，Python 变得比以往更加流行。在 2021 年 1 月的 TIOBE 全球编程语言排行榜上，Python 已经迅速上升到第 3 位，仅次于 Java、C 语言。排名前十的分别是 C 语言、Java、Python、C++、C#、Visual Basic、JavaScript、PHP、R 语言、Groovy。而且 Python 再一次获得 TIOBE 年度编程语言，这已经是 Python 第四年取得该称号，这个称号是授予一年里最受欢迎的编程语言的。

C 语言、C++占据了世界上绝大部分贴近操作系统的硬件编程，Java 占据了世界上绝大部分电商、金融、通信等服务端应用开发，Python 则在大数据与人工智能方面占据了主导地位。

12.2　Python 的特点

Python 是一种面向对象、解释型、弱类型的脚本语言，也是一种功能强大而完善的通用型语言。Python 具有如下特点。

1．简单易学、语法简洁、开发速度快

（1）简单易学：与 C 语言和 Java 比，Python 的学习成本和难度低很多，更适合新手入门学习。

（2）语法简洁：Python 的语法简洁，代码量少，容易编写，代码的测试、重构、维护等也很容易。一个小小的脚本，用 C 语言可能需要 1000 行，用 Java 可能需要几百行，但是用 Python 往往只需要几十行。

（3）开发速度快：当前互联网企业的生命线是产品的开发速度。如果开发速度不够快，则产品推出之前，竞争对手的产品就上线了。

2．跨平台、可移植、可扩展、交互式、解释型、面向对象、动态语言

（1）跨平台：Python 支持 Windows、Linux 和 MacOS 等主流操作系统。

（2）可移植：代码通常不需要多少改动就能移植到其他平台上运行。

（3）可扩展：Python 本身由 C 语言编写而成，完全可以在 Python 中嵌入 C 语言，从而提高代码的运行速度和效率；也可以使用 C 语言重写 Python 的任何模块，从根本上改写 Python。

（4）交互式：Python 提供很好的人机交互界面，比如 IDLE 和 IPython，可以从终端输入执行代码并获得结果、互动的测试和调试代码片段。

（5）解释型：Python 在执行过程中由解释器逐行分析、运行并输出结果。

（6）面向对象：Python 具备所有的面向对象的特性和功能，支持基于类的程序开发。

（7）动态语言：在运行时可以改变其结构。例如，新的函数、对象，甚至代码可以被引进，已有的函数可以被删除等。动态语言非常具有活力。

3．"内置电池"（大量的标准库和第三方库）

Python 为我们提供了非常完善的基础库，覆盖了系统、网络、文件、GUI、数据库、文本处理等方方面面，这些是随解释器默认安装的，各平台通用，无须安装第三方支持就可以完成大多数工作，这一特点被形象地称作"内置电池"。

Python 常被称为胶水语言，能够把用其他语言制作的各种模块（尤其是 C/C++）很轻松地连接在一起。常见的一种应用情形是使用 Python 快速生成程序的原型（有时甚至是程序的最终界面），然后对其中有特别要求的部分用更合适的语言进行改写。比如，3D 游戏中的图形渲染模块，性能要求特别高，就可以用 C/C++ 重写，再封装为 Python 可以调用的扩展类库。

程序员比较忌讳做重复的开发工作，如果对某个问题已经有开源的解决方案或者第三方库，就不用自己去开发，直接用就好。

4．社区活跃，贡献者多，互帮互助

Python 的技术社区是广泛存在的。技术社区可以为语言的学习和使用提供巨大的帮

助，无论是前期的学习还是日后的工作，只要有问题，技术社区的高手们都可以帮我们解决，有了这些助力，可以帮我们更好地了解、学习和使用一门语言。技术社区同时推动 Python 的发展方向、功能需求，促使企业更多地使用 Python、招聘 Python 程序员。

5. 开源语言，发展动力巨大

Python 是开源的，用户可以进行学习、研究甚至改进它的源代码。"众人拾柴火焰高"，有更多的人参与 Python 的开发，促使它更好地发展，被更多地应用，形成良性循环。

6. 发布的源代码不加密

用 Python 编写的源代码通常是不加密的，如果要发布你的 Python 程序，实际上就是发布源代码，这一点与 C 语言不同，C 语言不用发布源代码，只需要发布编译后的机器码（也就是 Windows 上常见的 exe 文件）。要从机器码反编译出 C 语言源代码基本是不可能的。所以，凡是编译型的语言都没有这个问题，而解释型的语言必须把源代码发布出去。

12.3　Python 的应用领域

Python 作为一种功能强大的编程语言，具有简单、免费、兼容性、面向对象、库丰富等优点，受到很多开发者的青睐。Python 的应用领域非常广泛，几乎所有大中型互联网企业都在使用 Python 完成各种各样的任务。概括起来，Python 的应用领域主要有如下几个。

1. 人工智能

Python 在人工智能领域的机器学习、神经网络、深度学习等方面，都是主流的编程语言，得到广泛的支持和应用。

基于大数据分析和深度学习发展而来的人工智能，已经无法离开 Python 的支持，原因有以下几点。

（1）目前世界上优秀的人工智能学习框架，比如 Google 的 TensorFlow（神经网络框架）、FaceBook 的 PyTorch（神经网络框架）以及开源社区的 Karas 神经网络库等，都是用 Python 实现的。

（2）微软的 CNTK（认知工具包）完全支持 Python，并且该公司开发的 VS Code 已经把 Python 作为第一级语言进行支持。

（3）Python 擅长进行科学计算和数据分析，支持各种数学运算，可以绘制出更高质量的 2D 和 3D 图像。

2. 网络爬虫

网络爬虫俗称网络蜘蛛，也叫作网络机器人。网络爬虫是根据一定的预先设定的搜索规则，通过相关的数据信息，进行网络资源的搜寻，并且利用编写的网络爬虫脚本对这些定向的信息进行下载、存储，从而实现数据信息的搜寻和获取工作。或者说，网络爬虫是根据互联网的整体关联性，通过相应的网络爬虫脚本获取信息，网络爬虫可以对这些信息进行准确的定位，并将这些定位反馈给搜寻者，从而实现相关资源的获取。

Python 爬虫是用 Python 编程实现的网络爬虫，主要用于网络数据的抓取和处理。与其他语言相比，Python 是一门非常适合开发网络爬虫的编程语言，大量内置包和扩展库、框架，可以轻松地实现网络爬虫的功能。

Python 爬虫可以做的事情很多，如搜索引擎、采集数据、广告过滤等，还可以用于数据分析，在数据的抓取方面作用很大。

Python 爬虫架构组成如下。

（1）URL 管理器：管理待爬取的 URL（统一资源定位器，可以理解成网址）集合和已爬取的 URL 集合，传送待爬取的 URL 到网页下载器。

（2）网页下载器：爬取 URL 对应的网页，存储成字符串，传送给网页解析器。

（3）网页解析器：解析出有价值的数据，存储下来，同时补充 URL 到 URL 管理器。

Python 爬虫的工作原理：Python 爬虫通过 URL 管理器判断是否有待爬 URL，如果有待爬 URL，通过调度器传递给网页下载器，下载 URL 内容，通过调度器传送给网页解析器进行解析，并将待爬取数据和新 URL 列表通过调度器传递给应用程序，输出待爬取数据的过程。

Python 爬虫的工具（类库）：Python 提供了很多用于编写网络爬虫的工具，例如 urllib、requests、Selenium 和 BeautifulSoup 等，还提供了一个网络爬虫框架——Scrapy。

3. 数据分析

Python 在数据分析领域也有广泛的应用，它比 Java 更有效率，具有庞大、活跃的科学计算生态，在数据分析、交互、可视化方面有十分丰富、完善和优秀的库（基础库和扩展库）。随着 NumPy、SciPy、Matplotlib 等常用类库的开发和完善，Python 越来越适合做科学计算和数据分析。它不仅支持各种数学运算，而且可以绘制高质量的 2D 和 3D 图像。与科学计算领域最流行的商业软件 MATLAB 相比，Python 采用的脚本语言的应用范围更广泛，可以处理更多类型的文件和数据。

4. 云计算

Python 是从事云计算工作需要掌握的一门编程语言。Python 的强大之处在于模块化和具有灵活性，构建云计算平台的基于 IaaS 服务的云计算框架 OpenStack 就是采用 Python 开发的，云计算的其他服务也都是在 IaaS 服务之上的。

5. 游戏开发

在网络游戏开发中，Python 也有很多应用。与 Lua（一款小巧的脚本语言）和 C++ 相比，Python 具有更高阶的抽象能力，可以用更少的代码描述游戏业务逻辑，更适合作为一种 Host 语言，即程序的入口点在 Python 一端会比较好，然后用 C/C++ 在非常必要的时候写一些扩展。Python 非常适合编写 1 万行以上的项目，而且能够很好地把网游项目的规模控制在 10 万行代码以内。

很多游戏使用 C++编写图形显示等高性能模块，使用 Python 或者 Lua 编写游戏的逻辑、服务器。与 Python 相比，Lua 的功能更简单、体积更小，然而 Python 支持更多的特性和数据类型。比如，国际上较为有名的游戏 Sid Meier's Civilization（文明）就是使用 Python 编写的。

除此之外，Python 可以直接调用 Open GL 实现 3D 绘制，这是高性能游戏引擎的技术基础。事实上，有很多 Python 实现的游戏引擎，如 Pygame、Pyglet、Cocos 2D 等。

6. 桌面软件及数据库程序开发

Python 在图形界面开发方面很强大，Tkinter、PyQt、PySide、wxPython、PyGTK 是 Python 快速开发桌面应用程序的利器。

程序员可通过遵循 Python DB-API（数据库应用程序编程接口）规范的模块，与 Access、SQL Server、Oracle、Sybase、DB2、MySQL、SQLite、MongoDB 等数据库通信。另外，Python 自带一个 Gadfly 模块，提供了一个完整的 SQL 环境。

7. Web前后端开发

Python 有很多现成的 Web 网页模板系统以及与 Web 服务器进行交互的库，可以实现 Web 开发，搭建 Web 框架，几行代码就能生成一个功能齐全的 Web 服务，如 Django 和 Flask。Django 集成的功能很多，均可直接使用；Flask 轻量快速，只包含核心功能，其他都需要自行扩展。

豆瓣、知乎、拉勾网等都是用 Python 开发的，Web 开发在国内的发展也是很不错的，因为 Python 的 Web 开发框架是一个优势，用 Python 搭建一个网站只需要几行代码，非常简洁。

8. 网络编程

实际软件开发中，除了上面介绍的基于 B/S（Browser/Server，浏览器/服务器）模式的 Web 网站开发外，还有广泛存在的基于 C/S（Client/Server，客户端/服务器）模式的网络编程。人们的生活已经离不开网络，所以网络编程在开发中无处不在，可以说是一切开发的基石。所有 Python 编程开发人员必须掌握网络编程技术，包括协议、封包、解包等底层功能。

Python 提供如下两个级别访问的网络服务。

（1）低级别的网络服务模块支持基本的 Socket，它提供了标准的 BSD Sockets API，可以访问底层操作系统 Socket 接口的全部方法，能方便、快速地开发分布式应用程序。Socket 又称"套接字"，应用程序通常通过"套接字"向网络发出请求或者应答网络请求，使主机间或者一台计算机上的不同进程间可以通信。很多大规模软件开发计划（例如 Zope、Mnet、BitTorrent 和 Google）都广泛使用它。

（2）高级别的网络服务模块是 SocketServer 框架，它提供了服务器中心类，可以简化网络服务器的开发。

9. 自动化运维

作为运维工程师首选的编程语言，在很多操作系统中，Python 是标准的系统组件。大多数 Linux 发行版和 MacOSX 都集成了 Python，可以在终端下直接运行 Python。Python 标准库包含多个调用操作系统功能的库。通过 pywin32 第三方软件包，Python 能够访问 Windows 的 COM 服务及其他 Windows API。一般来说，Python 编写的系统管理脚本在可读性、性能、代码重用度、扩展性等方面都优于普通的 shell 脚本。

用 Python 做运维将会事半功倍。在运维的工作中，有大量的重复性工作，并需要做管理系统、监控系统、发布系统等，将工作自动化，提高工作效率，此时非常适合用 Python。

目前市场上主流的开源自动化配置管理工具有 ansible 和 saltstack，二者都是基于 Python 开发的，后期可进行二次开发，比较实用。

10. 文档处理

Python 可以很轻松地处理主流的文本文件（.txt 文件）、Word 文档和 Excel 文档等。

openpyxl 是一个可以读/写 Excel 2010 文档的 Python 库，如果要处理更早版本的 Excel 文档，需要用到其他库（如 xlrd、xlwt 等），这是 openpyxl 的不足之处。

openpyxl 是一款比较综合的工具，不仅能够同时读取和修改 Excel 文档，而且可以详细设置 Excel 文件中的单元格，包括单元格样式等内容，甚至支持图表插入、打印设置等。使用 openpyxl 可以读/写 xltm、xltx、xlsm、xlsx 等类型的文件，且可以处理数据量较大的 Excel 文件，跨平台处理大量数据是其他模块无法相比的。因此，openpyxl 成为处理 Excel 复杂问题的首选库函数。

python-docx 库是一个用于创建和编辑 Microsoft Word（.docx）文档的 Python 库。python-docx 可以用来创建 docx 文档，包含段落、分页符、表格、图片、标题、样式等几乎所有 Word 文档中的常用功能，其主要功能是创建文档，相对来说修改功能不是很强大。

12.4　Python 开发环境安装配置

除了 Python 官方安装包自带的 IDLE，还有 Anaconda 3、PyCharm、Eclipse 等大量集成开发环境。相对来说，IDLE 稍微简单一些，但也提供了简单的语法着色、交互式运行、程序编写和运行及简单的程序调试功能。其他 Python 开发环境则对 Python 解释器主程序进行了不同的封装和集成，使得代码的编写和项目管理更方便一些，界面更漂亮一些。

本节主要对 Anaconda 3 开发环境进行简单的介绍，但书中所有代码同样可以在 PyCharm 等其他开发环境中运行。

本书中所有在交互模式运行和演示的代码都以交互环境提示符 ">>>" 开头，在运行这种代码时，并不需要输入提示符 ">>>"，该提示符是自动出现的。而书中所有不带提示符 ">>>" 的代码都需要写入一个程序文件保存下来才能运行，或在 Anaconda 3 的开发环境 Jupyter Notebook 的 cell（代码单元）中运行。

Anaconda 3 对于 Python 初学者而言极其友好，相比单独安装 Python 主程序，选择 Anaconda 3 可以省去很多麻烦。Anaconda 3 中添加了许多常用的功能包，如果单独安装 Python，则这些功能包需要一条一条地自行安装，在 Anaconda 3 中不需要考虑这些。

Anaconda 3 的安装包不仅集成了大量常用的扩展库，而且提供了 Jupyter Notebook 和 Spyder 两个图形界面的集成开发环境，还提供了 Anaconda Prompt，可以进入字符界面交互模式，在提示符 ">>>" 下交互式执行代码也可以用于安装或升级扩展库。

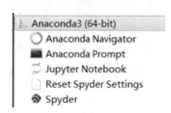

图 12.1　Anaconda 3 命令子菜单

Anaconda 3 是目前比较流行的 Python 开发环境之一。从 Anaconda 官网下载合适版本并安装，然后启动 Anaconda Prompt、Jupyter Notebook 或 Spyder 即可。具体操作方法如下：执行 "开始" → "所有程序" → "Anaconda 3 (64-bit)" 命令，需启动的开发环境都在该命令子菜单中，如图 12.1 所示。

12.4.1　Jupyter Notebook

启动 Jupyter Notebook，打开主窗口，如图 12.2 所示。

执行 New→Python 3 命令打开一个新窗口，如图 12.3 所示，在该窗口的 cell（代码单元）中即可编辑、运行、调试 Python 代码。单击 Run 按钮运行代码。

还可以执行 File→Download as 命令将当前代码以及运行结果保存为不同格式的文件，以方便以后使用，如图 12.4 所示。

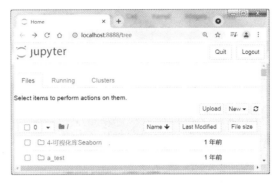

图 12.2 Jupyter Notebook 主窗口

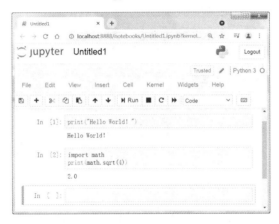

图 12.3 Jupyter Notebook 代码编辑运行调试窗口

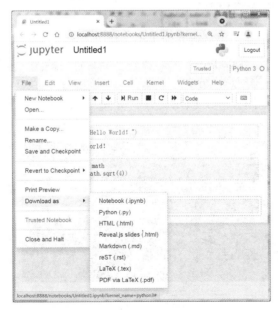

图 12.4 Download as 菜单项

12.4.2　Spyder

Spyder 同时提供了交互式开发界面和程序编辑器与运行界面，以及程序调试和项目管理功能，方便实用。

在图 12.5 所示的 Spyder 运行界面中，左侧是程序编辑器窗格，右下区域是交互式窗格。单击 Run File 按钮即可运行程序编辑器窗格中的代码，并在交互式窗格中显示代码的运行结果。

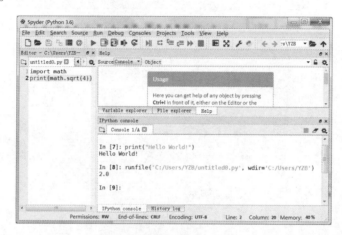

图 12.5　Spyder 运行界面

12.4.3　Anaconda Prompt

Anaconda Prompt 主要提供字符界面（提示符为 ">>>"）的交互式运行 Python 代码的功能，更重要的是可以通过 pip 命令安装和升级各种扩展库（也称类库、包或模块，这些名称有些差别，不用刻意区分）。

启动 Anaconda Prompt，进入 DOS 提示符界面，如图 12.6 所示。

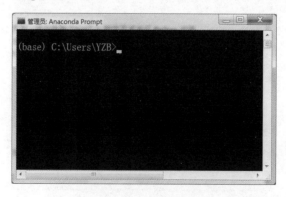

图 12.6　DOS 提示符界面

在 DOS 提示符界面执行 python 命令，进入交互式字符界面（提示符为 ">>>"），如图 12.7 所示。

可以在该界面下交互式执行 Python 语句，如图 12.8 所示。

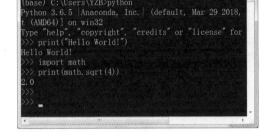

图 12.7　交互式字符界面　　　　　　图 12.8　交互式执行 Python 语句

执行 exit() 或 quit() 命令可以退出 Python 交互式字符界面，返回 DOS 提示符界面。也可以按组合键 Ctrl+Z 返回。

在 DOS 提示符界面下，可以执行 pip install 命令进行各种类库（包）的安装和升级。以安装 requests 类库为例，如图 12.9 所示。

图 12.9　安装 requests 类库

在图 12.9 中，"Successfully installed charset-normalizer-2.0.4 requests-2.26.0" 表明requests 类库安装成功。

"WARNING：You are using pip version 20.2.4；howerver，version 21.2.4 is available."
"You should consider upgrading via the 'd:\programdata\anaconda3\python.exe -m pip install--
upgrade pip'command." 表明 pip 版本需要升级，执行提示中给出的命令 "d:\programdata\
anaconda3\python.exe -m pip install --upgrade pip" 升级即可，如图 12.10 所示，说明 pip
命令从 20.2.4 版本成功升级到 21.2.4 版本。注意，若计算机中的版本号不一定是 20.2.4，
当使用升级 pip 命令时，升级后的版本可能比 21.2.4 版本高。

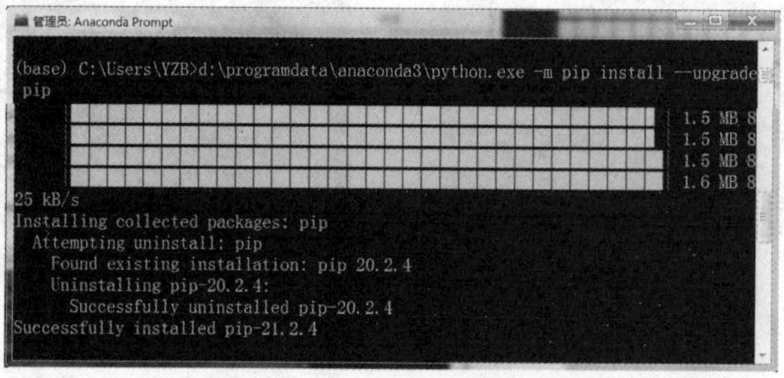

图 12.10　pip 命令升级成功

还可以执行 pip uninstall 命令卸载已经安装的各种类库。图 12.11 所示为成功卸载
requests 类库，卸载命令为 pip uninstall requests。

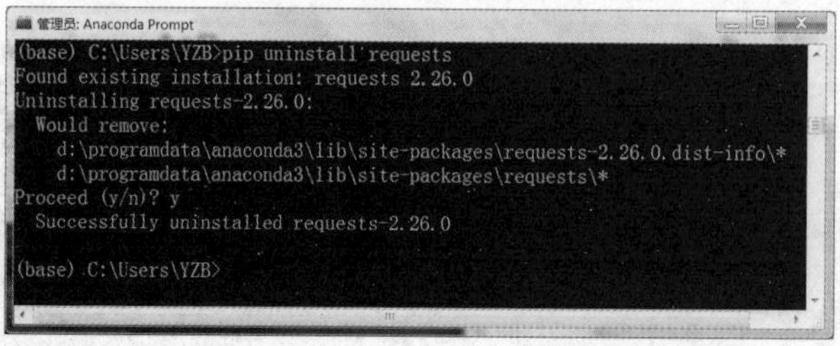

图 12.11　成功卸载 requests 类库

说明：上述 pip 命令默认访问的镜像源是国外的，有时速度很慢，也可以选择使用
清华、阿里云、豆瓣云等的镜像源，具体方法可以上网搜索。

12.5　Python 类库的导入

Python 标准库和扩展库中的对象必须先导入再使用，三种导入方式如下。

1. import 模块名 [as 别名]

用这种导入方式将模块导入以后，使用时需要在对象前加上模块名作为前缀，以 "模
块名.对象名" 的形式访问。如果模块名字很长，可以为导入的模块起一个别名，然后使
用 "别名.对象名" 的形式访问。以下为该导入方式的用法示例。

```
>>>import math              # 导入标准库 math
>>>math.sqrt(4)            # 求 4 的平方根，结果为 2.0
>>>import random           # 导入标准库 random
>>>random.random()         # 返回 [0, 1) 范围内的随机小数
>>>random.randint(1,100)   # 返回 [1,100] 范围内的随机整数
>>>random.randrange(1,100) # 返回 [1,100) 范围内的随机整数
```

```
>>> import math
>>> math.sqrt(4)
2.0
>>> import random
>>> random.random()
0.6328055533093588
>>> random.randint(1,100)
5
>>> random.randrange(1,100)
18
>>>
```

```
import numpy as np              # 导入扩展库 numpy，设置别名为 np
a = np.array((4, 2, 1, 3))      # 通过别名访问其中的对象
print(a)
print("sum =",a.sum())          # 对数组 a 进行求和
print("mean =",a.mean())        # 求数组 a 的平均值
print("max =",a.max())          # 求数组 a 的最大值
```

运行结果如下。

```
[4 2 1 3]
sum = 10
mean = 2.5
max = 4
```

2. from 模块名　import 对象名 [as 别名]

这种导入方式仅导入明确指定的对象，并且可以为导入的对象起一个别名，同时可以减少查询次数，提高访问速度，减小程序员需要输入的代码量，不需要输入对象名作为前缀。以下为该导入方式的用法示例。

```
>>>from math import sqrt as s    #给导入的对象 sqrt 起个别名 s
>>>s(4)
```

```
>>> from math import sqrt as s
>>> s(4)
2.0
>>>
```

3. from 模块名 import *

这种导入方式可以一次导入模块中的所有对象，写起来也比较省事，可以直接使用模块中的所有对象，而不需要再使用模块名作为前缀。无论是用得上还是用不上的对象都被一次性调入内存，会占用一定的内存空间，一般并不推荐这样使用。以下为该导入方式的用法示例。

```
>>>from math import *      # 导入标准库 math 中的所有对象
>>>sqrt(4)                 # 求平方根
2.0
>>>sin(2)                  # 求正弦值
0.9092974268256817
>>>log2(8)                 # 计算以 2 为底的对数值
3.0
>>>pi                      # 常数π
3.141592653589793
```

第13章
Python语法基础

本章导读

Python 内置对象不需要安装和导入就可以直接使用，其中很多内置函数除了常见的基本用法之外，还提供了更多参数支持的高级用法。在使用 Python 运算符时，应该注意很多运算符具有多重含义，当作用于不同的对象时可能会有不同的含义，注意区分，避免混淆。Python 语法简单易学，本章将介绍 Python 的标识符、常量、变量、数据类型、运算符和函数等用法。

课程知识点	1. 标识符、常量、变量 2. 数据类型 3. 字符串的切片与索引 4. 运算符 5. 内置函数 6. 用户自定义函数
课程重点	1. 数据类型 2. 字符串的切片与索引 3. 运算符 4. 用户自定义函数
课程难点	1. 字符串的切片与索引 2. 用户自定义函数

13.1 标识符、常量、变量

1. 标识符

（1）命名规则：可以包含字母、数字和下画线，但不能以数字开头。关键字不能作为标识符的名字。

（2）命名原则：见名知意，驼峰命名。

① 见名知意：起一个有意义的名字，尽量做到看一眼就知道是什么意思（提高代码的可读性），比如定义名字用 name，定义学生用 student 等。

② 驼峰命名：第一个单词以小写字母开始；第二个单词的首字母大写，例如 myName、aDog。

2. 关键字

（1）关键字的含义：被赋予了特殊含义、具备特殊功能的标识符。

（2）查看关键字的命令。

```
>>>import keyword
>>>keyword.kwlist
```

```
>>> import keyword
>>> keyword.kwlist
['False', 'None', 'True', 'and', 'as', 'assert', 'break', 'class', 'continue', '
def', 'del', 'elif', 'else', 'except', 'finally', 'for', 'from', 'global', 'if',
'import', 'in', 'is', 'lambda', 'nonlocal', 'not', 'or', 'pass', 'raise', 'retu
rn', 'try', 'while', 'with', 'yield']
>>>
```

3. 常量、变量

常量是在程序执行过程中，值不发生改变的量。比如，整型常量 123、58 等；浮点型常量 3.14159、92.5 等；字符型常量'123'、"a"等。

与常量相对应，程序运行过程中，值可以改变的量称为变量。一个变量应该有一个名字，在内存中占据一定的存储单元，可以通过程序对其进行读、写和其他处理。

在 Python 中，如果需要存储一个暂时的数据，可以通过变量形式实现。

```
num1 = 10;          # num1 是一个变量，"="是赋值运算符，后面详述
num2 = 20;          # num2 也是一个变量
result = num1 + num2;  # 将 num1 和 num2 两个变量相加，存储到 result 变量中
```

在程序中为了更充分地利用内存空间以及更有效率地管理内存，变量是有不同的数据类型的，Python 是弱引用语言，不用刻意指定数据类型。我们在定义变量时，只要赋予一个数据，这个变量的数据类型就确定了。

13.2 数据类型、运算符

13.2.1 数据类型

计算机能处理的远不止数值，还可以处理文本、图形、音频、视频、网页等各种各

样的数据。不同的数据，需要定义不同的数据类型。Python 3.x 版本中的数据类型有 Numbers（数字）、Boolean（布尔型）、String（字符串）、List（列表）、Tuple（元组）、Dictionary（字典）。

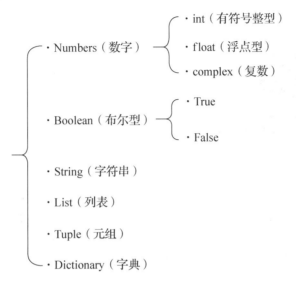

例如：

```
>>>a, b, c, d = 20, 5.5, True, 4+3j
>>>print(type(a), type(b), type(c), type(d))
```

```
>>> a,b,c,d=20,5.5,True,4+3j
>>> print(type(a),type(b),type(c),type(d))
<class 'int'> <class 'float'> <class 'bool'> <class 'complex'>
>>>
```

说明：print 函数用于输出数据，type 函数用于返回数据（参数）的数据类型，后面详述。

结果说明，a 变量是整型，b 变量是浮点型，c 变量是布尔型，d 变量是复数型。

1. 数字

（1）整数。在 Python 语言中，整数有以下表示方法。

① 十进制整数：如 123、-5、800 等。

② 十六进制整数：以 0X 开头，X 可以是大写或小写字母，如 0X1F、0x30C 等。

③ 八进制整数：以 0O 开头，O 可以是大写或小写字母，如 0O26、0o177 等。

（2）浮点数。浮点数就是带小数的数，可以用数学写法，如 1.23、0.8、-385.92；也可以用科学记数法，如 5.7e-9（数学中的 5.7×10^{-9}）、-6.9E3（数学中的 -6.9×10^{3}）等。

（3）复数。复数是由实部和虚部构成的数，如 3+4j、5.1+8.32j 等。

下面是有关复数的运算实例。

```
>>>a=3+4j
>>>b=5.1+8.32j
>>>c=a+b
>>>print(c,c.real,c.imag)
```

```
>>> a=3+4j
>>> b=5.1+8.32j
>>> c=a+b
>>> print(c,c.real,c.imag)
(8.1+12.32j) 8.1 12.32
>>>
```

2. 字符串

（1）字符串的定义。

用单引号或双引号引起来的字符序列称为字符串，如'中国'、'Python'、"Hello"、"123"等。空串表示为"或""，即只有一对单引号或一对双引号。字符串的定界符除了单引号和双引号外，还可以使用三引号，即三个单引号或三个双引号。

（2）转义字符。

计算机中的字符分为可见字符和不可见字符。可见字符是指可显示图形的字符，不可见字符是指不能显示图形，仅表示某种控制功能的代码，如 ASCII 码中的换行符、制表符等。

不可见字符只能用转义字符表示，当然，可见字符也可以用转义字符表示。转义字符以"\"开头，后面跟字符或数字。表 13-1 给出了 Python 语言中的转义字符。

表 13-1　Python 语言中的转义字符

转义字符	转义字符的意义
\n	换行符
\t	横向跳到下一个制表位置
\b	退格符
\r	回车符
\f	走纸换页符
\\	反斜线符号\本身
\'	单引号
\"	双引号
\0	空值（Null）

续表

转义字符	转义字符的意义
\y	八进制数 y 表示的字符
\xy	十六进制数 y 表示的字符

举例：

```
a='thank you!'              # thank you!
a='doesn\'t'                # doesn't
a="doesn't"                 # doesn't
a="\"Yes,\" he said."       # "Yes," he said.
a='"Isn\'t," she said.'     # "Isn't," she said.
```

（3）字符串的运算。

可以使用"+"运算符将两个字符串连接在一起，或者用"*"运算符重复字符串。例如：

```
>>> "abc" + " 123"
>>> "abc"*3
```

```
>>> "abc"+"123"
'abc123'
>>> "abc"*3
'abcabcabc'
>>>
```

（4）字符串的操作。

① 索引：字符串有两种索引方法，一种是正向递增序号法，即从左端开始用非负整数 0、1、2、3 等表示；另一种反向递减序号法，即从右端开始用负整数-1、-2、-3 等表示。现以字符串"你好! 世界"为例子进行说明，如图 13.1 所示。

图 13.1 两种索引方法

可以使用索引值提取出字符串中的某个字符，提取方式为 s[index]，其中 index 为索引值。例如：

```
>>>s="你好！世界"
>>>s[1]              # '好'
>>>s[-4]             # '好'
```

```
>>> s="你好！世界"
>>> s[1]
'好'
>>> s[-4]
'好'
>>>
```

② 切片：可以取出字符串中连续的一段子串，提取方式为 s[start:end]，其中 start 和 end 均为索引值。截取的范围是前闭后开的，并且两个索引都可以省略，省略 start，默认从第一个（索引值为 0）字符开始截取；省略 end，默认一直截取到最后一个字符（索引值为"字符串长度-1"）。例如：

```
>>>s[0:3]        # '你好！'
>>>s[3:5]        # '世界'
>>>s[:5]         # '你好！世界'，等价于 s
>>>s[0:]         # '你好！世界'，等价于 s
```

```
>>> s[0:3]
'你好！'
>>> s[3:5]
'世界'
>>> s[:5]
'你好！世界'
>>> s[0:]
'你好！世界'
>>>
```

③ 求字符串长度：内置函数 len() 用于返回一个字符串的长度。例如：

```
>>>len(s)   #5
```

```
>>> len(s)
5
>>>
```

13.2.2　运算符

Python 支持算术运算符、赋值运算符、关系（比较）运算符、逻辑运算符、成员测试运算符、身份运算符等。下面介绍几种主要运算符。

1. 算术运算符

算术运算符见表 13-2，假设变量 a 为 10，变量 b 为 2。

表 13-2　算术运算符

运算符	描　述	实　例
+	两个运算数相加	a + b 输出结果为 12
–	两个运算数相减	a – b 输出结果为 8
*	两个运算数相乘	a * b 输出结果为 20
/	两个运算数相除	a / b 输出结果为 5.0
//	返回商的整数部分	a // b 输出结果为 5
%	返回除法的余数	a % b 输出结果为 0
**	返回 x 的 y 次幂	a**b 为 10 的 2 次方，输出结果为 100

说明：

（1）除法运算（/）的结果为浮点数。

（2）整除运算（//）的结果取决于运算数，参与运算的两个运算数均为整数，则结果为整数；否则，结果为浮点数。模运算（%）同理。

（3）算术运算符优先级：幂运算（**）>乘除（*、/、//、%）>加减（+、–），4 个乘除运算符的优先级相同，结合性为左结合，即从左向右运算；加法和减法运算的优先级也相同，也是左结合。

2. 赋值运算符

赋值运算符见表 13-3。

表 13-3　赋值运算符

运算符	描　述	实　例
=	简单的赋值运算符	c=a+b 为将 a+b 的运算结果赋值给 c
+=	加法赋值运算符	c+=a 等价于 c=c+a
–=	减法赋值运算符	c–=a 等价于 c=c–a
*=	乘法赋值运算符	c*=a 等价于 c=c*a
/=	除法赋值运算符	c/=a 等价于 c=c/a
//=	整除赋值运算符	c//=a 等价于 c=c//a

续表

运算符	描　　述	实　　例
%=	模赋值运算符	c%=a 等价于 c=c%a
**=	幂赋值运算符	c**=a 等价于 c=c**a

说明：

（1）赋值运算符的左边只能出现变量名或对象名。

（2）在 Python 中，不需要事先声明变量名及其数据类型，赋值运算可以直接创建任意类型的变量。Python 解释器会根据赋值运算符右边表达式的值自动推断变量的数据类型，而且变量的值和数据类型可以随时通过另一个赋值运算改变。举例如下。

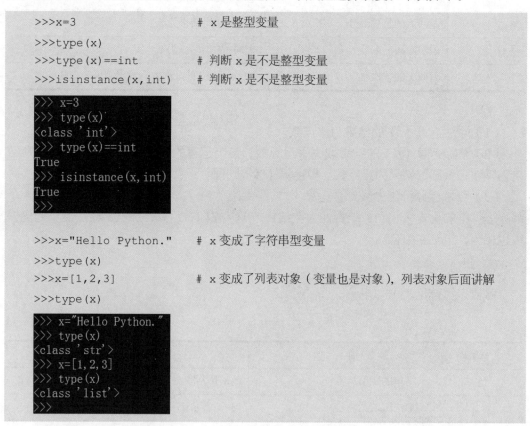

```
>>>x=3                    # x 是整型变量
>>>type(x)
>>>type(x)==int           # 判断 x 是不是整型变量
>>>isinstance(x,int)      # 判断 x 是不是整型变量
```

```
>>> x=3
>>> type(x)
<class 'int'>
>>> type(x)==int
True
>>> isinstance(x,int)
True
>>>
```

```
>>>x="Hello Python."      # x 变成了字符串型变量
>>>type(x)
>>>x=[1,2,3]              # x 变成了列表对象（变量也是对象），列表对象后面讲解
>>>type(x)
```

```
>>> x="Hello Python."
>>> type(x)
<class 'str'>
>>> x=[1,2,3]
>>> type(x)
<class 'list'>
>>>
```

3. 关系（比较）运算符

关系（比较）运算符见表 13-4，假设变量 a 为 10，变量 b 为 2。

表 13-4　关系（比较）运算符

运算符	关系表达式	描　述	实　例
==	x==y	等于（比较两个运算数是否相等）	a==b 返回 False
!=	x!=y	不等于（比较两个运算数是否不相等）	a!=b 返回 True
>	x>y	大于（返回 x 是否大于 y）	a>b 返回 True
<	x<y	小于（返回 x 是否小于 y）	a<b 返回 False
>=	x>=y	大于或等于（返回 x 是否大于或等于 y）	a>=b 返回 True
<=	x<=y	小于或等于（返回 x 是否小于或等于 y）	a<=b 返回 False

说明：

（1）只有当两个运算数是同一类型时，比较才有效。但对于数字，当两个运算数的类型不同时，Python 将进行类型的强制转换；当运算数之一是浮点数时，将另一个运算数也转换为浮点数，再比较。

（2）6 个关系运算符的优先级相同。

（3）关系运算符可以连写，如 a>b>c 等价于 a>b and b>c 。

（4）关系运算的结果为逻辑值［逻辑真（True）或逻辑假（False）］。

4. 逻辑运算符

逻辑运算符见表 13-5，假设变量 a 为 10，变量 b 为 2。

表 13-5　逻辑运算符

运算符	逻辑表达式	描　述	实　例
and	x and y	逻辑"与"（如果 x 为 False，返回 x 的计算值；否则返回 y 的计算值）	a and b 返回 2
or	x or y	逻辑"或"（如果 x 为 True，返回 x 的计算值；否则返回 y 的计算值）	a or b 返回 10
not	not x	逻辑"非"（如果 x 为 True，返回 False；否则返回 True）	not (a and b) 返回 False

说明：

（1）一般来说，逻辑运算符两边的运算数都是关系表达式，逻辑运算的结果是逻辑真（True）或逻辑假（False）。假设 a=1，b=2，c=3，举例如下。

```
>>>a>b or b>c      # False
>>>a<b and b<c     # True
>>>not (a>b)       # True
```

```
>>> a=1
>>> b=2
>>> c=3
>>> a>b or b>c
False
>>> a<b and b<c
True
>>> not(a>b)
True
>>>
```

（2）逻辑运算符的两边也可以是数字、字符串等。Python 中可以把任意非 0 数字、非空字符串、非空列表、非空字典等理解为 True，把数字 0、空字符串、空列表、空字典等理解为 False。举例如下。

```
>>>5>2 and 10          # 10
>>>5>2 and 0           # 0
>>>5<2 and 10          # False
>>>"123" or 0          # "123"
>>>"" or 123           # 123
```

```
>>> 5>2 and 10
10
>>> 5>2 and 0
0
>>> 5<2 and 10
False
>>> "123" or 0
'123'
>>> "" or 123
123
>>>
```

5. 成员测试运算符

成员测试运算符见表 13-6。

表 13-6　成员测试运算符

运算符	描　述	实　例
in	如果在指定的序列中找到值返回 True，否则返回 False	x in y：如果 x 在 y 序列中，则返回 True
not in	如果在指定的序列中没有找到值返回 True，否则返回 False	x not in y：如果 x 不在 y 序列中，则返回 True

说明：

成员测试运算符 in 用于成员测试，即测试一个对象是否包含另一个对象。举例如下。

```
>>>3 in [1,2,3]              # 结果为 True，测试 3 是否在列表[1,2,3]中
>>>3 not in [1,2,3]          # 结果为 False，测试 3 是否不在列表[1,2,3]中
>>>"abc" in "34abc56"        # 结果为 True，子字符串测试
```

```
>>> 3 in [1,2,3]
True
>>> 3 not in [1,2,3]
False
>>> "abc" in "34abc56"
True
>>>
```

6. 运算符的优先级

运算符优先级见表 13-7。

表 13-7　运算符优先级

运算符说明	Python 运算符	优先级	结合性
小括号	()	12	无
索引运算符	x[i]或 x[i1: i2 [:i3]]	11	左
属性访问	x.attribute	10	左
乘方	**	9	右
符号运算符	+（正号）、-（负号）	8	右
乘除	*、/、//、%	7	左
加减	+、-	6	左
比较运算符	==、!=、>、>=、<、<=	5	左
in 运算符	in、not in	4	左
逻辑非	not	3	右
逻辑与	and	2	左
逻辑或	or	1	左

说明：

（1）优先级值越大，优先级越高，即优先级值大的优先计算。

（2）Python 中运算符的优先级可以用小括号改变。Python 中，表达式中的括号只能用小括号，可以是多层小括号嵌套，先计算最里面的小括号，从里往外计算。举例如下。

```
>>> 2*1+2*2+1*3              # 结果为 9
>>>2*1+2*(2+1)*3             # 结果为 20
>>>2*(1+2*(2+1))*3           # 结果为 42
```

```
>>> 2*1+2*2+1*3
9
>>> 2*1+2*(2+1)*3
20
>>> 2*(1+2*(2+1))*3
42
>>>
```

13.3 函数

13.3.1 内置函数

函数是组织好的、可重复使用的，用来实现单一或相关联功能的代码段。函数能提高应用的模块化和代码的重复利用率。Python 提供了许多内置函数，比如 print()。Python 中也可以自己创建函数，叫作用户自定义函数。

下面介绍常见的内置函数。

1. print() 函数

print()函数可以用于输出任意类型的数据。

（1）可以直接输出数字和字符串。例如：

```
>>> print(123)          # 结果为 123
>>> print("Python")     # 结果为 Python
```

```
>>> print(123)
123
>>> print("Python")
Python
>>>
```

（2）格式化输出，类似于 C 语言中的 printf()函数。%d、%f 和%s 分别用于格式化输出整数、浮点数和字符串。

%d 的用法如下。

```
>>> a=12
>>> print("%d"%(a+3))    # 结果为 15
```

```
>>> a=12
>>> print("%d"%(a+3))
15
>>>
```

%f 的用法如下。

```
>>>PI=3.1415926
>>>print("%6.3f"%PI)        # 输出总宽度为 6、小数位数为 3，位数不够左补空格（小数点
算 1 位），如果加一个负号（"%-6.3f"），则右补空格
```

```
>>> PI=3.1415926
>>> print("%6.3f"%PI)
3.142
>>>
```

%s 的用法如下。

```
>>>str="Python"
>>>print("%6.4s"%str)        # 输出总宽度为 6，截取前 4 个字符，左补 2 个空格
```

```
>>> str="Python"
>>> print("%6.4s"%str)
  Pyth
>>>
```

（3）解决换行的问题。print()函数自带换行，如果不想换行，则增加一个 end 参数即可。例如：

```
for i in range(0,3):        # for 循环语句，后面讲解
    print(i)
```

运行结果如下。

```
0
1
2
```

Jupyter 平台运行结果如下。

```
for i in range(0,3):
    print(i)

0
1
2
```

```
for i in range(0,3):
    print(i,end=" ")        # 增加了 end 参数，改变结束字符为空格，默认是换行符
```

运行结果如下。

```
0 1 2
```

Jupyter 平台运行结果如下。

```
for i in range(0,3):
    print(i,end=" ")

0 1 2
```

2. input() 函数

input()函数用于从控制台读取用户输入的内容。input() 函数总是以字符串的形式处理用户输入的内容，所以用户输入的内容可以包含任何字符。

（1）可以直接输入字符串。

```
>>> str=input("请输入一个字符串：")
请输入一个字符串：Python3        （输入 Python3 并按 Enter 键）
>>> print(str)              # 结果为 Python3
```

```
>>> str=input("请输入一个字符串：")
请输入一个字符串：Python3
>>> print(str)
Python3
>>>
```

（2）可以先将输入的字符串转换成数字，再进行计算。

```
>>> a=input("请输入一个数字：")
请输入一个数字：23       （输入 23 并按 Enter 键）
>>> print(int(a)+5)        # 结果为 28，int()函数的功能是将字符串转换为数字
```

```
>>> a=input("请输入一个数字：")
请输入一个数字：23
>>> print(int(a)+5)
28
>>>
```

3. abs() 函数

abs()函数用于返回数字的绝对值。

```
>>> pirnt(abs(-49))              # 结果为 49
```

```
>>> print(abs(-49))
49
>>>
```

4. pow() 函数

pow()函数用于求幂运算。

```
>>> pow(2,3)                    # 结果为 8
```

```
>>> pow(2,3)
8
>>>
```

5. int() 函数

int() 函数用于将字符串或浮点数转换为整型。

```
>>> int(2.9)                    # 结果为 2
>>> int("123")                  # 结果为 123
```

```
>>> int(2.9)
2
>>> int("123")
123
>>>
```

6. float() 函数

float() 函数用于将整数和字符串转换成浮点数。

```
>>> float(1)                    # 结果为 1.0
>>> float("123")                # 结果为 123.0
```

```
>>> float(1)
1.0
>>> float("123")
123.0
>>>
```

7. ord()、chr()函数

ord()函数用于将字符转换为十进制整数（ASCII 值），chr()函数用于将十进制整数转换为对应的字符。

```
>>> ord('a')                    # 结果为 97
>>> chr(97)                     # 结果为'a'
```

```
>>> ord('a')
97
>>> chr(97)
'a'
>>>
```

8. max()、min() 函数

max()函数用于返回给定参数的最大值，参数可以为序列。min()函数用于返回给定参数的最小值，参数可以为序列。

```
>>> max(11,22,33)              # 结果为 33
>>> min(11,22,33)              # 结果为 11
```

```
>>> max(11, 22, 33)
33
>>> min(11, 22, 33)
11
>>>
```

9. len()函数

len()函数用于返回对象（字符、列表、元组等）长度或元素个数。

```
>>>len("Hello World!")        # 返回字符串长度（双引号里面的字符个数）12
>>>len([10,20,30,40])         # 返回列表元素个数 4
```

```
>>> len("Hello World!")
12
>>> len([10, 20, 30, 40])
4
>>>
```

10. type() 函数

type()函数用于返回对象的数据类型。

```
>>> print(type(12))                    # 结果为<class 'int'>
>>> print(type("Python"))              # 结果为<class 'str'>
>>> print(type([11,22,33,44]))         # 结果为<class 'list'>
```

```
>>> print(type(12))
<class 'int'>
>>> print(type("Python"))
<class 'str'>
>>> print(type([11, 22, 33, 44]))
<class 'list'>
>>>
```

13.3.2 用户自定义函数

1. Python定义函数

Python 定义函数使用 def 关键字，一般格式如下。

```
def  函数名(参数列表)：      # 该行后面必须有英文半角冒号
    函数体                  # 所有函数体语句必须统一缩进，一般缩进 4 个空格
```

2. 无参函数

```
def hello():
    print("Hello World!")
hello()
```

运行结果如下。

```
Hello World!
```

Jupyter 平台运行结果如下。

```
def hello():
    print("Hello World!")
hello()

Hello World!
```

3. 有参函数

有参函数是更复杂的函数，带参数变量。

```
def area(width,height):
    return width*height
w=4
h=5
print("width=",w,"\nheight=",h,"\narea=",area(w,h))
```

运行结果如下。

```
width= 4
height= 5
area= 20
```

Jupyter 平台运行结果如下。

```
def area(width,height):
    return width*height
w=4
h=5
print("width=",w,"\nheight=",h,"\narea=",area(w,h))

width= 4
height= 5
area= 20
```

第14章
列表与字典

本章导读

    Python 包含多种复合数据类型，如列表、字典、元组、集合等。这些复合数据类型类似于其他语言的数组和结构体，是用来存储大量数据的容器，提供了非常强大的功能。熟练运用这些复合数据类型，可以更加快捷地解决问题。其中最常用的是列表和字典。

课程知识点	1. 列表、字典、元组、集合等的特点 2. 列表、字典、元组、集合等方法和函数 3. 运用各种运算符对列表、字典、元组、集合中的数据进行操作 4. 复合数据类型的切片与索引
课程重点	1. 列表、字典、元组、集合等方法和函数 2. 运用各种运算符对列表、字典、元组、集合中的数据进行操作 3. 复合数据类型的切片与索引
课程难点	1. 列表、字典、元组、集合等方法和函数 2. 复合数据类型的切片与索引

14.1 列表

    列表（List）的各元素写在方括号之间，并用逗号分隔开。列表内的元素不必是相同的类型，其中的元素之间可以没有任何关系。

    1. 定义列表

```
>>>months=[1, 2, 3, 4, 5, 6, 7, 8, 9, 10, 11, 12]      #定义列表 months
>>>print(months)              # 输出列表 months 中的各元素
>>>print(type(months))        # 输出列表 months 的类型
```

```
>>>print(len(months))          # 输出列表 months 中的元素个数
```

```
>>> months=[1, 2, 3, 4, 5, 6, 7, 8, 9, 10, 11, 12]
>>> print(months)
[1, 2, 3, 4, 5, 6, 7, 8, 9, 10, 11, 12]
>>> print(type(months))
<class 'list'>
>>> print(len(months))
12
>>>
```

2. 列表切片

与字符串的索引相同，列表索引也从 0 开始。列表可以进行切片（截取其中一部分）。

```
>>>months=["Jan", "Feb", "Mar", "Apr", "May", "Jun", "Jul"]
>>>print(months[0])      # 返回第一个元素，值为"Jan"，字符串型
>>>print(months[-1])     # 返回最后一个元素，值为"Jul"，字符串型
>>>print(months[2:4])    # 前闭后开，返回['Mar', 'Apr']，列表类型
>>>print(months[:4])     # 默认从第一个元素开始切片
>>>print(months[4:])     # 默认切片到最后一个元素
```

```
>>> months=["Jan", "Feb", "Mar", "Apr", "May", "Jun", "Jul"]
>>> print(months[0])
Jan
>>> print(months[-1])
Jul
>>> print(months[2:4])
['Mar', 'Apr']
>>> print(months[:4])
['Jan', 'Feb', 'Mar', 'Apr']
>>> print(months[4:])
['May', 'Jun', 'Jul']
>>>
```

3. 列表的其他操作

列表的其他操作包括追加、修改、删除、插入、拼接等。
（1）追加元素。

```
>>>months = []                    # 定义空列表 months
>>>months.append(1)               # 使用 append 方法连续向列表追加 4 个元素
>>>months.append("January")
>>>months.append(2)
>>>months.append("February")
>>>print(months)                  # 结果为[1, 'January',2, 'February']
```

```
>>> months = []
>>> months.append(1)
>>> months.append("January")
>>> months.append(2)
>>> months.append("February")
>>> print (months)
[1, 'January', 2, 'February']
>>>
```

（2）修改元素。

```
>>>months [1] ="Jan"          # 将第二个元素改为"Jan"
>>>print(months)             # 结果为[1, 'Jan',2, 'February']
```

```
>>> months [1] ="Jan"
>>> print (months)
[1, 'Jan', 2, 'February']
>>>
```

（3）删除元素。

```
>>>months.pop(1)             # 使用pop方法将第二个元素删除
>>>print(months)             # 结果为[1, 2, 'February']
```

```
>>> months.pop(1)
'Jan'
>>> print (months)
[1, 2, 'February']
>>>
```

（4）插入元素。

```
>>>months.insert(1, "January")  # 使用insert方法将"January"插入第二个元素位置
>>>print(months)                # 结果为[1, 'January',2, 'February']
```

```
>>> months.insert(1, "January")
>>> print (months)
[1, 'January', 2, 'February']
>>>
```

（5）拼接两个列表。

```
>>>months=months+[3, "March"]   # 使用 "+" 将两个列表拼接在一起
>>>print(months)     # 结果为[1, 'January',2, 'February',3, 'March']
```

```
>>> months=months+[3, "March"]
>>> print (months)
[1, 'January', 2, 'February', 3, 'March']
>>>
```

（6）删除元素的其他方法（一次删除多个元素）。

```
>>>months[4:]=[]          # 一次删除第五个元素开始的所有元素
>>>print(months)          # 结果为[1, 'January',2, 'February']
```

```
>>> months[4:]=[]
>>> print(months)
[1, 'January', 2, 'February']
>>>
```

（7）列表元素重复。

```
>>>a=['1','2'] * 3        # 用"*"实现元素重复
>>>print(a)               # 结果为['1', '2', '1', '2', '1', '2']
```

```
>>> a=['1','2'] * 3
>>> print(a)
['1', '2', '1', '2', '1', '2']
>>>
```

（8）嵌套列表。

```
>>> a = ['a', 'b', 'c']   # 定义列表 a
>>> n = [1, 2, 3]         # 定义列表 n
>>> x = [a, n]            # x 值为[ ['a', 'b', 'c'], [1, 2, 3]]，是嵌套
                          # 列表，相当于二维数组
>>>print(x)               # 结果为[[ 'a', 'b', 'c'],[1,2,3]]
```

```
>>> a = ['a', 'b', 'c']
>>> n = [1, 2, 3]
>>> x = [a, n]
>>> print(x)
[['a', 'b', 'c'], [1, 2, 3]]
>>>
```

（9）判断元素是否存在于列表中。

```
>>>print(3 in [1, 2, 3])  #结果为 True
>>>print(4 in [1, 2, 3])  #结果为 False
```

```
>>> print(3 in [1, 2, 3])
True
>>> print(4 in [1, 2, 3])
False
>>>
```

4. 列表相关函数

（1）转换函数。

语法：list(seq)。

功能：将元组转换为列表。

（2）长度函数。

语法：len(list)。

功能：求列表中的元素个数。

（3）最大值函数。

语法：max(list)。

功能：返回列表中元素的最大值。

（4）最小值函数。

语法：min(list)。

功能：返回列表中元素的最小值。

（5）举例。

```
>>>list1 = list((1,2,3,5,6))    #将元组转换为列表
>>>print(list1)
>>>print(len(list1))            #求列表中元素个数
>>>print(max(list1))            #返回列表中元素的最大值
>>>print(min(list1))            #返回列表中元素的最小值
```

```
>>> list1 = list((1,2,3,5,6))
>>> print(list1)
[1, 2, 3, 5, 6]
>>> print(len(list1))
5
>>> print(max(list1))
6
>>> print(min(list1))
1
>>>
```

5. 列表相关方法

（1）追加元素。

语法：list.append(obj)。

功能：在列表末尾添加新的对象。

举例：

```
>>>mylist = [1,2,3,4]
>>>mylist.append( 5 )
>>>mylist.append( '6' )
>>>print(mylist)
```

```
>>> mylist = [1,2,3,4]
>>> mylist.append( 5 )
>>> mylist.append( '6' )
>>> print(mylist)
[1, 2, 3, 4, 5, '6']
>>>
```

（2）统计次数。

语法：list.count(obj)。

功能：统计某个元素在列表中出现的次数。

举例：

```
>>>mylist = [123, 'xyz', 'yzb', 'abc', 123]
>>>print(mylist.count(123))
>>>print(mylist.count('yzb'))
```

```
>>> mylist = [123, 'xyz', 'yzb', 'abc', 123]
>>> print(mylist.count(123))
2
>>> print(mylist.count('yzb'))
1
>>>
```

（3）求索引值。

语法：list.index(obj [, start [, end]])。

功能：从列表中找出某个对象第一个匹配项的位置索引值。

参数如下。

- obj：查找的对象。
- start：可选，查找的起始位置。
- end：可选，查找的结束位置。

举例：

```
>>>mylist = [123, 'xyz', 'yzb', 'abc', 123]
>>>print(mylist.index( 123 ))
>>>print(mylist.index( 123 , 2 ,6))
```

```
>>> mylist = [123, 'xyz', 'yzb', 'abc', 123]
>>> print(mylist.index( 123 ))
0
>>> print(mylist.index( 123 , 2 ,6))
4
>>>
```

（4）插入元素。

语法：list.insert(index, obj)。

功能：将对象插入列表中的某个位置。

参数如下。

● index：对象 obj 需要插入的索引位置。

● obj：要插入列表的对象。

举例：

```
>>>mylist = [123, 'xyz', 'yzb', 'abc', 123]
>>>mylist.insert( 3, 'zab')
>>>print(mylist)
```

```
>>> mylist = [123, 'xyz', 'yzb', 'abc', 123]
>>> mylist.insert( 3, 'zab')
>>> print(mylist)
[123, 'xyz', 'yzb', 'zab', 'abc', 123]
>>>
```

（5）按索引值删除元素。

语法：list.pop([index=-1])。

功能：删除列表中的一个元素（默认最后一个元素），并且返回该元素的值。

参数：index，可选参数，要移除列表元素的索引值，不能超过列表总长度。默认
index=-1，表示删除最后一个列表值。

举例：

```
>>>mylist = [123, 'xyz', 'yzb', 'abc', 123]
>>>a=mylist.pop(2)
>>>print(mylist)
>>>print(a)
```

```
>>> mylist = [123, 'xyz', 'yzb', 'abc', 123]
>>> a=mylist.pop(2)
>>> print(mylist)
[123, 'xyz', 'abc', 123]
>>> print(a)
yzb
>>>
```

（6）按元素值删除元素。

语法：list.remove(obj)。

功能：删除列表中某个值的第一个匹配项。

举例:

```
>>>mylist = [123, 'xyz', 'yzb', 'abc', 123]
>>>mylist.remove('yzb')
>>>print(mylist)
```

```
>>> mylist = [123, 'xyz', 'yzb', 'abc', 123]
>>> mylist.remove('yzb')
>>> print(mylist)
[123, 'xyz', 'abc', 123]
>>>
```

（7）逆向排列。

语法：list.reverse()。

功能：逆向排列列表中的元素。

举例:

```
>>>mylist = [123, 'xyz', 'yzb', 'abc']
>>>mylist.reverse()
>>>print(mylist)
```

```
>>> mylist = [123, 'xyz', 'yzb', 'abc']
>>> mylist.reverse()
>>> print(mylist)
['abc', 'yzb', 'xyz', 123]
>>>
```

（8）列表排序。

语法：list.sort(reverse=False)。

功能：该方法没有返回值，但是会对列表中的元素进行排序。

参数：reverse，排序规则；reverse = True 降序；reverse = False 升序（默认）。

举例:

```
>>>mylist = [3,1,5,8,2]
>>>mylist.sort()                # 默认升序
>>>print(mylist)
>>>mylist.sort(reverse=True)    # 降序排序
>>>print(mylist)
```

```
>>> mylist = [3,1,5,8,2]
>>> mylist.sort()                #默认升序
>>> print(mylist)
[1, 2, 3, 5, 8]
>>> mylist.sort(reverse=True)    #降序排序
>>> print(mylist)
[8, 5, 3, 2, 1]
>>>
```

14.2 字典

字典（Dictionary）是 Python 中另一个非常有用的复合数据类型，是一个无序的键值对集合。关键字（键）必须使用不可变类型，可以用数字、字符串或元组。在同一个字典中，键必须是唯一的，但值不必是唯一的。

1. 定义字典

字典的每个键值对（key:value）用冒号（:）分隔，每两个键值对之间用逗号（,）分隔，整个字典在花括号（{}）中，例如：

```
>>> scores = {'Jim': 80, 'Sue': 85, 'Ann': 75}
```

#定义字典 scores，其中'Jim'是键，80 是它的值，其他同理。

```
>>> print(scores)              # 结果为{'Jim': 80, 'Sue': 85, 'Ann': 75}
```

```
>>> scores = {'Jim': 80, 'Sue': 85, 'Ann': 75}
>>> print(scores)
{'Jim': 80, 'Sue': 85, 'Ann': 75}
>>>
```

也可以用下列方法定义字典 scores，同时也是向字典中添加键值对的方法。

```
>>>scores = {}
>>>scores["Jim"] = 80
>>>scores["Sue"] = 85
>>>scores["Ann"] = 75
>>>print(scores)              # 结果为{'Jim': 80, 'Sue': 85, 'Ann': 75}
```

```
>>> scores = {}
>>> scores["Jim"] = 80
>>> scores["Sue"] = 85
>>> scores["Ann"] = 75
>>> print(scores)
{'Jim': 80, 'Sue': 85, 'Ann': 75}
>>>
```

2. 访问字典中的数据

（1）获取某个键的值（把相应的键名放入方括号）。

```
>>>print(scores['Sue'])        #输出 Sue 的成绩 85 分
```

```
>>> print(scores['Sue'])
85
```

（2）显示所有键。

```
>>> print (scores.keys())        #结果为dict_keys(['Jim', 'Sue', 'Ann'])
```

```
>>> print(scores.keys())
dict_keys(['Jim', 'Sue', 'Ann'])
>>>
```

（3）显示所有值。

```
>>> print (scores.values())      #结果为dict_values([80,85,75])
```

```
>>> print (scores.values())
dict_values([80, 85, 75])
>>>
```

（4）显示字典元素个数，即键的总数。

```
>>> print (len(scores))          #使用len函数计算字典元素个数，结果为3
```

```
>>> print(len(scores))
3
>>>
```

3. 修改字典

（1）更新某键的值。

```
>>> scores['Sue']=100            #关键字'Sue'存在，则更新Sue的成绩为100分
>>> print(scores)                #结果为{'Jim': 80, 'Sue': 100, 'Ann': 75}
```

```
>>> scores['Sue']=100
>>> print(scores)
{'Jim': 80, 'Sue': 100, 'Ann': 75}
>>>
```

（2）添加新的键值对。

```
>>> scores['Bob']=60   #关键字'Bob'不存在，则添加新键值对 'Bob':60
>>> print(scores)      #结果为{'Jim': 80, 'Sue': 100, 'Ann': 75, 'Bob': 60}
```

```
>>> scores['Bob']=60
>>> print(scores)
{'Jim': 80, 'Sue': 100, 'Ann': 75, 'Bob': 60}
>>>
```

4. 删除字典元素

（1）删除单一元素。

```
>>> del scores['Sue']            #使用del语句删除键值对 'Sue':100
```

```
>>> print(scores)                    #结果为{'Jim': 80, 'Ann': 75, 'Bob': 60}
>>> del scores['Sue']
>>> print(scores)
{'Jim': 80, 'Ann': 75, 'Bob': 60}
>>>
```

```
>>>scores.popitem()                  #使用popitem方法返回并删除字典中的最后一个键值对
>>> print(scores)                    #结果为{'Jim': 80, 'Ann': 75}
>>> scores.popitem()
('Bob', 60)
>>> print(scores)
{'Jim': 80, 'Ann': 75}
>>>
```

（2）清空字典。

```
>>> scores.clear()                   #使用clear方法删除字典中的所有元素
>>> print(scores)                    #结果为{}，空字典
>>> print(len(scores))               #结果为0
>>> scores.clear()
>>> print(scores)
{}
>>> print(len(scores))
0
>>>
```

14.3 元组

元组（Tuple）和列表一样，也是由一系列按特定顺序排列的元素组成的。一旦创建元组，它的元素就不可更改了，所以元组是不可变序列。元组也可以看作不可变的列表，通常情况下，元组用于保存无须修改的内容。元组可以存储整数、实数、字符串、列表等任何类型的数据，并且在同一个元组中，元素的类型可以不同。

元组使用小括号，列表使用方括号。

1. 创建元组

创建元组很简单，只需要在小括号中添加元素（小括号可以省略），并使用逗号隔开即可。例如：

```
>>> tup1 = ('中国', '长春',2021, 12)
>>> tup2 = 1, 2, 3, 4, 5
>>> tup3 = "a", "b", "c"
>>> print( tup1 , tup2 , tup3 )
```

```
>>> tup1 = ('中国', '长春', 2021, 12)
>>> tup2 = 1, 2, 3, 4, 5
>>> tup3 = "a", "b", "c"
>>> print( tup1 , tup2 , tup3 )
('中国', '长春', 2021, 12) (1, 2, 3, 4, 5) ('a', 'b', 'c')
>>>
```

```
>>> tup4 = ()                    #创建空元组
>>> tup5 = (50,)                 #元组中只包含一个元素时，需要在元素后面添加逗号
>>> print(tup4,tup5)
```

```
>>> tup4 = ()
>>> tup5 = (50,)
>>> print(tup4,tup5)
() (50,)
>>>
```

2. 访问元组

元组与字符串类似，下标索引从 0 开始，可以进行截取、组合等操作。元组可以使用下标索引来访问元组中的值，注意使用方括号。例如：

```
>>> print( tup1[0] )              #等价于 tup[-4]
>>> print( tup2[1:5] )
```

```
>>> print( tup1[0] )
中国
>>> print( tup2[1:5] )
(2, 3, 4, 5)
>>>
```

3. 修改元组

元组中的元素值是不允许修改的，但我们可以对元组进行连接组合。例如：

```
>>> tup6 = tup1 + tup5            #创建一个新的元组
>>> print(tup6)
```

```
>>> tup6 = tup1 + tup5
>>> print(tup6)
('中国', '长春', 2021, 12, 50)
>>>
```

4. 删除元组

元组中的元素值是不允许删除的，但可以使用 del 语句删除整个元组，元组被删除后，再输出变量会显示异常信息。例如：

```
>>> del tup6                    #删除元组 tup6
>>> print( tup6 )               #再显示会出现"tup6 未定义"的错误提示
```

```
>>> del tup6
>>> print(tup6)
Traceback (most recent call last):
  File "<stdin>", line 1, in <module>
NameError: name 'tup6' is not defined
>>>
```

5. 元组相关函数

（1）元组长度。

语法：len(tuple)。

功能：计算元组中元素个数。

（2）求最大值。

语法：max(tuple)。

功能：返回元组中元素的最大值。

（3）求最小值。

语法：min(tuple)。

功能：返回元组中元素的最小值。

（4）转换函数。

语法：tuple(list)

功能：将列表转换为元组。

（5）举例。

```
>>>mytuple=tuple([1,2,3,5,6])          #将列表转换为元组
>>>print(mytuple)
>>>print(len(mytuple))
>>>print(max(mytuple))
>>>print(min(mytuple))
```

```
>>> mytuple=tuple([1,2,3,5,6])
>>> print(mytuple)
(1, 2, 3, 5, 6)
>>> print(len(mytuple))
5
>>> print(max(mytuple))
6
>>> print(min(mytuple))
1
>>>
```

14.4 集合

集合（Set）是一个无序的不重复元素序列，使用一对大括号作为定界符，元素之间用逗号分隔，同一个集合内的每个元素都是唯一的，不允许重复。集合中只能包含数字、字符串、元组等不可变类型的数据，而不能包含列表、字典、集合等可变类型的数据。

1. 创建集合

可以使用大括号{}或者 set()函数创建集合，自动去重。注意，创建一个空集合必须用 set()而不是{}，因为{}用来创建一个空字典。可以使用 set()函数将列表、元组、字符串、range 对象等其他可迭代对象转换成集合，如果原来的数据中存在重复元素，则转换为集合时只保留一个。例如：

```
>>>set1 = {'apple', 'orange', 'apple', 'pear', 'orange', 'banana'}
>>>set2 = set(range(3,8))
>>>print(set1)
>>>print(set2)
```

```
>>> set1 = {'apple', 'orange', 'apple', 'pear', 'orange', 'banana'}
>>> set2 = set(range(3,8))
>>> print(set1)
{'pear', 'banana', 'orange', 'apple'}
>>> print(set2)
{3, 4, 5, 6, 7}
>>>
```

2. 添加元素

方法一：使用 add()方法。

```
>>> set1.add("grape")
>>> print(set1)
```

```
>>> set1.add("grape")
>>> print(set1)
{'grape', 'orange', 'pear', 'apple', 'banana'}
>>>
```

方法二：使用 update()方法，参数可以是列表、元组、字典等。

```
>>> set3 = set(("腾讯", "阿里", "百度"))
>>> set3.update({1,3})
>>> print(set3)
```

```
>>> set3.update([1,4],[5,6])
>>> print(set3)
```

```
>>> set3 = set(("腾讯", "阿里", "百度"))
>>> set3.update({1,3})
>>> print(set3)
{1, 3, '腾讯', '百度', '阿里'}
>>> set3.update([1,4],[5,6])
>>> print(set3)
{1, 3, 4, 5, '腾讯', 6, '百度', '阿里'}
>>>
```

3. 删除元素

方法一：使用 remove()方法，如果元素不存在，则会发生错误。

```
>>>set3.remove('百度')
>>>print(set3)
```

```
>>> set3.remove('百度')
>>> print(set3)
{1, 3, 4, 5, '腾讯', 6, '阿里'}
>>>
```

方法二：使用 discard()方法，如果元素不存在，不会发生错误。

```
>>>set3.discard(4)
>>>print(set3)
```

```
>>> set3.discard(4)
>>> print(set3)
{1, 3, 5, '腾讯', 6, '阿里'}
>>>
```

方法三：使用 pop()方法，随机删除集合中的一个元素，并返回。

```
>>>x=set3.pop()
>>>print(set3)
>>>print(x)
```

```
>>> x=set3.pop()
>>> print(set3)
{3, 5, '腾讯', 6, '阿里'}
>>> print(x)
1
```

4. 清空集合（删除所有元素）

使用 clear()方法可以清空集合中的所有元素。

```
>>>set3.clear()
>>>print(set3)
```

```
>>> set3.clear()
>>> print(set3)
set()
>>>
```

5. 集合长度

使用 len() 函数可以计算集合中的元素个数。

```
>>>set4={'腾讯', '阿里', '百度', '华为', '小米'}
>>>print(len(set4))
```

```
>>> set4={'腾讯', '阿里', '百度', '华为', '小米'}
>>> print(len(set4))
5
```

6. 判断集合中是否存在元素

语法：x in set。

功能：判断元素 x 是否在集合 set 中，存在返回 True，不存在返回 False。

举例：

```
>>>print('华为' in set4)
>>>print('大疆' in set4)
```

```
>>> print('华为' in set4)
True
>>> print('大疆' in set4)
False
>>>
```

7. 集合相关方法

（1）差集。

语法：x.difference(y)。

功能：返回一个集合，元素在集合 x 中，但不在集合 y 中。

举例：

```
>>>x = {"apple", "banana", "cherry"}
>>>y = {"google", "microsoft", "apple"}
>>>z = x.difference(y)
>>>print(z)
```

```
>>> x = {"apple", "banana", "cherry"}
>>> y = {"google", "microsoft", "apple"}
>>> z = x.difference(y)
>>> print(z)
{'cherry', 'banana'}
>>>
```

（2）交集。

语法：set.intersection(set1, set2, ...)。

功能：返回两个或两个以上集合中都包含的元素，即交集。

举例：

```
>>>x = {"apple", "banana", "cherry"}
>>>y = {"google", "runoob", "apple"}
>>>z = x.intersection(y)
>>>print(z)
```

```
>>> x = {"apple", "banana", "cherry"}
>>> y = {"google", "runoob", "apple"}
>>> z = x.intersection(y)
>>> print(z)
{'apple'}
>>>
```

（3）并集。

语法：set.union(set1, set2, ...)。

功能：返回多个集合的并集，即包含所有集合的元素，重复的元素只会出现一次。

举例：

```
>>>x = {"apple", "banana", "cherry"}
>>>y = {"google", "runoob", "apple"}
>>>z = x.union(y)
>>>print(z)
```

```
>>> x = {"apple", "banana", "cherry"}
>>> y = {"google", "runoob", "apple"}
>>> z = x.union(y)
>>> print(z)
{'cherry', 'google', 'banana', 'runoob', 'apple'}
>>>
```

第**15**章
Python控制结构

本章导读

结构化程序设计的三种基本结构包括顺序结构、选择结构和循环结构。在表达特定的业务逻辑时，不可避免地要使用选择结构和循环结构。复杂的业务逻辑的程序都是由这三种基本结构嵌套组合而成的。按照结构化程序设计思想编写的程序结构清晰，具有良好的可读性，易于调试和维护。

课程知识点	1. 三种控制结构的执行流程 2. if 选择结构 3. for 循环和 while 循环 4. 带 else 子句的循环结构的执行过程 5. break 语句和 continue 语句 6. 选择结构和循环结构的多层嵌套及执行过程
课程重点	1. if 选择结构 2. for 循环和 while 循环 3. 选择结构和循环结构的多层嵌套及执行过程
课程难点	1. for 循环和 while 循环 2. 选择结构和循环结构的多层嵌套及执行过程

15.1 顺序结构

顺序结构就是一组逐条执行的可执行语句，按照书写顺序，自上而下执行。其流程图如图 15.1 所示，先执行语句组 A，再执行语句组 B。

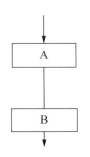

图 15.1 顺序结构的流程图

15.2　选择结构

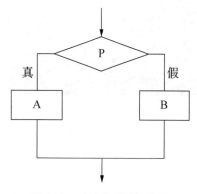

图 15.2　选择结构的流程图

选择结构是一种先对给定条件进行判断，并根据判断的结果执行相应语句的结构。计算机之所以能做很多自动化的智能任务，就是因为它可以自己做条件判断。

选择结构的流程图如图 15.2 所示，如果条件 P 成立（P 为真），则执行语句组 A；如果条件 P 不成立（P 为假），则执行语句组 B。

Python 中的选择结构使用 if 语句完成，下面介绍三种 if 语句形式。

15.2.1　单分支 if 语句

1. 单分支if语句的一般形式

```
if 条件：
    语句组
```

2. 说明

（1）if 条件后面要使用英文冒号（:）。

（2）使用缩进（一般用 4 个空格）划分语句组，相同缩进数的多条语句组成一个语句组。

（3）满足条件后执行下面语句组中的各语句，否则什么都不执行。无论是执行了语句组还是什么都不执行，最后都将执行该 if 语句的下一条语句。

3. 举例

```
age = 50
if age < 66:
    print("青壮年组")
```

运行结果如下。

```
青壮年组
```

Jupyter 平台运行结果如下。

```
#单分支if语句
age = 50
if age < 66:
    print("青壮年组")
```

青壮年组

15.2.2 双分支 if 语句

1. 双分支if语句的一般形式

```
if 条件:
    语句组 1
else:
    语句组 2
```

2. 说明

（1）if 条件和 else 后面都要使用英文冒号（:）。

（2）满足条件后执行下面语句组 1 中的各语句，否则执行 else 下面语句组 2 中的各语句。无论是执行了语句组 1 还是执行了语句组 2，最后都将执行该 if 语句的下一条语句。

3. 举例

```
age = 70
if age < 66:
    print("青壮年组")
else:
    print('老年组')
```

运行结果如下。

老年组

Jupyter 平台运行结果如下。

```
age = 70
if age < 66:
    print("青壮年组")
else:
    print('老年组')
```

老年组

15.2.3　多分支 if 语句

1. 多分支if语句的一般形式

```
if 条件 1:
    语句组 1
elif 条件 2:
    语句组 2
…
elif 条件 n:
    语句组 n
else:
    语句组 n+1
```

2. 说明

（1）每个条件和 else 后面都要使用英文冒号（:）。

（2）满足条件 1 后执行下面语句组 1 中的各语句，如果满足条件 2 后则执行语句组 2 中的各语句，依此类推，如果满足条件 n 则执行语句组 n 中各语句。如果所有条件都不满足，则执行 else 下面的语句组 n+1（else 分支可以省略，如省略，当所有条件都不满足时，什么都不执行）。无论是执行了哪个语句组，都将结束本 if 语句，执行该 if 语句的下一条语句。

3. 举例

```
age = 30
if age < 18:
    print("少儿组")
elif age < 41:
    print('青年组')
elif age < 66:
    print("中壮年组")
else:
    print('老年组')
```

运行结果如下。

青年组

Jupyter 平台运行结果如下。

```python
age = 30
if age < 18:
    print("少儿组")
elif age < 41:
    print('青年组')
elif age < 66:
    print("中壮年组")
else:
    print('老年组')
```

青年组

15.2.4　if 语句的嵌套

当 if 语句的语句组中又出现 if 语句时，构成了 if 语句的嵌套。

1. 常用嵌套形式

（1）形式一。

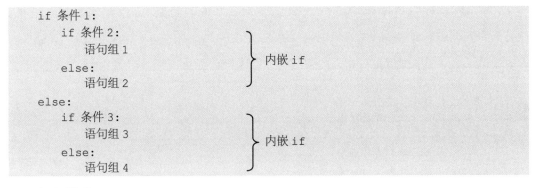

（2）形式二。

（3）形式三。

```
if 条件1:
    if 条件2:
        语句组1
    else:
        语句组2
```
内嵌 if

（4）形式四。

```
if 条件1：
    {if 条件2：          ⎫
        语句组1}         ⎬ 内嵌 if
                        ⎭
else：
    语句组2
```

2．说明

（1）几种形式的 if 语句可以相互嵌套。

（2）可以进行多层嵌套。

3．举例

if 语句的三层嵌套，完成上述多分支 if 的功能。

```
age = 30
if age < 18:
    print("少儿组")
else:
    if age < 41:
        print('青年组')
    else:
        if age < 66:
            print("中壮年组")
        else:
            print('老年组')
```

运行结果如下。

青年组

Jupyter 平台运行结果如下。

```
age = 30
if age < 18:
    print("少儿组")
else:
    if age < 41:
        print('青年组')
    else:
        if age < 66:
            print("中壮年组")
        else:
            print('老年组')

青年组
```

15.3 循环结构

循环结构是指多次重复执行同一组语句的结构。Python 中的循环语句有 while 语句和 for 语句。

15.3.1 while 语句

1. while循环结构

while 循环结构的流程图如图 15.3 所示，当条件 P 成立（P 为真）时，反复执行语句组 A；当条件 P 不成立（P 为假）时，循环结束。

2. while循环结构的语法格式

```
while 条件:
    语句组（循环体）
```

3. 举例

【**例 15-1**】 使用while 语句完成 1～100 的累加和。程序代码如下。

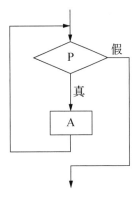

图 15.3　while 循环结构的流程图

```
i=1
sum=0
while i<=100:
    sum=sum+i
    i=i+1
print("1+2+3+...+100=",sum)
```

运行结果如下。

```
1+2+3+...+100= 5050
```

Jupyter 平台运行结果如下。

```
i=1
sum=0
while i<=100:
    sum=sum+i
    i=i+1
print("1+2+3+...+100=",sum)

1+2+3+...+100= 5050
```

【例 15-2】 使用 while 语句完成 1~100 的奇数和。

程序代码如下。

```
i=1
sum=0
while i<=99:
    sum=sum+i
    i=i+2
print("1+3+5...+99=",sum)
```

运行结果如下。

```
1+3+5...+99= 2500
```

Jupyter 平台运行结果如下。

```
i=1
sum=0
while i<=99:
    sum=sum+i
    i=i+2
print("1+3+5...+99=",sum)

1+3+5...+99= 2500
```

【例 15-3】 使用 while 语句完成 1~100 的偶数和。

程序代码如下。

```
i=2
sum=0
while i<=100:
    sum=sum+i
    i=i+2
print("2+4+6...+100=",sum)
```

运行结果如下。

```
2+4+6...+100= 2550
```

Jupyter 平台运行结果如下。

```
i=2
sum=0
while i<=100:
    sum=sum+i
    i=i+2
print("2+4+6...+100=",sum)

2+4+6...+100= 2550
```

15.3.2 for 语句

for 循环可以遍历任何序列的项目，如一个列表或者一个字符串。

1. for循环结构的语法格式

```
for 变量 in 序列:
    语句组（循环体）
```

2. 功能

变量用于存放依次从序列中读取出来的元素，并代入循环体中使用。最后一个元素读取出来后，循环结束。

3. 举例

【例 15-4】 使用 for 语句完成 1～100 的累加和。

程序代码如下。

```
sum = 0
for n in range(1,101):
    sum = sum + n
print("1+2+3+...+100=",sum)
```

运行结果如下。

```
1+2+3+...+100= 5050
```

Jupyter 平台运行结果如下。

```
sum = 0
for n in range(1,101):
    sum = sum + n
print("1+2+3+...+100=",sum)

1+2+3+...+100= 5050
```

【例 15-5】 使用 for 语句完成 1～100 的奇数和。

解法一，程序代码如下。

```
sum = 0
for n in range(1,100,2):
    sum = sum + n
print("1+3+5...+99=",sum)
```

运行结果如下。

```
1+3+5...+99= 2500
```

Jupyter 平台运行结果如下。

```
sum = 0
for n in range(1,100,2):
    sum = sum + n
print("1+3+5...+99=",sum)
1+3+5...+99= 2500
```

解法二，程序代码如下。

```
sum = 0
for n in range(1,100):
    if n % 2 == 1:
        sum = sum + n
print("1+3+5...+99=",sum)
```

运行结果如下。

```
1+3+5...+99= 2500
```

Jupyter 平台运行结果如下。

```
sum = 0
for n in range(1,100):
    if n % 2 == 1:
        sum = sum + n
print("1+3+5...+99=",sum)
1+3+5...+99= 2500
```

【例 15-6】 使用 for 语句完成 1～100 的偶数和。

解法一，程序代码如下。

```
sum = 0
for n in range(2,101,2):
    sum = sum + n
print("2+4+6...+100=",sum)
```

运行结果如下。

```
2+4+6...+100= 2550
```

Jupyter 平台运行结果如下。

```
sum = 0
for n in range(2,101,2):
    sum = sum + n
print("2+4+6...+100=",sum)

2+4+6...+100= 2550
```

解法二，程序代码如下。

```
sum = 0
for n in range(1,101):
    if n % 2 == 0:
        sum = sum + n
print("2+4+6...+100=",sum)
```

运行结果如下。

```
2+4+6...+100= 2550
```

Jupyter 平台运行结果如下。

```
sum = 0
for n in range(1,101):
    if n % 2 == 0:
        sum = sum + n
print("2+4+6...+100=",sum)

2+4+6...+100= 2550
```

4. range()函数

range()函数可创建一个数字序列，一般用在 for 循环中。

（1）语法：range ([start ,] stop [, step])。

（2）说明。

start：计数从 start 开始。如果省略，默认从 0 开始。例如，range(5)等价于 range(0,5)。

stop：计数到 stop 结束，但不包括 stop。例如，range(2,7) 产生 2～6 共 5 个整数的序列，包括 2 但不包括 7，称为前闭后开。

step：步长，默认为 1。例如，range(0,5)等价于 range(0, 5, 1)，产生 0～4 共 5 个整数的序列。range(0, 5, 2)产生 0、2、4 共 3 个整数的序列。

（3）举例：要遍历输出一个列表的各个元素，可以组合使用 range()函数和 len()函数对列表索引进行迭代。

```
city= ['Changchun','Beijing','Shanghai','Jilin','Chengdu']
for i in range(len(city)):
    print(i,city[i])
```

运行结果如下。

```
0 Changchun
1 Beijing
```

```
2 Shanghai
3 Jilin
4 Chengdu
```

Jupyter 平台运行结果如下。

```
city= ['Changchun','Beijing','Shanghai','Jilin','Chengdu']
for i in range(len(city)):
    print(i,city[i])

0 Changchun
1 Beijing
2 Shanghai
3 Jilin
4 Chengdu
```

15.3.3　break 语句和 continue 语句

1．break语句

（1）语法：break。

（2）说明：break 语句将终止离它最近的循环语句，然后执行该循环语句的下一条语句。break 语句只能用在 while 和 for 循环语句中。

【例 15-7】　输入一个大于 1 的整数 n，判断 n 是否为素数。

解法一：使用哨兵变量 flag。

程序代码如下。

```
n=-1
i=2
flag=1
while n<2:      #限定输入的 n 值，n>=2
    n=int(input("请输入一个正整数："))
while i<n and flag:
    if n%i==0:
        flag=0
    i=i+1
if flag==1:
    print("%d 是素数。\n"%n)
else:
    print("%d 不是素数。\n"%n)
```

运行结果（第一遍运行）如下。

```
请输入一个正整数：70      （输入 70 并按 Enter 键）
70 不是素数。
```

运行结果（第二遍运行）如下。

请输入一个正整数：7　　　（输入 7 并按 Enter 键）
7 是素数。

Jupyter 平台运行结果如下。

```
n=-1
i=2
flag=1
while n<2:       # 限定输入的n值，n＞=2
    n=int(input("请输入一个正整数："))
while i<n and flag:
    if n%i==0:
        flag=0
    i=i+1
if flag==1:
    print("%d是素数。\n"%n)
else:
    print("%d不是素数。\n"%n)
```

请输入一个正整数：7
7是素数。

解法二：使用 break 语句。
程序代码如下。

```
n=-1
i=2
while n<2:       #限定输入的 n 值，n>=2
    n=int(input("请输入一个正整数："))
while i<n:
    if n%i==0:
        break
    i=i+1
if i>=n:
    print("%d 是素数。\n"%n)
else:
    print("%d 不是素数。\n"%n)
```

运行结果同上。

2. continue 语句

（1）语法：continue。

（2）说明：continue 语句将结束本次循环，跳过当前循环体的剩余语句，再继续进行下一轮循环。continue 语句只能用在 while 和 for 循环语句中。

【例 15-8】 求 1～100 的偶数和。

程序代码如下。

```
sum = 0
for n in range(1,101):
    if n % 2 == 1:
        continue
    sum = sum + n
print("2+4+6...+100=",sum)
```

运行结果如下。

```
2+4+6...+100= 2550
```

Jupyter 平台运行结果如下。

```
sum = 0
for n in range(1,101):
    if n % 2 == 1:
        continue
    sum = sum + n
print("2+4+6...+100=",sum)

2+4+6...+100= 2550
```

15.3.4 循环嵌套

1. 说明

循环嵌套是指在一个循环结构的循环体中包含另一个完整的循环结构。如果一个循环的循环体内包含循环结构，那么这个循环称为外层循环，而嵌入循环体内的循环称为内层循环。允许循环结构多层嵌套。

while 循环和 for 循环可以自身嵌套，即在 while 循环中嵌入 while 循环或在 for 循环中嵌入 for 循环。二者也可以相互嵌套，即在 while 循环中嵌入 for 循环或在 for 循环中嵌入 while 循环。

2. 举例

【例 15-9】 打印乘法口诀表，使用双循环完成。

程序代码如下。

```
for i in range(1,10):
    for j in range(1,i+1):
        print("%d*%d=%-2d" % (j,i,i*j),end="  ")
    print()
```

运行结果如下。

```
1*1=1
1*2=2   2*2=4
1*3=3   2*3=6    3*3=9
1*4=4   2*4=8    3*4=12   4*4=16
1*5=5   2*5=10   3*5=15   4*5=20   5*5=25
1*6=6   2*6=12   3*6=18   4*6=24   5*6=30   6*6=36
1*7=7   2*7=14   3*7=21   4*7=28   5*7=35   6*7=42   7*7=49
1*8=8   2*8=16   3*8=24   4*8=32   5*8=40   6*8=48   7*8=56   8*8=64
1*9=9   2*9=18   3*9=27   4*9=36   5*9=45   6*9=54   7*9=63   8*9=72   9*9=81
```

【例 15-10】 输出水仙花数。水仙花数是指一个三位数，其每位上的数字的立方和等于该数本身。例如 $1^3 + 5^3 + 3^3 = 153$，则 153 就是水仙花数。

解法一：使用单循环。

程序代码如下。

```python
for a in range(100,1000):
    i=a//100
    j=a%100//10
    k=a%10
    if i**3+j**3+k**3==a:
        print(a,end=" ")
```

解法二：使用三层循环嵌套。

程序代码如下。

```python
for i in range(1,10):
    for j in range(0,10):
        for k in range(0,10):
            if i**3+j**3+k**3==i*100+j*10+k:
                print(i*100+j*10+k,end=" ")
```

运行结果（两个解法的运行结果相同）如下。

```
153  370  371  407
```

15.4 经典算法

【例 15-11】 词频统计，统计列表中各个单词出现的次数，并按次数降序排序。

解法一：程序代码如下。

```
pantry = ["apple", "orange", "grape", "apple", "orange", "apple", "tomato",
"potato", "grape" , "orange", "potato"]
pantry_counts = {}                #空字典
for item in pantry:               #遍历列表各元素
    if item in pantry_counts:     #若该单词在字典中已存在，则加 1
        pantry_counts[item] = pantry_counts[item] + 1
    else:                         #若该单词在字典中不存在，则新建键值对
        pantry_counts[item] = 1
pantry_counts1=sorted(pantry_counts.items(), key=lambda p:p[1], \
                reverse = True)   #使用匿名函数，按值降序排序
pantry_counts=dict(pantry_counts1) #将列表转换成字典
print(pantry_counts)
```

解法二：程序代码如下。

```
pantry = ["apple", "orange", "grape", "apple", "orange", "apple", "tomato",
"potato", "grape", "orange", "potato"]
pantry_counts = {}                #空字典
for item in set(pantry):
            #遍历列表各元素，set()函数将列表 pantry 转换为集合，并去重
    pantry_counts[item] = pantry.count(item) #求各元素出现的次数
pantry_counts1=sorted(pantry_counts.items(), key=lambda p:p[1], \
            reverse = True)
pantry_counts=dict(pantry_counts1)
print(pantry_counts)
```

运行结果如下（解法一和解法二运行结果相同）。

```
{'orange': 3, 'apple': 3, 'potato': 2, 'grape': 2, 'tomato': 1}
```

【例 15-12】　遍历嵌套列表。

程序代码如下。

```
cities = [["Austin", "Dallas", "Houston"],['Changchun','Shanghai',
'Beijing']]
for city in cities:       #单循环输出两个内嵌的列表
    print(city)
for city in cities:
    for c in city:        #双循环输出每个内嵌列表中的每个元素
        print (c)
```

运行结果如下。

```
['Austin', 'Dallas', 'Houston']
['Changchun', 'Shanghai', 'Beijing']
```

```
Austin
Dallas
Houston
Changchun
Shanghai
Beijing
```

【例 15-13】　输入年份，判断是否是闰年。

程序代码如下。

```
year=int(input("请输入年份："))
if year%4==0 and year%100!=0 or year%400==0 :
    print(year,"是闰年")
else:
    print(year,"不是闰年")
```

运行结果（第一遍运行）如下。

```
请输入年份：2000    （输入 2000 并按 Enter 键）
2000 是闰年
```

运行结果（第二遍运行）如下。

```
请输入年份：2021    （输入 2021 并按 Enter 键）
2021 不是闰年
```

【例 15-14】　输入学生成绩，根据成绩分类，85 分及以上为优秀，70～84 分为良好，60～69 分为及格，60 以下为不及格。使用多分支 if 语句完成。

程序代码如下。

```
score=int(input("请输入学生成绩："))    #输入成绩并转换成整型
if score>=85:
    print("优秀")
elif score>=70:
    print("良好")
elif score>=60:
    print("及格")
else:
    print("不及格")
```

运行结果（第一遍运行）如下。

```
请输入学生成绩：52    （输入 52 并按 Enter 键）
不及格
```

运行结果（第二遍运行）如下。

请输入学生成绩：93　　（输入 93 并按 Enter 键）
优秀

【例 15-15】　输入一个字符，判断是英文字符、数字字符还是其他字符。

程序代码如下。

```
ch=input("请输入一个字符: ")
if(ch>='a' and ch<='z') or (ch>='A' and ch<='Z'):
    print(ch,'是英文字符')
elif ch>='0'  and  ch<='9':
    print(ch,'是数字字符')
else:
    print(ch,'是其他字符')
```

运行结果（第一遍运行）如下。

请输入一个字符：#　　（输入#并按 Enter 键）
是其他字符

运行结果（第二遍运行）如下。

请输入一个字符：H　　（输入 H 并按 Enter 键）
H 是英文字符

【例 15-16】　已知四位数 3025 具有特殊性质：它的前面两位数字 30 与后面两位数字 25 之和是 55，而 55 的平方正好等于其本身 3025。编写程序，列举具有这种性质的所有四位数。

程序代码如下。

```
for i in range(1000,10000):
    a=i%100
    b=i//100
    if(a+b)**2==i:
        print(i)
```

运行结果如下。

```
2025
3025
9801
```

【例 15-17】　自由落体。编程解决下列问题：一个球从 100 米高度自由落下，每次落地后又反跳回原高度的一半，再落下。求它在第 10 次落地时共经过多少米？第 10 次反跳多少米？

程序代码如下。

```
total=100.0
high=total/2
for i in range(2,11):
    total=total+2*high          #第 n 次落地时经过的距离
    high=high/2                  #第 n 次反跳高度
print ("总共经过：%fm，第 10 次反跳：%fm。"%(total,high))
```

运行结果如下。

总共经过：299.609375 米，第 10 次反跳：0.097656 米。

【例 15-18】 编程输出如下金字塔。

```
    *
   ***
  *****
 *******
*********
```

程序代码如下。

```
for i in range(1,6):
    for j in range(1,6-i):
        print(end=" ")
    for j in range(1,2*i):
        print("*",end="")
    print()
```

【例 15-19】 猴子吃桃问题。猴子第 1 天摘下若干个桃子，当即吃了一半，还不过瘾，又多吃了一个。第 2 天把剩下的桃子吃掉一半，又多吃了一个。以后每天将前一天剩下的桃子吃掉一半，再多吃一个。第 10 天只剩下一个桃子，求第 1 天一共摘了多少桃子？

程序代码如下。

```
x=1
for i in range(9,0,-1):
    x=(x+1)*2          #第 1 天的桃子数是第 2 天桃子数加 1 后的 2 倍
print("第 1 天总共摘了%d 个桃子。"%x)
```

运行结果：

第 1 天总共摘了 1534 个桃子。

【例 15-20】 "百鸡问题"。我国古代数学家张丘建在《算经》中提出了"百鸡问题"：鸡翁一值钱五，鸡母一值钱三，鸡雏三值钱一。百钱买百鸡，问鸡翁、鸡母、鸡雏各几何？这是一个经典的采用"穷举法"解决问题的例子。所谓"穷举法"是指根据提出的问题列举所有可能的情况，对每种情况逐一检验，找出符合条件的解题方法。

解法一：用 i、j、k 分别表示鸡翁、鸡母和鸡雏数。根据题意，100 元钱最多可以买 20 只公鸡，所以 i 的取值范围为 $0 \sim 20$；同理，j 的取值范围为 $0 \sim 33$。由鸡翁和鸡母数计算出鸡雏数 $100-i-j$，再对买鸡所花的钱数进行判断，即可找出满足条件的解。这一问题可以用嵌套的双层循环结构设计程序。

程序代码如下。

```python
for i in range(0,21):
    for j in range(0,34):
        k=100-i-j;
        if k%3!=0:
            continue
        if i*5+j*3+k/3==100:
            print("鸡翁数：%3d\t 鸡母数：%3d\t 鸡雏数：%3d" % (i,j,k))
```

解法二：用三层循环完成。
程序代码如下。

```python
for i in range(0,21):
    for j in range(0,34):
        for k in range(0,101):
            if i*5+j*3+k/3==100 and i+j+k==100:
                print("鸡翁数：%3d\t 鸡母数：%3d\t 鸡雏数：%3d" % (i,j,k))
```

运行结果如下。

```
鸡翁数：  0 鸡母数： 25 鸡雏数： 75
鸡翁数：  4 鸡母数： 18 鸡雏数： 78
鸡翁数：  8 鸡母数： 11 鸡雏数： 81
鸡翁数： 12 鸡母数：  4 鸡雏数： 84
```

【例 15-21】 加密程序，密码为 4。明文加密成密文的规则如下：将 A 变成 E，a 变成 e，即变成其后的第 4 个字母。注意，W 变成 A，X 变成 B，Y 变成 C，Z 变成 D。非字母不变。

程序代码如下。

```python
mingwen=input()
for c in mingwen:
    if (c>='a' and c<='z') or (c>='A' and c<='Z'):
        c=chr(ord(c)+4)
        if c>'Z' and c<=chr(ord('Z')+4) or c>'z':
            c=chr(ord(c)-26)
    print("%c"%c,end="")
```

运行结果如下。

```
ahZ8x        （输入 ahZ8x 后按 Enter 键）
elD8b
```

【例 15-22】 两个乒乓球队进行比赛，各出 3 人。甲队为 A、B、C 三人，乙队为 X、Y、Z 三人。以抽签决定比赛名单。A 说他不与 X 比赛，C 说他不与 X、Z 比赛。请编程找出三对对手的名单。

程序代码如下。

```
#i 是 A 的对手；j 是 B 的对手；k 是 C 的对手
for i in ['X','Y','Z']:
    for j in ['X','Y','Z']:
        if i!=j:
            for k in ['X','Y','Z']:
                if i!=k and j!=k:
                    if i!='X' and k!='X' and k!='Z':
                        print("A--%c\tB--%c\tC--%c"%(i,j,k))
```

运行结果如下。

```
A--Z     B--X     C--Y
```

【例 15-23】 编写程序，输入一组字符，对该组字符进行统计，统计字母、数字和其他字符数，输出统计结果。

程序代码如下。

```
char,digital,other=0,0,0
str=input("请输入一个英文字符串: ")
for c in str:
    if c>='a' and c<='z' or c>='A' and c<='Z':
        char=char+1
    elif c>='0' and c<='9':
        digital=digital+1
    else:
        other=other+1
print("字母数: %d, 数字数: %d, 其他字符数: %d"%(char,digital,other))
```

运行结果:

```
请输入一个英文字符串: a23x#5*        （输入 a23x#5*后按 Enter 键）
字母数: 2, 数字数: 3, 其他字符数: 2
```

【例 15-24】 编程打印斐波那契（Fibonacci）数列的前 20 项。该数列为 1，1，2，3，5，8，13，21，34…，即从第三项开始，每一项均为前两项之和，前两项 1、1 已知。

程序代码如下。

```
f1,f2=1,1
for i in range(1,11):
    print("%6d%6d"%(f1,f2),end="")    #每次显示 2 个数
    f1 = f1 + f2                        #f1 得到第 3 个数、第 5 个数、第 7 个数...
    f2 = f2 + f1                        #f2 得到第 4 个数、第 6 个数、第 8 个数...
    if i%2==0:                         #每行显示 4 个数
        print()
```

运行结果如下。

```
     1     1     2     3
     5     8    13    21
    34    55    89   144
   233   377   610   987
  1597  2584  4181  6765
```

第16章

文件与数据库

本章导读

前面章节讲解进行操作的数据都是在计算机内存中操作的。如果用户要进行操作的数据来自磁盘，或将操作的数据保存到磁盘上，则涉及磁盘文件和数据库。本章主要介绍用 Python 编程访问数据文件和数据库的方法。

课程知识点	1. 文件的概念及分类 2. 内置函数 open()的用法 3. 各种读/写文件的方法 4. openpyxl 等扩展库的用法 5. Access 数据库访问 6. MySQL 数据库访问 7. MongoDB 数据库访问
课程重点	1. 各种读/写文件的方法 2. openpyxl 等扩展库的用法 3. 数据库访问
课程难点	1. MySQL 数据库访问 2. MongoDB 数据库访问

16.1　文件的概念及分类

文件是长久保存信息并允许重复使用和反复修改的重要方式，也是信息交换的重要途径。

所谓文件是指一组相关数据的有序集合。这个数据集有一个名称，叫作文件名。文件种类很多，这里所讲的文件指的是数据文件。

数据文件是一组数据的有序集合，通常是驻留在外部介质（如磁盘等）上的，使用时调入内存中。

如果文件存储在磁盘等外部介质上，文件中的数据就可以永久（理论上）保存。

读操作：从外部介质中将文件中的数据装入内存的操作，也称输入。

写操作：从内存中将数据输出到磁盘文件中的操作，也称输出。

可以从不同的角度对文件做不同的分类。从文件编码的方式来看，文件可分为 ASCII 码文件和二进制文件两种。

1. ASCII码文件

ASCII 码文件也称文本文件，在磁盘中存放时，每个字符对应一个字节，用于存放对应的 ASCII 码。

例如，数 5678 的存储形式如下。

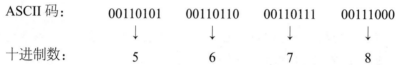

ASCII 码:　　00110101　　00110110　　00110111　　00111000

十进制数:　　　5　　　　　6　　　　　7　　　　　8

共占用 4 个字节。ASCII 码文件可在屏幕上按字符显示。例如，源程序文件就是 ASCII 码文件，可用 Windows 中的记事本显示文件的内容。由于是按字符显示的，因此能读懂文件内容。

2. 二进制文件

二进制文件是按二进制的编码方式存放文件的。

例如，数 5678 二进制存储形式如下。

00010110　　00101110

只占两个字节。虽然二进制文件也可在屏幕上显示，但无法读懂其内容。

3. 二者优缺点

（1）ASCII 码文件的优点是容易阅读，直接用文字编辑软件（如记事本）就可以编辑显示文件的内容；且可移植性强，因为 ASCII 字符集是国际标准。其缺点是占用空间大。

（2）二进制文件的优点是占用空间小，在文件和内存之间传送数据时不必进行转换。其缺点是用一般的文字处理软件显示二进制文件时读者不能阅读，即会出现所谓的"乱码"现象。

要读/写一个文件，首先要建立一个文件对象，再利用文件对象提供的方法对文件中的数据进行读/写操作。系统是通过内存缓冲区进行数据的输入或输出的，建立文件对象就是建立文件与内存缓冲区的联系。当向磁盘中的文件输出数据时，先将数据送到内存缓冲区（输出文件缓冲区），当内存缓冲区充满之后，再输出（写）到磁盘文件中；当从磁盘文件输入（读入）数据时，首先读入一批数据并存入内存缓冲区（输入文件缓冲区），然后逐个传递到程序数据区，这一处理过程对用户来讲是完全透明的。文件读/写原理如图 16.1 所示。

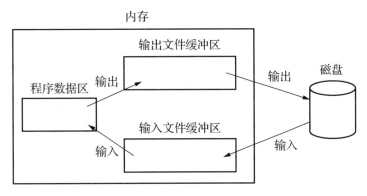

图 16.1 文件读/写原理

16.2 文件的打开与关闭

无论是 ASCII 码文件还是二进制文件，其打开与关闭的操作流程都是一致的，首先打开文件并建立文件对象，然后通过该文件对象对文件内容进行读取、写入、删除和修改等操作，最后关闭并保存文件内容。

16.2.1 文件的打开

Python 提供 open()函数建立文件对象，并打开要读/写的文件。

1. open()函数的格式

```
<file_object> = open ( <filename> , <access_mode> [ , <encoding=None>] )
```

2. 说明

（1）<file_object>：文件对象，是通过 open()函数打开一个文件的同时建立的，它建立了文件与内存缓冲区的联系，以后要对打开文件中的数据进行操作，都要通过文件对象的方法实现。

（2）<filename>：指定要打开或创建的文件名称，如果该文件不在当前目录（代码文件所在的目录）中，可以使用相对路径或绝对路径，如 f = open("C:\\Users\\Administrator\\Desktop\\test.txt")，因为"\"是转义字符，所以字符串中需将"\"替换成"\\"。

为了减少路径中转义字符"\"的输入，可以使用原始字符串，即在字符串前加上字母 r，如 f = open(r"C:\Users\Administrator\Desktop\test.txt")。

（3）<access_mode>：指定文件打开方式，见表 16-1。

表 16-1 文件打开方式

打开方式	说明
r	以只读的方式打开文本文件
w	以写入的方式打开文本文件。先删除文件中原有的内容，再重新写入新的内容。如果文件不存在，则创建一个新的文件
a	以写入的方式打开文本文件，在文件的末尾追加新的内容。如果文件不存在，则创建一个新的文件
r+	以读/写的方式打开文本文件
w+	以读/写的方式打开文本文件。先删除文件中原有的内容，再重新写入新的内容。如果文件不存在，则创建一个新文件
a+	以读/写的方式打开文本文件，在文件的末尾追加新的内容。如果文件不存在，则创建一个新的文件
b	以二进制格式打开文件，可与 r、w、a、+结合使用，对于图片、视频等文件必须使用 "b" 的模式读/写
rb	以二进制格式打开文件，用于只读
wb	以二进制格式打开文件，用于只写
ab	以二进制格式打开文件，用于追加
wb+	以二进制格式打开文件，用于读/写

（4）<encoding=None>：用于指定对文本进行编码和解码的方式，只适用于 ASCII 码文件，可以使用 Python 支持的任何格式，如 gbk、utf-8 等，一般使用 utf-8。

在读取 ASCII 码文件时，如果 open()函数没有声明编码方式，Python 3 会选取代码所运行的计算机操作系统的默认编码作为 open()函数的编码方式。

16.2.2　文件的关闭

Python 提供 close()函数用于关闭文件。

1. close()函数的格式

```
file_object.close()
```

2. 说明

（1）对于一个已打开的文件，无论是否进行了读/写操作，在不需要对文件操作时，都应该关闭该文件。这个关闭操作就是切断文件与内存缓冲区的联系，释放打开文件时占用的系统资源；同时，将内存中改变的内容保存到外存中。

（2）如前面打开的文件"C:\Users\Administrator\Desktop\test.txt"，读/写完毕后要关闭，只需执行 f.close()即可。同时，文件对象 f 也就不存在了。

16.3 文件的读/写

无论是 ASCII 码文件还是二进制文件，其读/写操作流程都是一致的。下面通过几个实例介绍对文件进行读取、写入、删除和修改等操作的各种函数。

16.3.1 用于文件读/写的方法

使用 open()函数打开一个文件并建立文件对象后，需要通过文件对象的各种方法对该文件进行读或写操作。下面介绍可用于文件读/写的方法。

（1）flush()函数。

flush()函数用于刷新文件内部缓冲，直接把内部缓冲区的数据立即写入文件，而不是被动地等待输出缓冲区满时自动写入。

（2）next()函数。

next()函数用于返回文件下一行。

（3）read([size])函数。

read([size])函数用于从文件读取 size 指定的字节数，如果未给定 size 或者为负数时，则读取所有内容。

（4）readline([size])函数。

readline([size])函数从文件中读取当前行中 size 指定的字节数，如果未给定 size 或者为负数时，则读取该行所有内容，包括"\n"字符。

（5）readlines([size])函数。

readlines([size])函数以行为单位读取数据，读取 size 指定的行数，如果未给定 size 或者为负数时，则读取所有行。

（6）seek(offset[, whence])函数。

seek(offset[, whence])函数用于改变文件位置指针的当前位置。

当用 open()函数打开一个文件时，系统自动建立一个文件位置指针，该指针指向文件的开头处，文件当前位置值为 0。当执行 read()函数和 write()函数时，系统将从文件位置指针所指向的当前位置进行文件的读/写操作，并且读/写操作后，文件位置指针（文件当前位置值）会发生改变。

如果读/写数据之前想要移动文件的位置指针，则需要使用 seek()函数。

whence：作为可选参数，用于指定文件位置指针的位置。该参数的参数值有 3 个选择：0 代表文件头（默认值），1 代表当前位置，2 代表文件尾。

offset：表示相对于 whence 位置，文件位置指针的偏移量，正数表示向后偏移，负数表示向前偏移。例如，seek(3,0)表示文件位置指针移动至距离文件开头 3 个字符的位置；seek(5,1)表示文件位置指针从当前位置向后移动，移动至距离当前位置 5 个字符处。

（7）tell()函数。

tell()函数用于返回文件当前位置值。

（8）write(str)函数。

write(str)函数用于将字符串写入文件，返回写入的字符串长度。

（9）writelines(sequence)函数。

writelines(sequence)函数用于向文件中写入一个序列字符串列表，如果需要换行，则需要自己加入每行的换行符。

16.3.2　文件读/写示例

下面分别介绍 ASCII 码文件的读/写、二进制文件的读/写、文件内容的修改等操作。

【例 16-1】　首先将字符串写入 ASCII 码文件，然后从文件整体读取出来并输出，最后输出一遍第一行字符串。

程序代码如下。

```
s="Hello Python!\nHello everyone!\nHello World!"  #要写入文件的三行字符串
f=open("test.txt","w",encoding="utf-8")
        #以写方式打开文件"test.txt"，如果该文件在当前目录（代码文件所在目录）存在，
        #则删除原有内容；如果不存在，则新建该文件，存储路径与代码文件所在目录相同
f.write(s)                                #将三行字符串写入文件
f.close()                                 #存盘并关闭文件
f=open("test.txt","r")                    #以读方式打开文件"test.txt"
print(f.read())                           #显示由 read()函数读取的三行字符串
f.seek(0)                                 #将文件位置指针指向文件头
print(f.read(13))                         #显示第一行字符串
f.close()                                 #关闭文件
```

运行结果如下。

```
Hello Python!
Hello everyone!
Hello World!
Hello Python!
```

【例 16-2】　例 16-1 中，输出文件中所有三行字符串的操作，也可以通过 for 循环遍历完成。

程序代码如下。

```
f=open("test.txt","r")          #以读方式打开文件"test.txt"
for line in f:
    print(line,end="")          #遍历文件中的每行字符串，并显示出来
f.close()
```

运行结果如下。

```
Hello Python!
Hello everyone!
Hello World!
```

【例 16-3】 将字符串"abcdefghij"写入二进制文件，读出并显示"defg"。

程序代码如下。

```
s="abcdefghij".encode("utf-8")
#将要写入文件的字符串，由默认的 unicode 编码转换为 Python 二进制文件支持的 utf-8
f=open("test2.txt","wb")             #以写方式打开二进制文件"test2.txt"
f.write(s)                           #将字符串写入文件
f.close()                            #存盘并关闭文件
f=open("test2.txt","rb")             #以读方式打开二进制文件"test2.txt"
f.seek(3,0)                          #将文件位置指针指向 d
print(f.read(4).decode("utf-8"))     #由 uft-8 转换为默认 unicode 编码，再显示
f.close()
```

运行结果如下。

```
defg
```

【例 16-4】 随机产生 10 个两位数，输出后存入文件中，再从文件中读出，按升序排序后输出。

程序代码如下。

```
import random
seq=[i for i in range(10,100)]  #生成 10～99 共 90 个两位数的列表 seq
a1=random.sample(seq,10)        #从 seq 中获取 10 个随机数并存入列表 a1
print(a1)                       #输出 10 个随机数
r="\n".join(str(i) for i in a1) #将列表转换为字符串，通过\n 换行
f1=open('test3.txt','w')
f1.write(r)                     #写入文件
f1.close()
f2=open('test3.txt','r')
a2=[]
for line in f2:                 #从文件中读出数据并转换成整数，存入列表 a2
    a2.append(int(line))
```

```
a2.sort()                          #按升序排序
print(a2)                          #输出 10 个随机数,升序
```

运行结果(因为数据是随机产生的,所以每次运行结果均不同)如下。

```
[66, 29, 80, 22, 45, 88, 15, 78, 23, 96]
[15, 22, 23, 29, 45, 66, 78, 80, 88, 96]
```

【例 16-5】 使用扩展库 openpyxl 读/写 Excel 文档。

说明:首先在 Anaconda Prompt 命令提示符界面执行命令 pip install openpyxl 安装扩展库 openpyxl,然后执行下面的代码对 Excel 文件进行读/写操作。

① 创建工作簿、工作表,存入 4 门课的成绩,存入计算平均值的公式。

程序代码如下。

```
import openpyxl
from openpyxl import Workbook
f=r"D:\test.xlsx"                  #Excel 文件名
wb=Workbook()                      #创建工作簿
ws=wb.create_sheet(title="score")  #创建工作表
ws['A1']="math"                    #单元格赋值
ws['B1']="english"
ws['C1']="chinese"
ws['D1']="physical"
ws['E1']="average"
ws.append([80,90,70,60])           #添加一行数据
ws['E2']="=average(A2:D2)"         #写入公式
wb.save(f)                         #保存 Excel 文件
wb.close()
```

执行上述代码后,打开 D:盘根目录刚生成的 test.xlsx 文件,内容如图 16.2 所示。

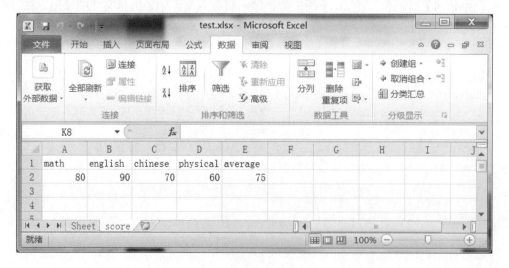

图 16.2 test.xlsx 文件内容

当 data_only=True 时，为了使公式显示的是实际值，需使用 win32 模块重新保存文件，否则显示 NONE 值。当 data_only=False 时，永远显示的是公式。

程序代码如下。

```
from win32com.client import Dispatch
xlApp=Dispatch("Excel.Application")
xlApp.Visible=False
xlBook=xlApp.Workbooks.Open(r"D:\test.xlsx")
xlBook.Save()
xlBook.Close()
```

② 遍历 test.xlsx 文件，显示所有单元格中的数据。

```
from openpyxl import load_workbook
wb = load_workbook(r"D:\test.xlsx",data_only=True)
               #当 data_only=False 时，永远显示的是公式
ws = wb.worksheets[1]
for row in ws:
    for cell in row:
        print("%-9s"%cell.value,end="")
    print()
wb.close()
```

运行结果如下。

```
math      english     chinese     physical    average
80        90          70          60          75
```

16.4 数据库访问

Python 具有强大的数据库访问能力，可以访问大部分主流的数据库产品，从微软开发的小型关系型数据库管理系统 Access，到开源（社区版）大型关系型数据库管理系统 MySQL，再到可用于存储大数据的基于文档型的 NoSQL 数据库产品 MongoDB。本节主要介绍通过 Python 访问这三款数据库产品的方法。

16.4.1 Access 数据库访问

Office 套件里附带的 Access 数据库是一款小型的关系型数据库管理系统。对非计算机专业、有数据库需求的人来说还是比较实用的。下面介绍利用 Python 的 pyodbc 扩展库操作 Access 数据库的方法。

1. 准备工作

（1）检验版本号是否匹配。

这里强调指出，如果正在运行 64 位 Python，则需要安装 64 位版本的 Office，即需要 64 位的 Access 数据库引擎（Access Database Engine）驱动程序；同理，如果正在运行 32 位 Python，则需要安装 32 位版本的 Office，即需要 32 位的 Access 数据库引擎驱动程序。

执行下列代码检验 Python 版本号。

```
>>> import pyodbc
>>> [x for x in pyodbc.drivers() if x.startswith('Microsoft Access Driver')]
```

如果运行结果是一个空列表，说明正在使用的 Python 是 64 位的，则需要安装 64 位版本的 Office。如果运行结果是['Microsoft Access Driver (*.mdb)', 'Microsoft Access Driver (*.mdb, *.accdb)'] 等字样，则需要安装 32 位版本的 Office。

（2）安装 pyodbc 库。

pyodbc 库是开放式数据库互连（Open Database Connectivity，ODBC）的一个 Python 封装，是 Python 中一个用于连接 Access 等数据库的第三方库，若要在 Python 程序中使用 pyodbc，则需先在 Python 环境中安装 pyodbc 库。

使用 pip 命令在 cmd 命令行窗口安装 pyodbc 库，具体命令如下。

```
pip install  pyodbc
```

2. Python连接数据库的步骤

Python 连接数据库主要分为五个步骤：连接数据库，创建游标对象，对数据库进行增加、删除、修改、查询操作，关闭游标，关闭连接。

3. Python与Access数据库的交互

下面主要介绍 Python 使用 pyodbc 库访问 Access 数据库的操作方法，结合实例详细介绍 Python 基于 pyodbc 库对 Access 数据库的连接、查询、插入、修改、删除等操作。

（1）在 Access 数据库中创建表。

首先在 Access 平台建立一个数据库 "school.accdb"，并存入 "D:\Python" 文件夹。然后执行例 16-6 中的代码，在数据库 "school.accdb" 中建立一个表 "student"。

【例 16-6】 在数据库 "school.accdb" 中建立一个表 "student"。

程序代码如下。

```
import pyodbc
DBfile = "D:\\Python\\school.accdb"          # 数据库文件，需要带路径
```

```
conn = pyodbc.connect(r"DRIVER={Microsoft Access Driver (*.mdb, \
*.accdb)};DBQ="+ DBfile +";Uid=;Pwd=;")  # 建立数据库连接
cursor = conn.cursor()                    # 创建游标对象
cursor.execute("""CREATE TABLE student
                (学号 VARCHAR(10) PRIMARY KEY,
                姓名 VARCHAR(10),
                年龄 INT,
                性别 VARCHAR(1),
                成绩 INT)"""
              )                           #执行创建表的语句 CREATE TABLE
conn.commit()                             #提交存盘
cursor.close()                            #关闭游标
conn.close()                              #关闭连接
print("数据表创建成功! ")
```

程序运行后，在数据库"school.accdb"中建立一个表"student"。在 Access 平台下，右击左上角的"student"按钮，执行弹出菜单中的"设计视图"命令，显示结果如图 16.3 所示，"student"表中共有学号、姓名、年龄、性别和成绩 5 个字段。

图 16.3　Access 平台 student 表的设计视图

（2）在 student 表中插入数据。

① 插入固定数据。

【例 16-7】 在数据库"school.accdb"的表"student"中插入 3 条记录。

程序代码如下。

```python
import pyodbc
DBfile = "D:\\Python\\school.accdb"          #数据库文件，需要带路径
conn = pyodbc.connect(r"DRIVER={Microsoft Access Driver (*.mdb, \
*.accdb)};DBQ="+ DBfile +";Uid=;Pwd=;") # 建立数据库连接
cursor = conn.cursor()
#每个 INSERT INTO 语句插入一条记录
cursor.execute("INSERT INTO student VALUES('111','张三',22,'男',88)")
cursor.execute("INSERT INTO student VALUES('222','李四',18,'男',95)")
cursor.execute("INSERT INTO student VALUES('333','王五',21,'女',91)")
conn.commit()
cursor.close()
conn.close()
print("数据插入成功! ")
```

程序运行后，在"student"表中插入 3 条学生记录，如图 16.4 所示。

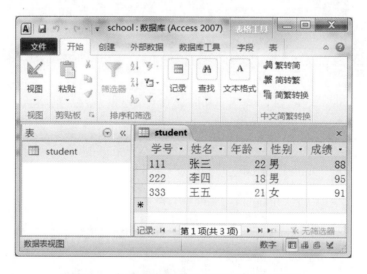

图 16.4 在"student"表中插入 3 条学生记录

② 插入用户输入的数据。

【例 16-8】 在数据库"school.accdb"的表"student"中插入 1 条学生记录，数据是用户输入的。

程序代码如下。

```
import pyodbc
DBfile = "D:\\Python\\school.accdb"        #数据库文件，需要带路径
conn = pyodbc.connect(r"DRIVER={Microsoft Access Driver (*.mdb, \
*.accdb)};DBQ="+ DBfile +";Uid=;Pwd=;") # 建立数据库连接
cursor = conn.cursor()
xh,xm,nl,xb,cj= input('请输入学号、姓名、年龄、性别、成绩，用空格分隔:').split()
sql="INSERT INTO student VALUES('"+ xh + "','" + xm + "'," + nl + ",'" +
xb + "'," + cj +")"
cursor.execute(sql)
conn.commit()
print("%s 的数据插入成功！"%xm)
cursor.close()
conn.close()
```

运行结果如下。

请输入学号、姓名、年龄、性别、成绩，用空格分隔:555 丁六 17 男 76
丁六的数据插入成功！

其中，数据"555 丁六 17 男 76"是用户输入的。该记录插入成功后，Access 平台显示结果如图 16.5 所示。

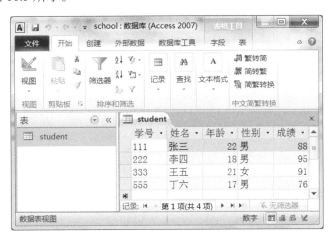

图 16.5 Access 平台插入记录显示结果

（3）浏览"student"表中的数据。

【例 16-9】 浏览数据库"school.accdb"的表"student"中的所有记录。

程序代码如下。

```
import pyodbc
DBfile = "D:\\Python\\school.accdb"        #数据库文件，需要带路径
```

```
conn = pyodbc.connect(r"DRIVER={Microsoft Access Driver (*.mdb, \
*.accdb)};DBQ="+ DBfile +";Uid=;Pwd=;") # 建立数据库连接
cursor = conn.cursor()
SQL = "SELECT * from student"              #显示"student"表中的所有记录
for row in cursor.execute(SQL):
    print(row)
cursor.close()
conn.close()
```

运行结果如下。

```
('111', '张三', 22, '男', 88)
('222', '李四', 18, '男', 95)
('333', '王五', 21, '女', 91)
('555', '丁六', 17, '男', 76)
```

（4）查询"student"表中的数据。

① 查询固定数据。

【例 16-10】 查询数据库"school.accdb"的表"student"中成绩高于 90 分的所有记录。

程序代码如下。

```
import pyodbc
DBfile = "D:\\Python\\school.accdb"        # 数据库文件, 需要带路径
conn = pyodbc.connect(r"DRIVER={Microsoft Access Driver (*.mdb, \
*.accdb)};DBQ="+ DBfile +";Uid=;Pwd=;") # 建立数据库连接
cursor = conn.cursor()
for row in cursor.execute("SELECT * FROM student WHERE 成绩>90"):
    print(row)
cursor.close()
conn.close()
```

运行结果如下。

```
('222', '李四', 18, '男', 95)
('333', '王五', 21, '女', 91)
```

② 查询某名学生的记录。

【例 16-11】 在数据库"school.accdb"的表"student"中查询某名学生的记录, 学生姓名从键盘输入。

程序代码如下。

```
import pyodbc
DBfile = "D:\\Python\\school.accdb"              #数据库文件, 需要带路径
```

```
conn = pyodbc.connect(r"DRIVER={Microsoft Access Driver (*.mdb, \
*.accdb)};DBQ="+ DBfile +";Uid=;Pwd=;") # 建立数据库连接
cursor = conn.cursor()
xm= input('请输入要查询的学生姓名:')
sql="SELECT * FROM student WHERE 姓名='" + xm + "'"
for row in cursor.execute(sql):
    print(row)
cursor.close()
conn.close()
```

运行结果如下。

```
请输入要查询的学生姓名:丁六   （从键盘输入"丁六"，并按 Enter 键）
('555', '丁六', 17, '男', 76)
```

（5）修改"student"表中的数据。

① 修改所有学生的年龄。

【例 16-12】 修改数据库"school.accdb"的表"student"中所有学生的年龄，每人的年龄都增加 1 岁，修改后显示所有学生的记录。

程序代码如下。

```
import pyodbc
DBfile = "D:\\Python\\school.accdb"      #数据库文件，需要带路径
conn = pyodbc.connect(r"DRIVER={Microsoft Access Driver (*.mdb, \
*.accdb)};DBQ="+ DBfile +";Uid=;Pwd=;") # 建立数据库连接
cursor = conn.cursor()
cursor.execute("UPDATE student SET 年龄=年龄+1")     #给所有学生年龄加 1 岁
SQL = "SELECT * from student"                #显示"student"表中所有学生的记录
for row in cursor.execute(SQL):
    print(row)
conn.commit()
cursor.close()
conn.close()
```

运行结果如下。

```
('111', '张三', 23, '男', 88)
('222', '李四', 19, '男', 95)
('333', '王五', 22, '女', 91)
('555', '丁六', 18, '男', 76)
```

说明：与例 16-9 的运行结果相比，所有学生的年龄都增加了 1 岁。修改成功后，Access 平台显示结果如图 16.6 所示。

图 16.6　Access 平台修改年龄记录显示结果

② 修改某名学生的成绩。

【例 16-13】　修改数据库"school.accdb"的表"student"中某名学生的成绩（增加 5 分），从键盘输入学生姓名，修改后显示该学生记录。

程序代码如下。

```
import pyodbc
DBfile = "D:\\Python\\school.accdb"          # 数据库文件，需要带路径
conn = pyodbc.connect(r"DRIVER={Microsoft Access Driver (*.mdb, \
*.accdb)};DBQ="+ DBfile +";Uid=;Pwd=;")  # 建立数据库连接
cursor = conn.cursor()
xm= input('请输入要修改数据的学生姓名:')
sql="UPDATE student SET 成绩=成绩+5 WHERE 姓名='" + xm + "'"
cursor.execute(sql)
conn.commit()
print("%s 的数据修改成功! "%xm)
sql="SELECT * FROM student WHERE 姓名='" + xm + "'"
for row in cursor.execute(sql):
    print(row)
cursor.close()
conn.close()
```

运行结果如下。

```
请输入要修改数据的学生姓名:丁六 （从键盘输入"丁六"，并按 Enter 键）
丁六的数据修改成功!
('555', '丁六', 18, '男', 81)
```

修改成功后，Access 平台显示结果如图 16.7 所示。

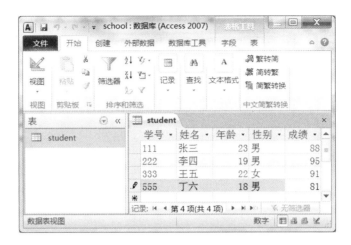

图 16.7　Access 平台修改成绩显示结果

（6）删除"student"表中的数据。

【例 16-14】　删除数据库"school.accdb"的表"student"中的某名学生记录，学生姓名从键盘输入，删除后显示表中所有记录。

程序代码如下。

```
import pyodbc
DBfile = "D:\\Python\\school.accdb"        #数据库文件，需要带路径
conn = pyodbc.connect(r"DRIVER={Microsoft Access Driver (*.mdb, \
*.accdb)};DBQ="+ DBfile +";Uid=;Pwd=;") # 建立数据库连接
cursor = conn.cursor()
xm= input('请输入要删除数据的学生姓名:')
sql="DELETE FROM student WHERE 姓名='" + xm + "'"
cursor.execute(sql)
conn.commit()
print("%s 的数据删除成功! "%xm)
sql="SELECT * FROM student"
for row in cursor.execute(sql):
    print(row)
cursor.close()
conn.close()
```

运行结果如下。

```
请输入要删除数据的学生姓名:丁六 （从键盘输入"丁六"，并按 Enter 键）
丁六的数据删除成功!
('111', '张三', 23, '男', 88)
('222', '李四', 19, '男', 95)
('333', '王五', 22, '女', 91)
```

删除成功后，Access 平台显示结果如图 16.8 所示。

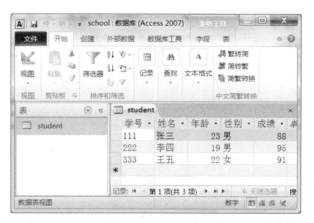

图 16.8　Access 平台删除记录显示结果

16.4.2　MySQL 数据库访问

MySQL 是由瑞典 MySQL AB 公司开发的跨平台大型关系型数据库管理系统，分为需付费购买的企业版（Enterprise Edition）和可免费使用的社区版（Community Edition）。由于 MySQL 具有配置简单、开发稳定和性能良好等特点，因此是应用十分广泛的数据库产品，与 Python 的结合使用也比较常见。

Python 提供的 pymysql 库定义了访问和操作 MySQL 数据库的函数和方法。下面重点介绍使用 pymysql 操作 MySQL 数据库的方法。

1. 准备工作

（1）登录 MySQL 官网，下载并安装 MySQL 社区版（本书使用的版本是 5.5.18 MySQL Community Server），启动 MySQL。

（2）登录 Navicat 官网，下载并安装 Navicat 中文版（本书使用的版本是 Navicat Premium 15.0.23）。

（3）启动 Navicat Premium，初始界面如图 16.9 所示。

图 16.9　Navicat Premium 初始界面

执行"文件"→"新建连接"→MySQL 菜单命令，如图 16.10 所示，连接 MySQL，弹出图 16.11 所示的"MySQL-新建连接"对话框，输入连接名"MySQL"和密码，其他参数使用默认值，单击"确定"按钮。连接成功界面如图 16.12 所示。

图 16.10　Navicat 下连接 MySQL

图 16.11　"MySQL-新建连接"对话框

图 16.12　连接成功界面

双击图 16.12 中左上角的 MySQL 按钮，打开 MySQL 列表，如图 16.13 所示。

图 16.13 打开 MySQL 列表

右击图 16.13 中左上角的 MySQL 按钮，执行弹出菜单中的"新建数据库"命令，如图 16.14 所示。在 MySQL 中新建数据库"school"，如图 16.15 所示。

图 16.14 在 MySQL 中建立数据库

图 16.15 在 MySQL 中新建数据库"school"

（4）安装 pymysql 库。

pymysql 库是 Python3 中的一个用于连接 MySQL 数据库服务器的第三方库，若要在 Python 中使用 MySQL，则需先在 Python 环境中安装 pymysql 库。

使用 pip 命令在 cmd 命令行窗口中安装 pymysql 库，具体命令如下。

```
pip install pymysql
```

（5）使用 pymysql 库访问 MySQL 数据库的步骤。

① 创建连接：通过 connect()方法创建用于连接数据库的 Connection 对象。

② 获取游标：通过 Connection 对象的 cursor()方法创建 Cursor 对象。

③ 执行 SQL 语句：通过 Cursor 对象的 execute()、fetchone()、fetchall()方法执行 SQL 语句，实现数据库基本操作，包括数据的增加、修改、删除、查询等。

④ 关闭游标：通过 Cursor 对象的 close()方法关闭游标。

⑤ 关闭连接：通过 Connection 对象的 close()方法关闭连接。

2. Python与MySQL数据库的交互

下面主要介绍 Python 使用 pymysql 库访问 MySQL 数据库的方法，结合实例详细介绍 Python 基于 pymysql 库对 MySQL 数据库的连接、查询、插入、修改、删除等操作。

（1）在 MySQL 数据库中创建表。

前面已经在基于 Navicat 平台的 MySQL 服务器下建立了一个数据库"school"，如图 16.15 所示。执行例 16-15 中的代码，在数据库"school"中建立一个表"student"。

【例 16-15】 在数据库"school"中建立一个表"student"。

程序代码如下。

```
import pymysql
db = pymysql.connect(host='localhost',
                user='root',
                password='123',
                database='school')              #建立数据库连接
cursor = db.cursor()          #使用 cursor()方法创建一个游标对象 cursor
cursor.execute("DROP TABLE IF EXISTS student")      #如果表存在，则删除
sql =   """
      CREATE TABLE student
      (
       学号 VARCHAR(10) PRIMARY KEY,
       姓名 VARCHAR(10),
       年龄 INT ,
       性别 VARCHAR(1) ,
       成绩 INT
      )
      """              #创建表的 SQL 语句为 CREATE TABLE
```

```
cursor.execute(sql)        #使用 execute()方法执行 SQL，创建表
cursor.close()             #关闭游标
db.close()                 #关闭数据库连接
print('表创建成功! ')
```

程序运行后，将在数据库"school"中建立一个表"student"。在 Navicat 平台下，右击"school"按钮，执行弹出菜单中的"刷新"命令，展开"school"，再展开"表"，右击"student"按钮，执行弹出菜单中的"设计表"命令，如图 16.16 所示，"student"表中共有学号、姓名、年龄、性别和成绩 5 个字段。

图 16.16　"student"表创建成功

（2）在"student"表中插入数据。

① 插入固定数据。

【例 16-16】　在数据库"school"的表"student"中插入 3 条记录。

程序代码如下。

```
import pymysql
db = pymysql.connect(host='localhost',
            user='root',
            password='123',
            database='school')        #建立数据库连接
cursor = db.cursor()    #使用 cursor()方法创建一个游标对象 cursor
# SQL 插入语句为 INSERT INTO
sql1 = """INSERT INTO student(学号,姓名,年龄,性别,成绩)
            VALUES ('111', '张三', 22, '男', 88)"""
sql2 = """INSERT INTO student(学号,姓名,年龄,性别,成绩)
            VALUES ('222', '李四', 18, '男', 95)"""
sql3 = """INSERT INTO student(学号,姓名,年龄,性别,成绩)
            VALUES ('333', '王五', 21, '女', 91)"""
```

```
try:
    cursor.execute(sql1)          #执行 SQL 语句
    cursor.execute(sql2)
    cursor.execute(sql3)
    db.commit()                   #提交到数据库保存
    print('三条记录插入成功! ')
except:
    db.rollback()                 #如果发生错误，则回滚
    print('三条记录插入失败! ')
cursor.close()                    #关闭游标
db.close()                        #关闭数据库连接
```

程序运行后，将在"student"表中插入 3 条学生记录，在 Navicat 平台下，右击"school"按钮，执行弹出菜单中的"刷新"命令，展开"school"，再展开表，右击"student"按钮，执行弹出菜单中的"打开表"命令，如图 16.17 所示。

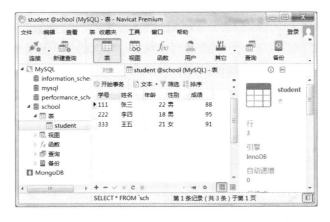

图 16.17 "student"表中的 3 条学生记录

如果未看到 3 条学生记录，则可以右击"MySQL"按钮，执行弹出菜单中的"关闭连接"命令，再右击"MySQL"按钮，执行弹出菜单中的"打开连接"命令，再逐层展开，右击"student"按钮，执行弹出菜单中的"打开表"命令即可看到 3 条学生记录了。

② 插入用户从键盘输入的数据。

【例 16-17】 在数据库"school"的表"student"中插入一条学生记录，数据是用户从键盘输入的。

程序代码如下。

```
import pymysql
db = pymysql.connect(host='localhost',
            user='root',
            password='123',
            database='school')     #建立数据库连接
```

```
cursor = db.cursor()      #使用 cursor()方法创建一个游标对象 cursor
xh,xm,nl,xb,cj= input('请输入学号、姓名、年龄、性别、成绩，用空格分隔:').split()
sql="INSERT INTO student VALUES('"+ xh + "','" + xm + "'," + nl + ",'" +
xb + "'," + cj +")"
try:
    cursor.execute(sql)        #执行 SQL 语句
    db.commit()                #提交到数据库保存
    print("%s 的数据插入成功! "%xm)
except:
    db.rollback()              #如果发生错误，则回滚
    print('记录插入失败! ')
cursor.close()                 #关闭游标
db.close()                     #关闭数据库连接
```

运行结果如下。

```
请输入学号、姓名、年龄、性别、成绩，用空格分隔:555 丁六 17 男 76
丁六的数据插入成功!
```

其中，数据"555 丁六 17 男 76"是用户从键盘输入的。该记录插入成功后，Navicat 平台下刷新并显示结果，如图 16.18 所示。

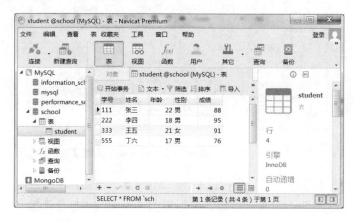

图 16.18　新插入一条记录

（3）浏览"student"表中的数据。

【例 16-18】　浏览数据库"school"的表"student"中的所有记录。

程序代码如下。

```
import pymysql
db = pymysql.connect(host='localhost',
            user='root',
            password='123',
            database='school')        #建立数据库连接
```

```
cursor = db.cursor()                    #使用cursor()方法创建一个游标对象cursor
sql = "SELECT * FROM student"    #SQL查询语句
try:
    cursor.execute(sql)                      #执行SQL语句
    results = cursor.fetchall()    #获取所有记录列表
    for row in results:
        no = row[0]
        name = row[1]
        age = row[2]
        sex = row[3]
        score = row[4]
        print ("学号: %s, 姓名: %s, 年龄: %s, 性别: %s, 成绩: %s" % \
            (no, name, age, sex, score ))     #打印结果
except:
    print ("浏览数据失败! ")
cursor.close()                          #关闭游标
db.close()                              #关闭数据库连接
```

运行结果如下。

```
学号: 111, 姓名: 张三, 年龄: 22, 性别: 男, 成绩: 88
学号: 222, 姓名: 李四, 年龄: 18, 性别: 男, 成绩: 95
学号: 333, 姓名: 王五, 年龄: 21, 性别: 女, 成绩: 91
学号: 555, 姓名: 丁六, 年龄: 17, 性别: 男, 成绩: 76
```

（4）查询"student"表中的数据。

① 查询固定数据。

【例 16-19】 查询数据库"school"的表"student"中成绩高于 90 分的所有记录。

程序代码如下。

```
import pymysql
db = pymysql.connect(host='localhost',
                user='root',
                password='123',
                database='school')     #建立数据库连接
cursor = db.cursor()                    #使用cursor()方法创建一个游标对象cursor
sql = "SELECT * FROM student WHERE 成绩 > %s" % (90)  #SQL查询语句
try:
    cursor.execute(sql)                      #执行SQL语句
    results = cursor.fetchall()    #获取所有记录列表
    for row in results:
        no = row[0]
        name = row[1]
        age = row[2]
        sex = row[3]
```

```
        score = row[4]
        print ("学号: %s, 姓名: %s, 年龄: %s, 性别: %s, 成绩: %s" % \
            (no, name, age, sex, score ))    #打印结果
except:
    print ("查询数据失败! ")
cursor.close()                                      #关闭游标
db.close()                                          #关闭数据库连接
```

运行结果如下。

```
学号: 222, 姓名: 李四, 年龄: 18, 性别: 男, 成绩: 95
学号: 333, 姓名: 王五, 年龄: 21, 性别: 女, 成绩: 91
```

② 查询某名学生的记录。

【例 16-20】 在数据库 "school" 的表 "student" 中查询某名学生的记录, 学生姓名从键盘输入。

程序代码如下。

```
import pymysql
db = pymysql.connect(host='localhost',
                user='root',
                password='123',
                database='school')    #建立数据库连接
cursor = db.cursor()                  #使用 cursor() 方法创建一个游标对象 cursor
xm= input('请输入要查询的学生姓名: ')
sql="SELECT * FROM student WHERE 姓名='" + xm + "'"
try:
    cursor.execute(sql)               #执行 SQL 语句
    results = cursor.fetchall()       #获取所有记录列表
    for row in results:
        no = row[0]
        name = row[1]
        age = row[2]
        sex = row[3]
        score = row[4]
        print ("学号: %s, 姓名: %s, 年龄: %s, 性别: %s, 成绩: %s" % \
            (no, name, age, sex, score ))    #打印结果
except:
    print ("查询数据失败! ")
cursor.close()                                      #关闭游标
db.close()                                          #关闭数据库连接
```

运行结果如下。

```
请输入要查询的学生姓名: 丁六   (从键盘输入 "丁六", 并按 Enter 键)
学号: 555, 姓名: 丁六, 年龄: 17, 性别: 男, 成绩: 76
```

（5）修改"student"表中的数据。

① 修改所有学生的年龄。

【例 16-21】 修改数据库"school"的表"student"中所有学生的年龄，每人的年龄都增加 1 岁，修改后显示所有学生记录。

程序代码如下。

```python
import pymysql
db = pymysql.connect(host='localhost',
                user='root',
                password='123',
                database='school')     #建立数据库连接
cursor = db.cursor()                   #使用 cursor()方法创建一个游标对象 cursor
sql = "UPDATE student SET 年龄 = 年龄 + 1"  #SQL 更新语句
sql2 = "SELECT * FROM student"   #SQL 查询语句
try:
    cursor.execute(sql)                #执行 SQL 语句
    db.commit()                        #提交到数据库保存
    cursor.execute(sql2)               #执行 SQL 语句
    results = cursor.fetchall()        #获取所有记录列表
    for row in results:
        no = row[0]
        name = row[1]
        age = row[2]
        sex = row[3]
        score = row[4]
        print ("学号: %s, 姓名: %s, 年龄: %s, 性别: %s, 成绩: %s" % \
            (no, name, age, sex, score ))     #打印结果
except:
    db.rollback()                              #发生错误时回滚
    print ("修改数据失败! ")
cursor.close()                                 #关闭游标
db.close()                                     #关闭数据库连接
```

运行结果如下。

```
学号: 111, 姓名: 张三, 年龄: 23, 性别: 男, 成绩: 88
学号: 222, 姓名: 李四, 年龄: 19, 性别: 男, 成绩: 95
学号: 333, 姓名: 王五, 年龄: 22, 性别: 女, 成绩: 91
学号: 555, 姓名: 丁六, 年龄: 18, 性别: 男, 成绩: 76
```

说明：与例 16-18 的运行结果相比，所有学生的年龄都增加了 1 岁。修改成功后，Navicat 平台下刷新并显示结果，如图 16.19 所示。

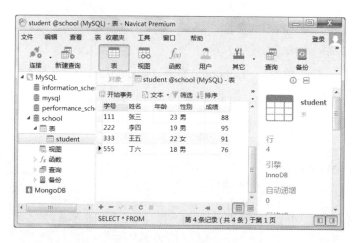

图 16.19 所有学生年龄都增加了 1 岁

② 修改某名学生的成绩。

【例 16-22】 修改数据库"school"的表"student"中某名学生的成绩（增加 5 分），学生姓名从键盘输入，修改后显示该学生记录。

程序代码如下。

```python
import pymysql
db = pymysql.connect(host='localhost',
                user='root',
                password='123',
                database='school')        #建立数据库连接
cursor = db.cursor()                       #使用 cursor()方法创建一个游标对象 cursor
xm= input('请输入要修改数据的学生姓名:')
sql="UPDATE student SET 成绩=成绩+5 WHERE 姓名='" + xm + "'"
sql2="SELECT * FROM student WHERE 姓名='" + xm + "'"
try:
    cursor.execute(sql)                    #执行 SQL 语句
    db.commit()                            #提交到数据库保存
    print("%s 的数据修改成功! "%xm)
    cursor.execute(sql2)                   #执行 SQL 语句
    results = cursor.fetchall()            #获取所有记录列表
    for row in results:
        no = row[0]
        name = row[1]
        age = row[2]
        sex = row[3]
        score = row[4]
        print ("学号: %s, 姓名: %s, 年龄: %s, 性别: %s, 成绩: %s" % \
            (no, name, age, sex, score ))    #打印结果
except:
    db.rollback()                          #发生错误时回滚
```

```
    print ("修改数据失败！")
cursor.close()                                    #关闭游标
db.close()                                        #关闭数据库连接
```

运行结果如下。

请输入要修改数据的学生姓名:丁六（从键盘输入"丁六"，并按 Enter 键）
丁六的数据修改成功！
学号：555，姓名：丁六，年龄：18，性别：男，成绩：81

修改成功后，Navicat 平台下刷新并显示结果，如图 16.20 所示。

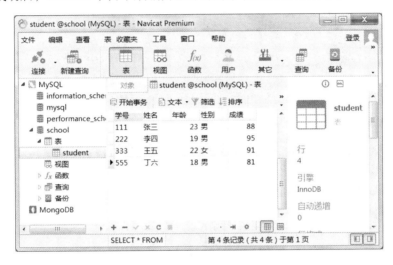

图 16.20　学生"丁六"的成绩增加了 5 分

（6）删除"student"表中的数据。

【例 16-23】　删除数据库"school"的表"student"中某名学生记录，学生姓名从键盘输入，删除后显示表中所有记录。

程序代码如下。

```
import pymysql
db = pymysql.connect(host='localhost',
            user='root',
            password='123',
            database='school')              #建立数据库连接
cursor = db.cursor()                        #使用 cursor() 方法创建一个游标对象 cursor
xm= input('请输入要删除数据的学生姓名:')
sql="DELETE FROM student WHERE 姓名='" + xm + "'"  #SQL 删除语句
sql2="SELECT * FROM student"
try:
    cursor.execute(sql)                     #执行 SQL 语句
    db.commit()                             #提交到数据库保存
```

```
    print("%s 的数据删除成功! "%xm)
    cursor.execute(sql2)                          #执行 SQL 语句
    results = cursor.fetchall()                    #获取所有记录列表
    for row in results:
        no = row[0]
        name = row[1]
        age = row[2]
        sex = row[3]
        score = row[4]
        print ("学号: %s, 姓名: %s, 年龄: %s, 性别: %s, 成绩: %s" % \
            (no, name, age, sex, score ))      #打印结果
except:
    db.rollback()                                  #发生错误时回滚
    print ("删除数据失败! ")
cursor.close()                                     #关闭游标
db.close()                                         #关闭数据库连接
```

运行结果如下。

请输入要删除数据的学生姓名:丁六 （从键盘输入"丁六"，并按 Enter 键）
丁六的数据删除成功!
学号: 111, 姓名: 张三, 年龄: 23, 性别: 男, 成绩: 88
学号: 222, 姓名: 李四, 年龄: 19, 性别: 男, 成绩: 95
学号: 333, 姓名: 王五, 年龄: 22, 性别: 女, 成绩: 91

删除成功后，Navicat 平台下刷新并显示结果，如图 16.21 所示。

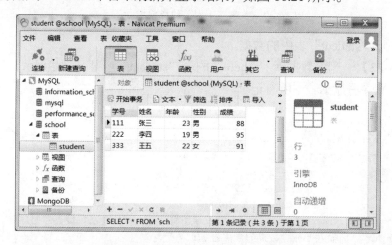

图 16.21 学生"丁六"的记录已删除

16.4.3 MongoDB 数据库访问

MongoDB 是使用 C++编写的、基于分布式 NoSQL 文件存储的可用于存储大数据的

开源数据库系统，旨在为 Web 应用提供可扩展的高性能数据存储解决方案。MongoDB 作为文档型数据库的典型代表，经常与 Python 结合使用。

Python 提供的 pymongo 模块定义了访问和操作 MongoDB 数据库的函数和方法。下面介绍使用 pymongo 操作 MongoDB 数据库的方法。

1. 准备工作

（1）登录 MongoDB 官网，下载并安装 MongoDB，可以考虑下载免费使用的 MongoDB 社区版（MongoDB Community version），本书使用的版本是社区版 MongoDB 4.2.17。下面以 MongoDB 4.2.17 为例，介绍在 Windows 7 操作系统下的安装过程。

① 从 MongoDB 官网下载的社区版 MongoDB 4.2.17 的文件名是 "mongodb-win32-x86_64-2012plus-4.2.17-signed.msi"，在 Windows 7 下双击即可进行安装。按照安装向导，只需一步步单击 Next 或 Install 按钮即可，下面仅介绍关键步骤。

当出现图 16.22 所示的界面时，出现两个选项，一个是 Complete（完全安装），另一个是 Custom（自定义安装）。此时一定要单击 Complete 按钮，进行完全安装。

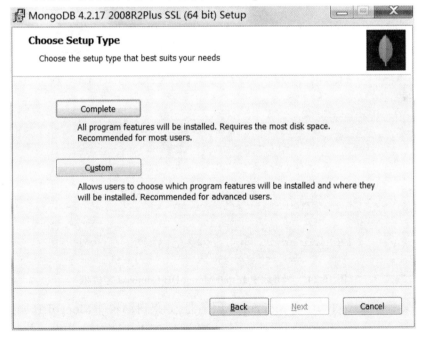

图 16.22　单击 Complete 按钮进行完全安装

② 当出现图 16.23 所示的 Service Configuration（服务器配置）界面时，不要做任何改动，直接单击 Next 按钮，进入下一步。

③ 当出现图 16.24 所示的界面时，一定取消选中 Install MongoDB Compass 复选框（不安装 MongoDB 自带的可视化软件平台 Compass），单击 Next 按钮进行安装。

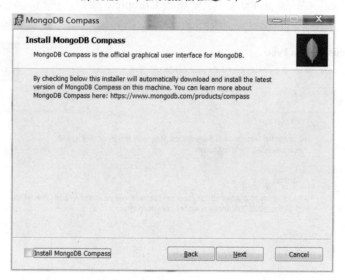

图 16.23　单击 Next 按钮进入下一步

图 16.24　取消选中 Install MongoDB Compass 复选框

④ 安装程序试图自动启动 MongoDB 服务器,如果自动启动 MongoDB 服务器失败,会出现图 16.25 所示的提示界面, 此时可以单击 Ignore 按钮忽略这步, MongoDB 也能安装成功。然后按步骤⑤到步骤⑩手动启动 MongoDB 服务器。如果自动启动 MongoDB 服务器成功, 则不会出现图 16.25 所示的提示界面, 也就不用执行步骤⑤至步骤⑩了。

⑤ 以管理员身份打开 cmd, 具体操作如下:

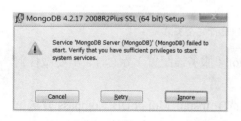

图 16.25　提示界面

单击"开始"按钮，在下方文本框中输入"cmd"，上方会显示"cmd.exe"，右击"cmd.exe"，在弹出的菜单中执行"以管理员身份运行"命令，如图 16.26 所示，进入 cmd 命令提示符界面，如图 16.27 所示。步骤⑥至步骤⑩的所有操作均在该提示符下完成。

图 16.26　选择"以管理员身份运行"命令　　　　图 16.27　cmd 命令行提示符界面

⑥ 删除安装时，默认创建的 mongodb 服务（MongoDB 守护程序 mongod.exe），执行 sc delete MongoDB 命令，如图 16.28 所示。

图 16.28　删除安装时默认创建的 mongodb 服务

⑦ 在"C:\Program Files\MongoDB\Server\4.2\data"文件夹下创建 db 文件夹。该文件夹是 MongoDB 数据库的存储目录。执行下列命令。

```
md "C:\Program Files\MongoDB\Server\4.2\data\db"
```

如果没有错误提示信息，则直接回到命令提示符状态，说明 db 文件夹创建成功。

⑧ 启动 MongoDB 守护程序 mongod.exe。执行下列命令。

```
cd "C:\Program Files\MongoDB\Server\4.2\bin"
```

将当前目录切换到文件夹 "C:\Program Files\MongoDB\Server\4.2\bin"，执行下列命令：

```
mongod --dbpath="C:\Program Files\MongoDB\Server\4.2\data\db"
--logpath= "C:\Program Files\MongoDB\Server\4.2\log\mongo.log" --install
--serviceName  "MongoDB"
```

启动 MongoDB 守护程序 mongod.exe，如图 16.29 所示。

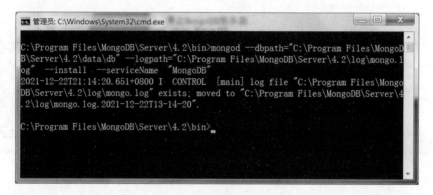

图 16.29　启动 MongoDB 守护程序

⑨ 执行下列命令：

```
net start MongoDB
```

启动 MongoDB 服务器，结果如图 16.30 所示。

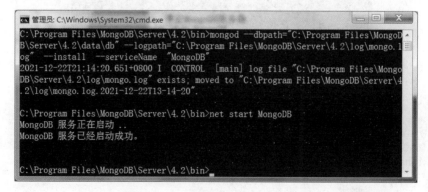

图 16.30　启动 MongoDB 服务器结果

⑩ 如果不需要访问 MongoDB 数据库，则可以执行下列命令：

```
net stop MongoDB
```

停止 MongoDB 服务器。

（2）登录 Navicat 官网，下载并安装 Navicat 中文版，本书使用的是 Navicat Premium 15.0.23。

（3）启动 Navicat，执行"文件"→"新建连接"→MongoDB 命令，如图 16.31 所示，连接 MongoDB，弹出图 16.32 所示的"MongoDB-新建连接"对话框，输入连接名"MongoDB"，其他参数使用默认值，单击"确定"按钮，连接成功界面如图 16.33 所示。

图 16.31　选择 MongoDB 命令

图 16.32　"MongoDB-新建连接"对话框

图 16.33　连接成功界面

连接成功后，双击图 16.33 左上角的 MongoDB 按钮，打开 MongoDB 连接，右击
MongoDB 按钮，执行弹出菜单中的"新建数据库"命令，如图 16.34 所示。在 MongoDB
中新建数据库"school"，如图 16.35 所示。

图 16.34　执行"新建数据库"命令

图 16.35　在 MongoDB 中新建数据库 "school"

（4）安装 pymongo 库。

pymongo 库是 Python 3 中用于连接 MongoDB 数据库服务器的第三方库，若要在 Python 程序中使用 MongoDB，则需先在 Python 环境中安装 pymongo 库。

使用 pip 命令在 cmd 命令行窗口中安装 pymongo 库，具体命令如下。

```
pip install pymongo
```

（5）使用 pymongo 库访问 MongoDB 数据库。

① 创建一个 MongoClient 对象，与 MongoDB 数据库建立连接。

② 使用第①步的连接创建一个表示数据库的 DataBase 对象。

③ 使用第②步的 DataBase 对象创建一个表示集合的 Collection 对象。

④ 调用 Collection 对象的方法，对集合执行一些常见的操作，包括增加、删除、修改和查询数据等。

2．Python与MongoDB数据库的交互

下面主要介绍 Python 使用 pymongo 库访问 MongoDB 数据库的操作方法，并结合实例详细介绍 Python 基于 pymongo 库对 MongoDB 数据库进行连接、查询、插入、修改、删除等操作。

（1）创建一个 MongoClient 对象 client，与 MongoDB 数据库服务器建立连接。在 client 上创建一个数据库 "school" 的数据库对象 db_obj，在 db_obj 上创建一个集合 "student" 的集合对象 coll_obj，代码如下。

```
import pymongo
client=pymongo.MongoClient(host='localhost',port=27017)
                          #创建数据库连接对象 client
db_obj=client.school      #创建数据库对象 db_obj
coll_obj=db_obj.student   #创建集合对象 coll_obj,此时集合"student"并未建立,
                          #当向该集合中插入第一个文档后,该集合才建立
```

（2）在"student"集合中插入数据。

① 插入固定数据。

【例 16-24】 向集合"student"中插入一个学生文档（此时集合"student"才真正建立），再插入多个学生文档，每个学生文档都有 5 个字段，分别是"学号""姓名""年龄""性别"和"成绩"，插入完成后输出集合中的文档数，每个学生文档都代表一条学生记录。

程序代码如下。

```
#向集合"student"中插入文档
coll_obj.insert_one( \
    {'学号':'111','姓名':'张三','年龄':22,'性别':'男','成绩':88})
                    #插入该文档后，集合"student"建立
coll_obj.insert_many( \
    [{'学号':'222','姓名':'李四','年龄':18,'性别':'男','成绩':95}, \
    {'学号':'333','姓名':'王五','年龄':21,'性别':'女','成绩':91}])
print( '集合中共有%d 个文档 ' % coll_obj.count_documents({}) )
```

运行结果如下。

集合中共有 3 个文档

程序运行后，在"student"集合中插入 3 个学生文档，Navicat 平台下刷新并显示结果，如图 16.36 所示。

图 16.36 student 集合中插入 3 个学生文档

集合"student"中第一个字段"_id"是系统自动生成的，字段值也是自动添加的，该字段主要用于实现实体完整性约束，即被系统自动设置为主键，这里隐藏未显示。

② 插入用户从键盘输入的数据。

【例 16-25】 在数据库"school"的集合"student"中插入一个学生文档，数据是用户从键盘输入的。

程序代码如下。

```
xh,xm,nl,xb,cj= input('请输入学号、姓名、年龄、性别、成绩,用空格分隔: ').split()
coll_obj.insert_one({'学号':xh,'姓名':xm,'年龄':int(nl),'性别':xb,'成绩':int(cj)})
print("%s 的数据插入成功! "%xm)
print('集合中共有%d 个文档'%coll_obj.count_documents({}))
```

运行结果如下。

```
请输入学号、姓名、年龄、性别、成绩,用空格分隔: 555 丁六 17 男 76
丁六的数据插入成功!
```

集合中共有 4 个文档，其中，数据"555 丁六 17 男 76"是用户从键盘输入的。该记录插入成功后，Navicat 平台下刷新并显示结果，如图 16.37 所示。

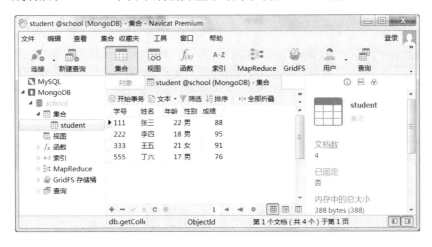

图 16.37　新插入一个学生文档

（3）浏览"student"集合中的文档数据。

【例 16-26】 浏览数据库"school"的集合"student"中的所有文档。使用 find() 方法可以查询集合中的所有文档数据，类似于 SQL 中的"SELECT　*"操作。

程序代码如下。

```
for x in coll_obj.find({},{ "_id": 0)):    # "_id"字段不显示, 其他都显示
    print(x)
```

运行结果如下。

```
{'学号': '111', '姓名': '张三', '年龄': 22, '性别': '男', '成绩': 88}
{'学号': '222', '姓名': '李四', '年龄': 18, '性别': '男', '成绩': 95}
{'学号': '333', '姓名': '王五', '年龄': 21, '性别': '女', '成绩': 91}
{'学号': '555', '姓名': '丁六', '年龄': 17, '性别': '男', '成绩': 76}
```

（4）查询"student"集合中的数据。

① 查询固定数据。

【例 16-27】 查询集合"student"中所有男同学的姓名和年龄信息。

程序代码如下。

```
result=coll_obj.find({'性别':'男'},{ "_id": 0, "姓名": 1,"年龄": 1 })
for x in result:
    print(x)
```

运行结果如下。

```
{'姓名': '张三', '年龄': 22}
{'姓名': '李四', '年龄': 18}
{'姓名': '丁六', '年龄': 17}
```

【例 16-28】 查询数据库"school"的集合"student"中成绩高于 90 分的所有文档。

程序代码如下。

```
result=coll_obj.find({"成绩": {"$gt": 90}},{ "_id": 0})   #$gt 表示大于比较
for x in result:
    print(x)
```

运行结果如下。

```
{'学号': '222', '姓名': '李四', '年龄': 18, '性别': '男', '成绩': 95}
{'学号': '333', '姓名': '王五', '年龄': 21, '性别': '女', '成绩': 91}
```

② 查询某名学生的文档。

【例 16-29】 在数据库"school"的集合"student"中查询某名学生的文档数据，学生姓名从键盘输入。

程序代码如下。

```
xm= input('请输入要查询的学生姓名:')
result=coll_obj.find({'姓名':xm},{ "_id": 0})
for x in result:
    print(x)
```

运行结果如下。

```
请输入要查询的学生姓名:丁六    （从键盘输入"丁六"，并按 Enter 键）
{'学号': '555', '姓名': '丁六', '年龄': 17, '性别': '男', '成绩': 76}
```

（5）修改集合"student"中的文档数据。

① 修改所有学生的年龄。

【例 16-30】 修改数据库"school"的集合"student"中所有学生的年龄，每个学生的年龄都增加 1 岁，修改后显示所有学生文档。

程序代码如下。

```
coll_obj.update_many({},{'$inc':{'年龄':1}}) # $inc 表示给后面的年龄加 1 岁
for x in coll_obj.find({},{ "_id": 0}):          # "_id"字段不显示，其他都显示
    print(x)
```

运行结果如下。

```
{'学号': '111', '姓名': '张三', '年龄': 23, '性别': '男', '成绩': 88}
{'学号': '222', '姓名': '李四', '年龄': 19, '性别': '男', '成绩': 95}
{'学号': '333', '姓名': '王五', '年龄': 22, '性别': '女', '成绩': 91}
{'学号': '555', '姓名': '丁六', '年龄': 18, '性别': '男', '成绩': 76}
```

说明：与例 16-26 的运行结果相比，每个学生的年龄都增加了 1 岁。修改成功后，Navicat 平台下刷新并显示结果，如图 16.38 所示。

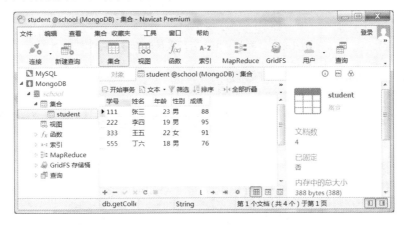

图 16.38　每个学生年龄都增加了 1 岁

② 修改某名学生的成绩。

【例 16-31】 修改数据库"school"的集合"student"中某名学生的成绩（增加 5 分），学生姓名从键盘输入，修改后显示该学生文档。

程序代码如下。

```
xm= input('请输入要修改数据的学生姓名:')
coll_obj.update_one({'姓名':xm},{'$inc':{'成绩':5}})
print("%s 的数据修改成功! "%xm)
for x in coll_obj.find({'姓名':xm},{ "_id": 0}):
    print(x)
```

运行结果如下。

请输入要修改数据的学生姓名:丁六 （从键盘输入"丁六"，并按 Enter 键）
丁六的数据修改成功!
{'学号': '555', '姓名': '丁六', '年龄': 18, '性别': '男', '成绩': 81}

修改成功后，Navicat 平台下刷新并显示结果，如图 16.39 所示。

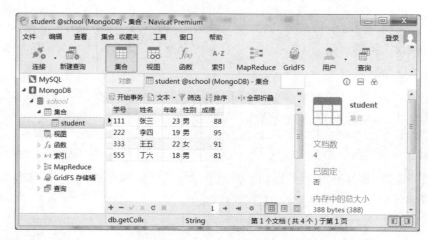

图 16.39　学生"丁六"的成绩增加了 5 分

（6）删除"student"集合中的文档。

① 删除指定名字的学生文档。

【例16-32】　删除数据库"school"的集合"student"中某名学生文档，学生姓名从键盘输入，删除后显示集合中的所有剩余文档。

程序代码如下。

```
xm= input('请输入要修改数据的学生姓名:')
coll_obj.delete_one({'姓名':xm})
print("%s 的数据删除成功! "%xm)
for x in coll_obj.find({},{ "_id": 0}):
    print(x)
```

运行结果如下。

请输入要删除数据的学生姓名:丁六 （从键盘输入"丁六"，并按 Enter 键）
丁六的数据删除成功!
{'学号': '111', '姓名': '张三', '年龄': 23, '性别': '男', '成绩': 88}
{'学号': '222', '姓名': '李四', '年龄': 19, '性别': '男', '成绩': 95}
{'学号': '333', '姓名': '王五', '年龄': 22, '性别': '女', '成绩': 91}

删除成功后，Navicat 平台下刷新并显示结果，如图 16.40 所示。

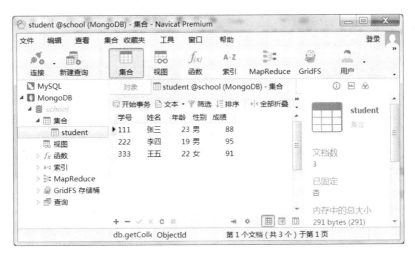

图 16.40 学生"丁六"的文档已删除

② 删除集合中的所有文档。

【例 16-33】 删除集合"student"中的所有文档。

程序代码如下。

```
coll_obj.delete_many({})
for x in coll_obj.find():
    print(x)
print('集合中共有%d 个文档'%coll_obj.count_documents({}))
```

运行结果如下。

集合中共有 0 个文档

删除成功后，Navicat 平台下刷新并显示结果，如图 16.41 所示。

图 16.41 集合"student"中的所有文档均已删除

第**17**章
Python常用类库

本章导读

Python 本身的数据处理、分析、挖掘、图形可视化等功能并不强，需要安装一些第三方扩展库来增强相应的功能，常用类库有 NumPy、SciPy、Matplotlib、Pandas、StatsModels、Scikit-learn、Keras、Gensim、Pillow、OpenCV、GMPY 2 等，见表 17-1。

表 17-1 Python 常用扩展库

扩 展 库	简 介
NumPy	提供数组支持以及相应的高效的处理函数
SciPy	提供矩阵支持以及矩阵相关的数值计算模块
Matplotlib	有强大的数据可视化工具、作图库
Pandas	有强大、灵活的数据分析和探索工具
StatsModels	统计建模和计量经济学，包括描述统计、统计模型估计和推断
Scikit-learn	支持回归、分类、聚类等强大的机器学习库
Keras	深度学习库，用于建立神经网络以及深度学习模型
Gensim	用于做文本主题模型的库，可用于文本挖掘
Pillow	用于图片处理
OpenCV	用于视频处理
GMPY2	用于高精度运算

Anaconda 发行版自带 NumPy、SciPy、Matplotlib、Pandas、Scikit-learn 库。

下面仅介绍本书实例中会用到的一些库的常用方法，对于未介绍的库，建议读者在遇到相应的问题时，自行到网上搜索相关资料。

课程知识点	1. NumPy 库 2. Matplotlib 库 3. Pandas 库 4. Scikit-learn 库 5. Keras 库
课程重点	1. NumPy 库 2. Matplotlib 库 3. Scikit-learn 库
课程难点	1. Matplotlib 库 2. Pandas 库 3. Keras 库

17.1　NumPy 库

　　NumPy（Numerical Python）是一个开源的 Python 科学计算库。NumPy 库的强大源于它对数组（矩阵）的支持，NumPy 库中的数组不仅可以是任意维度的，而且能容纳大量的数据。NumPy 库内置了对数组的各种数学运算，包括排序、变形、展平、转置、轴对换、拼接、分割、去重、检索、傅里叶变换、随机数生成等，导入方式为 import numpy.pyplot as np。NumPy 库的常用方法见表 17-2。

表 17-2　NumPy 库的常用方法

方 法 示 例	功　　能
np.array([1,2,3], dtype=int)	创建一个一维数组，数组类型是整数
np.array([1,2,3]，[2,3,4])	创建一个二维数组
np.zeros((2,3))	创建一个 2 行 3 列的全 0 矩阵
np.identity(5)	创建一个 5 行 5 列的单位方阵
np.eye(3,4,k=0)	创建一条对角线是 1、其余为 0 的矩阵。k 指定对角线的位置
np.arange(4,6,0.1)	创建一个[4,6]之间步长是 0.1 的数组
np.linspace(1,4,10)	创建一个[1,4]之间均匀分布的 10 个元素的数组
np.linalg.companion(a)	创建 *a* 的伴随矩阵
np.linalg.triu()	把对角线下的所有元素置零
np.random.rand(3,4)	创建一个 3 行 4 列的随机数组

续表

方 法 示 例	功　　能
np.fliplr(a)	实现矩阵 *a* 的翻转
np.roll(x,3)	向右循环移 3 位
np.linalg.det(a)	返回矩阵 *a* 的行列式
np.linalg.norm(a,ord=None)	计算矩阵 *a* 的范数
np.linalg.eig(a)	计算矩阵 *a* 的特征值和特征向量
np.linalg.cond(a,p=None)	计算矩阵 *a* 的条件数
np.linalg.inv(a)	计算矩阵 *a* 的逆矩阵
np.dot(a,b)	计算数组的点积
np.vodt(a,b)	计算矢量的点积
np.innner(a,b)	计算内积
np.outer(a,b)	计算外积

在 Windows 操作系统中，NumPy 库的安装方法与普通第三方库的安装方法相同，可以使用 pip 命令进行，命令如下：

```
pip install numpy
```

下面介绍 NumPy 库的主要功能。

【例 17-1】　通过 NumPy 库的 array 方法，用已有数据创建一维数组，并对数组中的数据进行切片、统计、排序等操作。

程序代码如下。

```
import numpy as np              #一般以 np 作为 NumPy 库的别名
a = np.array([2, 4, 1, 5, 3])   #创建一维数组
print("原始一维数组: ",a)        #输出数组
print("切片出前三个数: ",a[:3])   #引用前三个数字（切片）
print("输出最小值: ",a.min())    #输出 a 的最小值
print("输出平均值: ",a.mean())   #输出 a 的平均值，也可以使用函数 np.average(a)
print("输出和值: ",a.sum())      #输出 a 的和值
a.sort()                        #将 a 的元素从小到大排序，此操作直接修改 a
print("升序排序: ",a)
print("降序排序: ",-np.sort(-a))
```

运行结果如下。

```
原始一维数组: [2 4 1 5 3]
切片出前三个数: [2 4 1]
输出最小值: 1
输出平均值: 3.0
输出和值: 15
```

```
升序排序:  [1 2 3 4 5]
降序排序:  [5 4 3 2 1]
```

【例 17-2】 通过 NumPy 库的 array 方法，用已有数据创建二维数组，并对数组中的数据进行统计、平方、开平方、转置等操作。

程序代码如下。

```
import numpy as np
b= np.array([[1, 2, 3], [4, 5, 6]])       #创建二维数组
print("列方向最大值: ",b.max(axis=0))      #当axis=0时表示求列方向的最大值
print("行方向最大值: ",b.max(axis=1))      #当axis=1时表示求行方向的最大值
print("列方向平均值: ",b.mean(axis=0))     #列方向的平均值
print("所有元素平均值: ",b.mean())         #所有元素的平均值
c=b*b
print("平方阵: ",'\n',c)                   #输出数组的平方阵
print("开平方: ",'\n',np.sqrt(c))          #对每个元素开平方
print("转置后矩阵: ",'\n',c.T)             #矩阵转置
```

运行结果如下。

```
列方向最大值:  [4 5 6]
行方向最大值:  [3 6]
列方向平均值:  [2.5 3.5 4.5]
所有元素平均值:  3.5
平方阵:
[[ 1  4  9]
[16 25 36]]
开平方:
[[1. 2. 3.]
[4. 5. 6.]]
转置后矩阵:
[[ 1 16]
[ 4 25]
[ 9 36]]
```

【例 17-3】 通过 NumPy 库的 arange、linspace 和 logspace 等方法，创建等差数列数组和等比数列数组。

程序代码如下。

```
import numpy as np
a1 = np.arange(10)              #默认从 0 开始到 10（不包括 10），步长为 1
print("默认起始值为 0，默认步长为 1: ",a1)
```

```
a2 = np.arange(5,10)                #从 5 开始到 10（不包括 10），步长为 1
print("前闭后开，步长为 1: ",a2)
a3 = np.arange(5,20,3)              #从 5 开始到 20（不包括 20），步长为 3
print("前闭后开，步长为 3: ",a3)
a4 = np.linspace(0,10,6)           #生成首位是 0、末位是 10、含 6 个数的等差数列
print("等差数列: ",a4)
a5 = np.logspace(0,6,7,base=2)     #生成首位是 base 的 0 次方（即 1）、末位是 base 的
                                    #6 次方（即 64）、含 7 个数的等比数列
print("等比数列: ",a5)
```

运行结果如下。

```
默认起始值为 0，默认步长为 1:  [0 1 2 3 4 5 6 7 8 9]
前闭后开，步长为 1:  [5 6 7 8 9]
前闭后开，步长为 3:  [5 8 11 14 17]
等差数列:  [ 0.  2.  4.  6.  8. 10.]
等比数列:  [ 1.  2.  4.  8. 16. 32. 64.]
```

【例 17-4】 通过 NumPy 库的 rand 和 randint 方法，创建随机数数组。
程序代码如下。

```
import numpy as np
a1 = np.random.rand(6)             #创建一维数组，元素数为 6，取值范围为[0,1)的随机小数
print("一维随机小数数组: ",'\n',a1)
a2 = np.random.rand(2,3)           #创建 2 行 3 列二维数组，取值范围为[0,1)的随机小数
print("二维随机小数数组: ",'\n',a2)
a3 = np.random.randint(10,100,size=(3,4))
                                    #创建 3 行 4 列二维数组，取值范围为[10,100)的随机整数
print("二维随机整数数组: ",'\n',a3)
```

运行结果（每次运行结果均不同）如下。

```
一维随机小数数组:
 [0.42882919 0.01810832 0.31776345 0.35361651 0.18639925 0.05564057]
二维随机小数数组:
[[0.88953942 0.8220004  0.40940399]
[0.30508977 0.63486315 0.30147376]]
二维随机整数数组:
[[79 36 10 69]
[92 39 99 86]
[85 15 12 84]]
```

【例 17-5】 通过 NumPy 库的 ones、zeros 和 eye 方法，创建全 1 矩阵、全 0 矩阵
和单位矩阵。

程序代码如下。

```
import numpy as np
a1 = np.ones((3,5))                    #创建 3*5 的全 1 矩阵
print("3*5 的全 1 矩阵: ",'\n',a1)
a2 = np.zeros((2,3))                   #创建 2*3 的全 0 矩阵
print("2*3 的全 0 矩阵: ",'\n',a2)
a3 = np.eye(4)                         #创建 4 阶单位矩阵
print("4 阶单位矩阵: ",'\n',a3)
```

运行结果如下。

```
3*5 的全 1 矩阵:
 [[1. 1. 1. 1. 1.]
 [1. 1. 1. 1. 1.]
 [1. 1. 1. 1. 1.]]
2*3 的全 0 矩阵:
 [[0. 0. 0.]
 [0. 0. 0.]]
4 阶单位矩阵:
 [[1. 0. 0. 0.]
 [0. 1. 0. 0.]
 [0. 0. 1. 0.]
 [0. 0. 0. 1.]]
```

17.2 Matplotlib 库

无论是数据挖掘还是数学建模，都要面对数据可视化的问题。对于 Python 来说，Matplotlib 是著名的绘图库，主要用于二维绘图，当然也可以进行简单的三维绘图。Matplotlib 库的 Pyplot 子库提供了与 MATLAB 类似的绘图 API，导入方式为 import matplotlib.pyplot as plt。Pyplot 绘图对象常用方法见表 17-3。

表 17-3　Pyplot 绘图对象常用方法

方 法 示 例	功　　能
plt.figure(figsize=(8,4))	创建一个当前绘图对象，并设置窗口的宽度和高度
plt.plot(x,y,label="$sin(x)$ ",color="red",linewidth=2) plt.plot(x,z, "b--",label="$cos(x^2)$ ")	绘图，x 和 y 表示绘制数据；label 表示所绘制曲线的名字，将在图例（legend）中显示；color 指定曲线颜色；linewidth 指定曲线的宽度；"b--"表示曲线的颜色和线型

续表

方 法 示 例	功　能
plt.xlabel("Time(s) ")	xlabel()方法设置 x 轴的文字
plt.ylabel("Volt")	ylabel()方法设置 y 轴的文字
plt.title("PyPlot First Example")	title()方法设置图表的标题
plt.legend()	legend()方法显示图例
plt.xlim(−10,10)	xlim()方法设置 x 轴的范围
plt.ylim(−1.2,1.2)	ylim()方法设置 y 轴的范围
plt.xticks(np.linspace(−4,4,9，endpoint=True))	xticks()方法设置 x 轴刻度。np.linspace()方法返回一个等差数列数组
plt.yticks(np.linspace(−1,1,5，endpoint=True))	yticks()方法设置 y 轴刻度
plt.gca()	获得当前 Axes 对象 ax
plt.gcf()	获得当前图表
plt.cla()	清空 plt 绘制的内容
plt.grid()	设置网格线
plt.close(0)	关闭图 0
plt.close("all")	关闭所有图形
plt.show()	显示图形

Matplotlib 库的 **Pyplot** 绘图工具不仅可以绘制折线图，而且可以绘制柱状图、饼图、散点图、直方图等。绘制各类图形的方法示例见表 17-4。

表 17-4　绘制各类图形的方法示例

方 法 示 例	功　能
x=[0,1,2,3,4,5] y=[0,1,0,2,0.2,0.3] plt.plot(x,y)	以 x 为横坐标、y 为纵坐标，绘制折线图
plt.plot(y)	未给出 x 轴坐标时，默认以[0,1,2,…]的常数作为 x 轴坐标
plt.plot(x,y, 'o ')	添加第三个参数'o'，绘制散点图
plt.plot(x,y, 'b',x,y2, 'g')	在一个图形中绘制多条曲线，'b'和'g'表示曲线的颜色
plt.scatter(x,y,c=T,s=25,alpha=0.4)	绘制散点图，x 和 y 表示绘图数据，c 表示颜色，s 表示散点的大小，alpha 表示透明度
plt.bar(X,Y,width = 0.35,facecolor = 'lightskyblue',edgecolor = 'white')	绘制垂直柱状图，X 和 Y 表示绘图数据，width 表示宽度，facecolor 表示图形颜色，edgecolor 表示边框颜色

续表

方 法 示 例	功 能
plt.barh(X,Y,0.5, color = 'y',linewidth = 0,align = 'center')	绘制水平柱状图，X 和 Y 表示绘图数据，0.5 表示柱的宽度，color 表示图形颜色，linewidth 表示边框宽度，align 表示对齐方式
plt.pie(X,Y)	绘制饼图
plt.hist(x,50,normed = 1,facecolor = 'g',alpha = 0.75)	绘制直方图

在绘制各类图形时，还可以指定样式、颜色等参数。常用颜色值见表 17-5。

表 17-5　常用颜色值

颜色值	含 义	颜色值	含 义
b	蓝色	m	品红色
g	绿色	y	黄色
r	红色	k	黑色
c	青色	w	白色

常用图形见表 17-6。

表 17-6　常用图形

图形	参数	说明	图形	参数	说明
折线	'-'	实线	柱状图	width	柱的宽度
	'--'	虚线		bottom	柱底部的 y 轴坐标
	'-.'	线-点		color	柱的填充颜色
	':'	点虚线		edgecolor	柱的边框颜色
散点	'.'	实心点		linewidth	边框宽度
	'o'	圆圈		xerr,yerr	x 轴和 y 轴误差线
	','	一个像素点		ecolor	误差线颜色
	'x'	叉号		align	柱的对齐方式
	'+'	十字	饼图	colors	扇形颜色
	'*'	星号		explode	扇形偏离圆心距离
	'^' 'v' '<' '>'	三角形(上、下、左、右)		labels	扇形的标签
	'1' '2' '3' '4'	三叉号(上、下、左、右)		autopct	显示百分比数值

　　Matplotlib 库可以通过 pip install matplotlib 命令安装。Matplotlib 库的上级依赖库较多，手动安装时，需要逐一安装好这些依赖库。

本书很多示例都用到了 Matplotlib 库进行画图，下面再举几个例子介绍 Matplotlib 库。

【例 17-6】 画一个有 5 个点的折线图。

程序代码如下。

```
import matplotlib.pyplot as plt
plt.rcParams['font.family']='SimHei'    #SimHei 是黑体，显示中文
plt.figure(figsize=(12,6))              #创建绘图对象，即画板
plt.tick_params(labelsize=20)           #设置刻度线字号
plt.plot([0,2,4,6,8],[3,1,5,6,2])       #plt.plot(x,y)中，x 为 x 轴数据，
                                        #y 为 y 轴数据
plt.title("折线图示例",fontsize=20)      #图标题
plt.ylabel("y 轴（值）", fontsize=20)    #设置 y 轴标题及字号
plt.xlabel("x 轴（值）", fontsize=20)    #设置 x 轴标题及字号
plt.axis([0,8,0,6])                     #x 轴范围为 0～8，y 轴范围为 0～6
plt.show()
```

运行结果如图 17.1 所示。

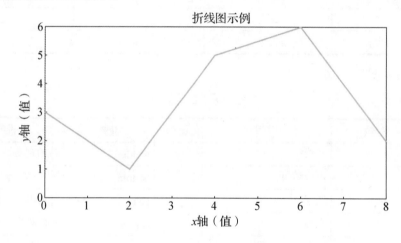

图 17.1 有 5 个点的折线图

【例 17-7】 画 4 条线性直线，颜色、线型（风格）、标记字符均默认。

程序代码如下。

```
import numpy as np
import matplotlib.pyplot as plt
plt.figure(figsize=(12,8))                  #创建绘图对象，即画板
plt.tick_params(labelsize=24)               #设置刻度线字号
x = np.arange(10)
plt.plot(x,x*1.5,x,x*2.5,x,x*3.5,x,x*4.5)
#画 4 条直线：y=1.5x、y=2.5x、y=3.5x、y=4.5x，颜色、线型（风格）、标记字符均默认
plt.show()
```

运行结果如图 17.2 所示。

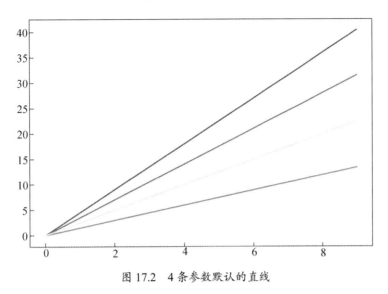

图 17.2　4 条参数默认的直线

【例 17-8】　画 4 条线性直线，指明颜色、线型（风格）、标记字符。
程序代码如下。

```
import numpy as np
import matplotlib.pyplot as plt
plt.figure(figsize=(12,8))                    #创建绘图对象，即画板
plt.tick_params(labelsize=24)                 #设置刻度线字号
x = np.arange(10)
plt.plot(x,x*1.5,'go-',x,x*2.5,'rx-',x,x*3.5,'*',x,x*4.5,'b-.')
#画 4 条直线：y=1.5x、y=2.5x、y=3.5x、y=4.5x，指明颜色、线型（风格）、标记字符
plt.show()
```

运行结果如图 17.3 所示。

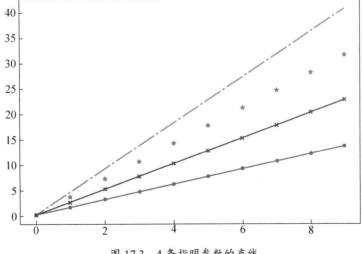

图 17.3　4 条指明参数的直线

【例17-9】 画余弦波形图。

程序代码如下。

```python
import numpy as np
import matplotlib.pyplot as plt
plt.rcParams['axes.unicode_minus']=False      #正常显示负号,否则负号显示成小方框
a = np.arange(0.0,5.0,0.02)
plt.tick_params(labelsize=12)                  #设置刻度线字号
plt.title("余弦波形图",fontsize=18)              #图标题
plt.xlabel("横轴: 时间",fontproperties='SimHei',fontsize = 18)
plt.ylabel("纵轴: 振幅",fontproperties='SimHei',fontsize = 18)
plt.plot(a,np.cos(2*np.pi*a),'r--')
plt.show()
```

运行结果如图17.4所示。

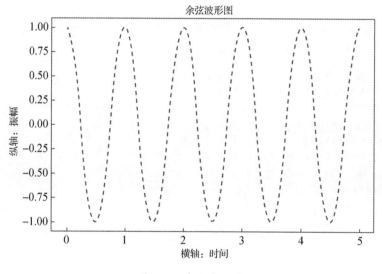

图17.4　余弦波形图

接下来的三个例子使用 matplotlib.pyplot 中的三种方法画子图,三个例子的前序代码都相同,代码如下。

```python
from matplotlib import pyplot as plt
import numpy as np
plt.rcParams['axes.unicode_minus']=False  #正常显示负号, 否则负号显示成小方框
x = np.linspace(1, 100, num= 25, endpoint = True)   #得到25个数的等差数列
def y_subplot(x,i):
    return np.cos(i * np.pi *x) #每个子图都是余弦波形图, i值决定波形频率和初始相位
```

下面给出三种使用 matplotlib.pyplot 画子图的方法。

【例17-10】 使用 plt.subplots 画子图。

程序代码如下（将下列代码放到上面前序代码之后执行）。

```
f, ax = plt.subplots(2,2)    #使用 subplots 画图，2 行 2 列共 4 个子图，通过 ax 返回
                             #返回的 f 是 matplotlib.figure.Figure 画板，是大图
style_list = ["g+-", "r*-", "b.-", "yo-"]    #每个图，点的形状，点和线条的颜色
ax[0][0].plot(x, y_subplot(x, 1), style_list[0])    #画第 1 个子图
ax[0][1].plot(x, y_subplot(x, 2), style_list[1])    #画第 2 个子图
ax[1][0].plot(x, y_subplot(x, 3), style_list[2])    #画第 3 个子图
ax[1][1].plot(x, y_subplot(x, 4), style_list[3])    #画第 4 个子图
plt.show()                                          #显示 4 个子图
```

【例 17-11】　使用 plt.subplot 画子图。

程序代码如下（将下列代码放到上面前序代码之后执行）。

```
for i in range(1,5):
    plt.subplot(2,2,i)    #使用 subplot 画图，2 行 2 列共 4 个子图，i 表示子图序号
    plt.plot(x, y_subplot(x,i), style_list[i- 1])    #在子图中画图
plt.show()
```

【例 17-12】　使用 plt.add_subplot 画子图。

程序代码如下（将下列代码放到上面前序代码之后执行）。

```
fig = plt.figure()                #fig 返回 matplotlib.figure.Figure 画板
for i in range(1,5):
    ax = fig.add_subplot(2,2,i)    #使用 add_subplot 方法向 Figure 画板中添加每
                                   #个子图
    ax.plot(x, y_subplot(x,i), style_list[i -1])    #在子图中画图
plt.show()
```

上述三个示例的运行结果相同，如图 17.5 所示。

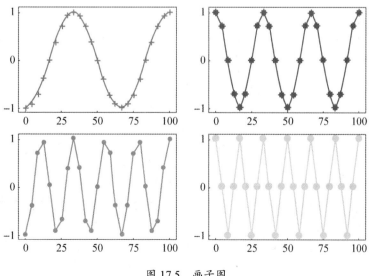

图 17.5　画子图

17.3　Pandas 库

　　Pandas 库是 Python 下最强大的数据分析和探索工具，包含高级的数据结构和精巧的工具，使得用户在 Python 中处理数据快速、简单。Pandas 库建造在 NumPy 之上，使得以 NumPy 为中心的应用更容易。

　　Pandas 库的功能非常强大，可以对各种数据进行运算操作，比如归并、再成形、选择，还有数据清洗和数据加工（增加、删除、查找、修改）等功能。

　　大数据分析中，我们经常需要使用 Pandas 库中的工具读取各类数据源，并将结果保存到数据库中。Pandas 库可以访问的数据源包括 TXT 文本文件、CSV 文件、Excel 文件、JSON 文件和各种数据库（Access、MySQL、SQL Server、Oracle 和 MongoDB 等）。Pandas 库广泛应用在学术、金融、统计学等各个数据分析领域。

　　Pandas 库可以通过 pip install pandas 命令进行安装。由于我们频繁用到读取和写入 Excel，但默认的 Pandas 还不能读/写 Excel 文件，因此需要安装 xlrd（读）库和 xlwt（写）库才能支持 Excel 的读/写。为 Python 添加读取/写入 Excel 功能的命令如下。

```
pip install xlrd              #为 Python 添加读取 Excel 的功能
pip install xlwt              #为 Python 添加写入 Excel 的功能
```

　　Pandas 库功能强大，读者可以阅读其他相关书籍或网上查阅来学习更详细的内容。下面通过几个示例介绍用 Pandas 库访问常用数据源的方法。

　　【例 17-13】　使用 Pandas 库向 Excel 文件中写入数据。

　　程序代码如下。

```
import pandas as pd                  #导入库，起别名 pd
w = pd.ExcelWriter('school.xlsx')    #以写方式打开文件 school.xlsx
df = pd.DataFrame(data={'学号':['111','222','333'],
                        '姓名':['张三','李四','王五'],
                        '年龄':[22,18,21],
                        '性别':['男','男','女'],
                        '成绩':[88,95,91]
                        }
            )           #定义 DataFrame 格式的数据，并赋值给 df
df.to_excel(w ,'student', index=False)
                    #将 df 中的数据写入文件 school.xlsx，sheet 名称为 student
w.save()            #存盘
```

　　运行后，会在当前代码文档所在文件夹下生成文件 school.xlsx，文件内容如图 17.6 所示。

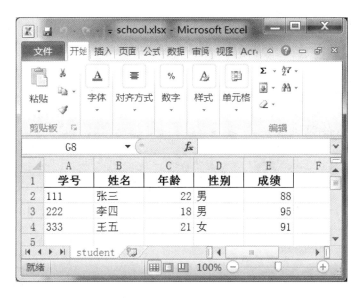

图 17.6　文件内容

【例 17-14】 使用 Pandas 库从例 17-13 中生成的 Excel 文件 school.xlsx 中读取数据。
程序代码如下。

```
import pandas as pd
df = pd.read_excel('school.xlsx', sheet_name=None)
                        #以读方式打开文件 school.xlsx,并以 DataFrame 格式赋值给 df
print("显示姓名这一列的数据:")
print(df['student'].姓名)     #显示姓名这一列的数据, 第一列是序号
print("\n 显示所有数据:\n",df['student'])
                        #显示 sheet "student" 中的所有数据, 注意表头和数据未对齐
nrows=df['student'].shape[0]         #获取行数
ncols=df['student'].shape[1]         #获取列数
print('\n 双循环遍历输出所有数据: ')
print('学号',' 姓名 ','年龄', '性别','成绩 ')
for r in range(nrows):                #逐行逐列遍历, 对齐表头和数据
    for c in range(ncols):
        print(df['student'].iloc[r,c],end='   ')
    print(end='\n')                   #换行, 保证每个学生独占一行显示
```

运行结果如下。

```
显示姓名这一列的数据:
0     张三
1     李四
2     王五
Name: 姓名, dtype: object
```

显示所有数据:

```
     学号  姓名  年龄  性别   成绩
0  111  张三   22   男   88
1  222  李四   18   男   95
2  333  王五   21   女   91
```

双循环遍历输出所有数据:

```
学号  姓名  年龄  性别  成绩
111   张三   22   男   88
222   李四   18   男   95
333   王五   21   女   91
```

【例 17-15】 使用 Pandas 库从 Access 数据库中读取数据。从例 16-7 产生的数据库 "school.accdb" 中读取表 "student" 中的数据。

程序代码如下。

```
import pandas as pd
import pyodbc
mdb_file = r"D:\Python\school.accdb"                      #文件路径及文件名
driver = '{Microsoft Access Driver (*.mdb, *.accdb)}'  #Access 数据库引擎
cnxn = pyodbc.connect(f'Driver={driver};DBQ={mdb_file}')
crsr = cnxn.cursor()


df = pd.read_sql("SELECT * FROM student", cnxn)
                     #用 Pandas 库读取表 student 中的数据
print("显示所有数据:\n",df)
                             #显示表中所有数据,注意表头和数据未对齐,第一列是序号
nrows=df.shape[0]      #获取行数
ncols=df.shape[1]      #获取列数
print('\n 双循环遍历输出所有数据: ')
print('学号',' 姓名 ','年龄', '性别','成绩 ')
for r in range(nrows):  #逐行逐列遍历
    for c in range(ncols):
        print(df.iloc[r,c],end='   ')
    print(end='\n')
```

运行结果如下。

显示所有数据:

```
     学号  姓名  年龄  性别   成绩
0  111  张三   22   男   88
1  222  李四   18   男   95
2  333  王五   21   女   91
```

双循环遍历输出所有数据:

```
学号  姓名  年龄  性别  成绩
111   张三   22   男   88
```

```
222   李四  18   男   95
333   王五  21   女   91
```

【**例 17-16**】 使用 Pandas 库从 MySQL 数据库中读取数据。从例 16-16 中生成的数据库"school"中读取表"student"中的数据。

程序代码如下。

```
import pymysql
import pandas as pd
db_pymysql = pymysql.connect(host='localhost',port=3306,user='root',
passwd='123',db='school')
df = pd.read_sql('select * from student',con=db_pymysql)
        #打开数据库"school"，以 DataFrame 格式返回表"student"中的数据并赋给 df
print("显示所有数据: \n",df)
nrows=df.shape[0]              #获取行数
ncols=df.shape[1]             #获取列数
print('\n 双循环遍历输出所有数据: ')
print('学号',' 姓名 ','年龄', '性别','成绩 ')
for r in range(nrows):         #逐行逐列遍历
    for c in range(ncols):
        print(df.iloc[r,c],end='  ')
    print(end='\n')
```

运行结果同例 17-15。

【**例 17-17**】 使用 Pandas 库从 MongoDB 数据库中读取数据。从例 16-24 生成的数据库"school"中读取集合"student"中的数据。

程序代码如下。

```
import pandas as pd
import pymongo
client = pymongo.MongoClient(host='localhost',port=27017)
                            #连接 MongoDB 数据库服务器
db_obj=client.school       #返回数据库"school"
coll_obj=db_obj.student
df = pd.DataFrame(list(coll_obj.find()))
                         #以 DataFrame 格式返回集合"student"中的数据给 df
print("显示所有数据:\n",df)
nrows=df.shape[0]             #获取行数
ncols=df.shape[1]            #获取列数
print('\n 双循环遍历输出所有数据: ')
print('学号',' 姓名 ','年龄', '性别','成绩 ')
for r in range(nrows):        #逐行逐列遍历
    for c in range(1,ncols):
```

```
        print(df.iloc[r,c],end='   ')
    print(end='\n')
```

运行结果如下。

显示所有数据：

	_id	姓名	学号	年龄	性别	成绩
0	6219c397f46c74ba869e4266	张三	111	22	男	88
1	6219c397f46c74ba869e4267	李四	222	18	男	95
2	6219c397f46c74ba869e4268	王五	333	21	女	91

双循环遍历输出所有数据：

学号	姓名	年龄	性别	成绩
111	张三	22	男	88
222	李四	18	男	95
333	王五	21	女	91

说明：_id 及其取值，是系统自己赋予的，_id 的取值由于是系统自动生成的，所以每次运行的值都会不同。

17.4 Scikit-learn 库

Scikit-learn 库简称 Sklearn 库，是 Python 中强大的机器学习工具包，提供了完善的机器学习工具箱，主要涵盖分类、回归和聚类等算法，比如 K 近邻、支持向量机、朴素贝叶斯、线性回归、逻辑回归、随机森林、K 均值等算法。

Scikit-learn 库依赖于 NumPy 库、SciPy 库和 Matplotlib 库，因此只需要提前安装好这几个库再安装 Scikit-learn 库即可，安装方法与上述几个库相同，可以通过 pip install scikit-learn 命令安装。

人工智能篇中几个算法示例都使用了 Scikit-learn 库提供的相应算法模型，如例 9-2 使用 Scikit-learn 库的逻辑回归分类模型完成鸢尾花的三分类；例 9-3 使用 Scikit-learn 库的支持向量机分类模型完成数字模式识别；例 9-4 使用 Scikit-learn 库的 K-Means 聚类算法完成聚类，根据上海及天津的经度值和纬度值进行聚类。本节不再举例说明 Scikit-learn 库的用法。

17.5 Keras 库

Scikit-learn 库已经足够强大，然而它并没有包含人工神经网络这一强大的模型。人工神经网络在语言处理、图像识别等领域都有重要的作用。近年来，逐渐流行的"深度学习"算法实际上也是一种神经网络，可见在 Python 中实现神经网络是非常必要的。

Keras 是一个用 Python 编写的开源人工神经网络库，它并非一个简单的神经网络库，而是一个基于 Theano 库的强大的深度学习库，不仅可以搭建普通的神经网络，而且可以搭建各种深度学习模型，如自编码器、循环神经网络、递归神经网络、卷积神经网络等。由于它是基于 Theano 库的，因此运行速度也相当快。

Theano 库也是 Python 的一个库，用来定义、优化和高效地解决多维数组数据对应数学表达式的模拟估计问题。它具有高效实现符号分解、高度优化的速度和稳定性等特点，最重要的是它还实现了 GPU 加速，使得密集型数据的处理速度是 CPU 的数十倍。可以用 Theano 库搭建高效的神经网络模型，然而对于普通读者来说门槛还是相当高的。Keras 库正是为此而生，它大大简化了搭建各种神经网络模型的步骤，允许普通用户轻松地搭建具有几百个输入节点的深层神经网络模型，而且搭建的自由度非常大。

Keras 库可以作为 TensorFlow、Microsoft CNTK 和 Theano 库的高阶应用程序编程接口（Application Programming Interface，API），使用时可以调用 Keras 库的其他组件。除数据预处理外，还可以通过神经网络 API 实现机器学习任务中的常见操作，包括人工神经网络的构建、编译、学习（训练）、评估、测试等。

1. 安装

安装 Keras 库之前，需要先安装 NumPy 库、SciPy 库和 Theano 库。安装 Theano 库之前，需要准备一个 C++编译器，其是 Linux 系统自带的。因此，在 Linux 系统下安装 Theano 库和 Keras 库都非常简单，只需要下载源代码，再用 python setup.py install 命令安装就行了，具体可以参考官方文档。

在 Windows 系统下，因为它没有现成的编译环境，需要首先安装 MinGW（Windows 系统下的 GCC 和 G++），然后安装 Theano 库（提前装好 NumPy 等依赖库），最后安装 Keras 库，如果要实现 GPU 加速，还需要安装和配置 CUDA。

在 Windows 系统下，Keras 库运行速度会大打折扣，因此，需要深入研究神经网络、深度学习的读者，请在 Linux 系统下搭建相应的环境。

2. 使用

用 Keras 库搭建人工神经网络模型的过程简单、直观，短短几十行代码就可以搭建起一个非常强大的人工神经网络模型，甚至是深度学习模型。

完成简单的 Keras 库模型需要以下四步：define model（定义模型）、compile model（编译模型）、fit model（训练模型）、evaluate model（测试模型）。最后使用训练好的模型对新数据进行预测。下面基于 Keras 库的序列模型 Sequential 介绍这四个主要步骤。Keras 库的序列模型是由其 API 中网络层对象顺序堆叠得到的神经网络模型，各网络层之间是顺序的线性关系。

（1）定义模型。

序列模型 Sequential 有如下两种创建方式。

① 将网络层实例的列表传递给 Sequential 的构造器，创建一个 Sequential 模型。例如：

```
from keras.models import Sequential
from keras.layers import Dense, Activation
model = Sequential([Dense(32, input_shape=(784,)),
            Activation('relu'),
            Dense(10),
            Activation('softmax')])
```

② 使用 model.add()为 Sequential 类添加网络层对象。例如：

```
model = Sequential()
model.add(Dense(32, input_dim=784))
model.add(Activation('relu'))
model.add(Dense(units=10,activation='softmax'))
```

其中 Dense 类是标准的一维全连接层，其格式如下。

```
keras.layers.Dense(units,
            activation=None,
            use_bias=True,
            kernel_initializer='glorot_uniform',
            bias_initializer='zeros',
            kernel_regularizer=None,
            bias_regularizer=None,
            activity_regularizer=None,
            kernel_constraint=None,
            bias_constraint=None)
```

各参数含义如下。

● units：神经元节点数，即输出空间维度。

● activation：激活函数，若不指定，则不使用激活函数［线性激活 $a(x) = x$］。

● use_bias：布尔值，该层是否使用偏置向量。

● kernel_initializer：kernel 权值矩阵的初始化器。

● bias_initializer：偏置向量的初始化器。

● kernel_regularizer：运用到 kernel 权值矩阵的正则化函数。

● bias_regularizer：运用到偏置向量的正则化函数。

● activity_regularizer：运用到层的输出的正则化函数（它的"activation"）。

- kernel_constraint：运用到 kernel 权值矩阵的约束函数。
- bias_constraint：运用到偏置向量的约束函数。

Dense 实现的操作是输出 output = activation(dot(input, kernel) + bias)，其中 activation 是按逐个元素计算的激活函数，kernel 是由网络层创建的权值矩阵，bias 是创建的偏置向量（只在 use_bias 为 True 时有用）。

（2）编译模型。

在训练模型之前需要配置学习过程，可以通过 compile 方法完成，接收如下三个参数。

① 优化器 optimizer：可以是现有优化器的字符串标识符（如 rmsprop 或 adam），也可以是 optimizer 类的实例。

② 损失函数 loss：模型试图最小化的目标函数，可以是现有损失函数的字符串标识符（如 categorical_crossentropy 或 binary_crossentropy 等），也可以是一个目标函数。

③ 评估标准 metrics：对于任何分类问题，一般设置 metrics = ['accuracy']。评估标准可以是现有标准的字符串标识符，也可以是自定义的评估标准函数。

（3）训练模型。

Keras 模型在特征数据和标签数据的 NumPy 矩阵上进行训练。通常使用 fit() 方法训练一个模型，参数为样本特征和标签、迭代次数和每次数据量大小。

（4）测试模型。

使用模型的 evaluate() 方法，用测试样本数据对训练好的模型进行测试，得到测试准确率。

（5）应用模型。

使用模型的 predict() 方法对新的不带标签的数据进行预测。

【例 17-18】 用 Keras 库搭建一个简单的多层感知机（Multilayer Perceptron，MLP），也称小型人工神经网络，训练出一个能预测印第安人是否患有糖尿病的 Keras 人工神经网络模型。

使用的数据集 csv 文件是 "pima-indians-diabetes.csv"（可以在网上下载），其含有 768 个训练和测试用的样本数据，部分数据如图 17.7 所示。

其中，前 8 列（索引值 0~7）是特征数据；第 9 列（索引值 8）是类别，即分类结果，取值为 0 或 1，0 表示不是糖尿病，1 表示是糖尿病。

每列数据含义如下：怀孕次数、口服葡萄糖耐量试验中的 2 小时血糖浓度、舒张压（mmHg）、三头肌皮褶厚度（mm）、2 小时血清胰岛素（μU/mL）、体重指数（kg/m^2）、糖尿病遗传作用、年龄、类别（0 或 1）。

训练和测试用的样本数据集可以通过 NumPy 库的 loadtxt 导入，也可以通过 Python 自带的 csv 模块或者 Pandas 库的 csv_read 模块导入。

图 17.7　768 个训练和测试用的样本数据（部分）

本例构建的人工神经网络共 4 层：1 个输入层（Input Layer），有 8 个神经元节点；2 个隐藏层（Hidden），第 1 个隐藏层有 12 个神经元节点，第 2 个隐藏层有 8 个神经元节点；1 个输出层（Output Layer），有 1 个神经元节点。

因为是一个二分类问题（0,1），所以损失函数使用 binary_crossentropy（二元交叉熵）。程序代码如下。

```
from keras.models import Sequential
from keras.layers import Dense
from sklearn.model_selection import train_test_split
import numpy as np
seed = 7
np.random.seed(seed)      #设置避免重复的随机种子
dataset=np.loadtxt("pima-indians-diabetes.csv",delimiter=",")
                      #读入数据，分隔符为逗号
X=dataset[:,0:8]    #对数据集切片，切出所有 768 行的前 8 列，作为特征数据
y=dataset[:,8]      #对数据集切片，切出所有 768 行的第 9 列，作为标签数据
X_train,X_test,y_train,y_test=train_test_split(X,y,test_size=0.2,rando
m_state=seed)
    #X_train 和 y_train 是训练数据集，X_test 和 y_test 是测试数据集，二者比例为 4:1
model=Sequential()  #对序列模型进行初始化
model.add(Dense(units=12,input_dim=8,activation='relu'))
```

```
                    #添加输入层（8 个节点）、第 1 个隐藏层（12 个节点）的全连接
                    #第 1 个隐藏层用 relu 作为激活函数
model.add(Dense(units=8,activation='relu'))
                    #第二个隐藏层（8 个节点）用 relu 作为激活函数
model.add(Dense(units=1,activation='sigmoid'))
                    #输出层（1 个节点）用 sigmoid 作为激活函数
model.compile(loss='binary_crossentropy',optimizer='adam',metrics=['ac
curacy'])
                    #编译生成模型，损失函数为二元交叉熵，优化算法为 adam，
                    #评估标准 metrics 为 accuracy
model.fit(X_train,y_train,epochs=15,batch_size=10)
                    #训练模型，迭代 15 次，每次数据量为 10
scores=model.evaluate(X_test,y_test)    #测试模型
print("\n%s: %.2f%%"%(model.metrics_names[1],scores[1]*100))
                    #输出测试准确率
```

运行结果（每次运行结果都不同）如下。

```
Epoch 1/15
614/614 [==================] - 3s 4ms/step - loss: 4.4515 - acc: 0.6091
Epoch 2/15
614/614 [==================- 0s 212us/step - loss: 1.2217 - acc: 0.5505
......
Epoch 14/15
614/614 [==================] - 0s 207us/step - loss: 0.6287 - acc: 0.7052
Epoch 15/15
614/614 [==================] - 0s 200us/step - loss: 0.6233 - acc: 0.6922
154/154 [==================] - 1s 7ms/step


acc: 72.08%
```

说明如下。

（1）loss 是指损失值，acc 是指准确率。

（2）从运行结果可以看出，训练准确率为 69.22%，测试准确率为 72.08%。

（3）如果增大迭代次数 epochs 的值，比如取值为 100，则模型准确率会提高一些，大概可以达到 75%，但会增加训练时间。

下面根据例 17-18 训练好的能预测印第安人糖尿病的 Keras 人工神经网络模型 model 对新患者进行预测，判定其是否患有糖尿病。

【例 17-19】 用训练好的模型 model，通过 predict()方法预测新患者是否患有糖尿病，需按顺序提供患者的 8 项指标值，即怀孕次数、血糖浓度、舒张压、皮褶厚度、胰岛素、体重指数、遗传作用和年龄。

程序代码如下。

```
import math
import numpy as np
X_new=np.array([[6,148,72,35,0,33.6,0.627,50],
                                  #待预测（判别）的 4 名新患者数据
               [3,103,72,30,152,27.6,0.730,27],
               [0,102,78,40,90,34.5,0.238,24],
               [3,158,70,30,328,35.5,0.344,35]])
a=model.predict(X_new)          #用上面训练好的模型进行是否糖尿病的预测
print("序号","怀孕次数","血糖浓度","舒张压","皮褶厚度","胰岛素","体重指数","遗
传作用","年龄","是否患糖尿病")
for i in range(4):                          #格式化输出预测结果
    print('{0:^4}'.format(i+1),end='')
    print('{0:^10}'.format(round(X_new[i][0])),end='')
    print('{0:^8}'.format(round(X_new[i][1])),end='')
    print('{0:^8}'.format(round(X_new[i][2])),end='')
    print('{0:^8}'.format(round(X_new[i][3])),end='')
    print('{0:^8}'.format(round(X_new[i][4])),end='')
    print('{0:^8}'.format(round(X_new[i][5],1)),end='')
    print('{0:^10}'.format(round(X_new[i][6],3)),end='')
    print('{0:^4}'.format(round(X_new[i][7])),end='')
    if a[i]>0.5: #假设预测值大于 50%，就认为是糖尿病，这个值可以根据实际需要改变
        print('{0:^11}'.format("是"))
    else:
        print('{0:^11}'.format("否"))
```

运行结果：

序号	怀孕次数	血糖浓度	舒张压	皮褶厚度	胰岛素	体重指数	遗传作用	年龄	是否糖尿病
1	6	148	72	35	0	33.6	0.627	50	是
2	3	103	72	30	152	27.6	0.73	27	否
3	0	102	78	40	90	34.5	0.238	24	否
4	3	158	70	30	328	35.5	0.344	35	是

说明：由于每次训练出来的模型不相同，因此同样的预测数据，判别得出的结论可能不同。

参 考 文 献

姚海鹏，王露瑶，刘韵洁，等，2020. 大数据与人工智能导论[M]. 2版. 北京：人民邮电出版社.

王莉，宋兴祖，陈志宝，2019. 大数据与人工智能研究[M]. 北京：中国纺织出版社.

张良均，谭立云，刘名军，等，2019. Python 数据分析与挖掘实战[M]. 2版. 北京：机械工业出版社.

郑凯梅，2018. Python 程序设计任务驱动式教程[M]. 北京：清华大学出版社.

赵卫东，董亮，2018. 机器学习[M]. 北京：人民邮电出版社.

宁兆龙，孙祥杰，杨卓，等，2017. 大数据导论[M]. 北京：科学出版社.

董付国，2018. Python 程序设计基础与应用[M]. 北京：机械工业出版社.